人工智能理论、算法与工程技术丛书

类人人工智能

AI and Human Thought and Emotion

[以色列] 山姆·弗里德(Sam Freed) 著

蒋飞　张夏　陈彩霞　孙雯　等译

国防工业出版社

·北京·

著作权合同登记 图字:01-2025-0706 号

图书在版编目(CIP)数据

类人人工智能 / (以) 山姆·弗里德著; 蒋飞等译 . 北京: 国防工业出版社, 2025. 4. — ISBN 978-7-118-13693-7

Ⅰ. TP18

中国国家版本馆 CIP 数据核字第 2025968VE2 号

AI and Human Thought and Emotion 1st Edition 9780367029296

※

国防工業出版社 出版发行

(北京市海淀区紫竹院南路 23 号 邮政编码 100048)

三河市天利华印刷装订有限公司印刷

新华书店经售

*

开本 710×1000 1/16 **印张** 16 **字数** 278 千字

2025 年 5 月第 1 版第 1 次印刷 **印数** 1—2000 册 **定价** 98.00 元

(本书如有印装错误,我社负责调换)

国防书店:(010)88540777 书店传真:(010)88540776

发行业务:(010)88540717 发行传真:(010)88540762

作者简介

山姆·弗里德(Sam Freed),希伯来大学哲学和比较宗教学学士、认知科学硕士,萨塞克斯大学信息学博士。其研究聚焦于探索人文科学与技术的二元相关性,并就当前技术背后的思维方式进行历史分析。弗里德博士有着丰富的研究经历。15岁时,弗里德博士便开始了耶路撒冷希伯来大学计算机科学研究助理的技术专家生涯;20世纪90年代爱尔兰经济繁荣时期,主要从事"莲花1-2-3"(一种电子表格软件)的研发工作;并于2000年互联网泡沫时期负责管理互联网安全方面的国际项目。目前,弗里德博士作为研究员任职于世界领先研究型学府萨塞克斯大学认知科学中心(COGS)。该中心设有神经科学与哲学、心理学及计算机科学各分部。弗里德博士具备哲学、比较宗教学、认知科学和信息学领域的交叉研究背景,其跨学科交叉研究成果在业界颇具影响力。

本书翻译组

主　任： 蒋　飞

成　员： 张　夏　陈彩霞　孙　雯
黄　青　赵　洁　沈　力
陈思言

译者自序

超级人工智能缔造者、“加速回报定律”创立者雷·库兹韦尔提出：计算机等通用技术会以指数倍级，而非线性级发展，未来15~30年间人工智能将呈现爆炸式的突破发展，更多超乎我们想象的事物也会出现。他甚至预言：到2030年，人类将与人工智能结合，进化出新的结构和模式，从而进入人类生存的另一个自然阶段，与此同时，人工智能也会变得更聪明、更具创造性和情感性。就现阶段而言，思维与情感或许是人工智能与自然人类的最本质区别。然而，要实现库兹韦尔的伟大预言，让人工智能具备真正的人类思维和情感，人工智能技术的发展必须回归人类的内在智慧，感受内在的思绪与情绪，起起落落，淡入淡出……这或许是一种“上帝的视角”，是人类“内在的上帝”对自我的审视，这便是“内省”。人工智能唯有以这样的“上帝视角”审视并模拟人类内在的自我，才可能真正具备人类的思维和情感。如此看来，人工智能技术的发展，必须有人文的关怀。

然而，就目前来看，现有人工智能书籍多注重技术性，没有考虑人文学科。而人文学科的书籍在对待技术问题时也采取了类似的方式。正如作者所说：“关于人工智能的书籍多侧重技术而舍弃人文，而大多数人文类书籍又视技术为低层次的无趣之物。”本书独辟蹊径，从人文心理学的视角思考如何使人工智能更具思想性和情感性。作者提出了基于内省和情感的人工智能算法，从技术领域深入人文领域，并以实例展示二者的融合，在对人类情感和思维的探索中为未来人工智能的发展提供新路径的智慧启迪。本书关乎人工智能，关乎学者、研究者、科学家和实践者思考人工智能的方式，以及他们如何从人类的视角重新审视人工智能。

本书作者山姆·弗里德是世界领先研究型学府萨塞克斯大学认知科学中心(COGS)的研究员，具备哲学、比较宗教学、认知科学和信息学领域的交叉研究背景，其跨学科交叉研究成果在业界颇具影响力。因此，作者在本书中展现的思想高度、深度和广度非一般作品可比拟。这也使得本书的翻译工作对译者而言是一项艰巨的挑战。本书共14章，由蒋飞主译，其中，第2章和第12章由张夏翻译，第7章~第8章由陈彩霞、陈思言翻译，第10章~第11章由孙雯翻译。全书由蒋飞审校。另外,感谢为本书翻译工作提供帮助的朋友:黄青、赵洁、沈力。由于本书涉及哲学、历史、宗教、心理学、信息学、技术等诸多领域,译者深感自身能力有限,错漏在所难免,敬请读者朋友谅解并予以批评指正。

蒋　飞

2024年8月于西安

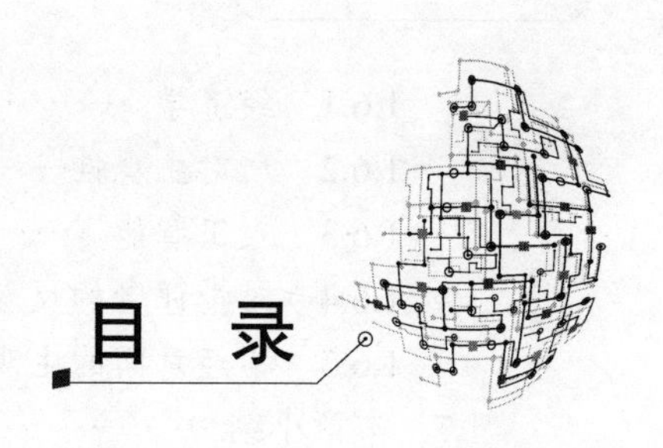

目录

第二篇
替代方案:人工智能、主观性与内省

第三篇 开启实践

引 言

正如下文所述,人工智能(AI)处境艰难。从加利福尼亚州到上海,世界各地的技术人员、消费者和金融家们都在享受一场人工智能的学术盛宴,本书无意破坏当前的研究盛况。无论如何,盛宴都要继续下去。然而,人工智能如今的确陷入了一种不容乐观的境地:隐藏在人工智能背后的根本性问题没有得到解决。尽管如此,如果能解决其中少数几个问题,人工智能的发展就将有所突破,这场盛宴也将愈发声势浩大。本书将突破科技的窠臼,进入人文之地,最终回归新算法,再辅以具体的实例。所述之文字或涉及哲学、或涉及历史、或涉及技术。

关于人工智能的书籍多侧重技术而舍弃人文,而大多数人文类书籍又视技术为低层次的无趣之物。本书穿梭于人文与技术的双重领地,采取中间路线,探讨人工智能的已有之道以及创新之道。人工智能领域是否还有其他著作能从哲学和历史中汲取思想精华,将其融会贯通于可用算法当中,犹未可知!

0.1 人工智能研究的挫折与机遇

人工智能近期取得的成功备受媒体青睐:在国际象棋、围棋以及美国智力问答游戏“危险边缘”(“jeopardy”)中,计算机屡次摘得世界桂冠。计算机识读人类笔迹,机器翻译显著改进,更多过去仅限于实验室研究的人工智能技术如今已成人类的囊中之物。然而,大部分已有成就不过是在现有人工智能概念上增加硬件、施以“蛮力”,丝毫没有新思想。

本项目研究之发心可用两大挫折与两大机遇进行阐释。

挫折一:人工智能缺乏开创性的新思想。有人甚至认为,人工智能自20世纪70年代以来便一直处于某种深层的“脑死亡”状态,这一观点备受人工智能学界中坚力量,如马文·明斯基(McHugh,Minsky,2003)和杰弗里·辛顿(LeVine,Hinton,2017)等的追捧。

> ……当代人工智能研究,无论在其普遍性上,还是在支持某个一直存在的独立实体上,都极不理想。人工智能深受推理与常识问题的困扰至少有50年,而今,它似乎陷入了同样的困境。
>
> (Brooks,2017)

关于人工智能的此类担忧,可以用下面的例子加以说明:当我们俯瞰20世纪轮式运输新思想的发展史时发现:尽管没有人会对这一时期轮式运输的巨大进步产生质疑,但19世纪早期火车就已经发明,并在19世纪末得到了广泛的应用。同样,自行车也从19世纪早期的概念发展为19世纪末被大众认可的现代样式。而汽车与摩托车则是19世纪晚期的产物。可以说,轮式运输的新一代创新概念便是2001年上市的"赛格威"①("Segway")。出人意料的是,轮式运输在整个20世纪毫无概念创新可言——只是渐进式的发展。这里并非要贬低1900—2000年间汽车工程师所做的努力,只是想说明"概念创新寥寥无几"的事实。回到人工智能的话题,其发展面临的第一个挫折便是:当我们以同样的视角俯瞰,便发现在近几十年内,人工智能止步不前。这与计算机周边领域形成了鲜明的对比:想想计算机显示屏的更新换代,计算机通信的发展变化,更不用说CPU强大的处理能力的变化了。

符号人工智能的基本思想早在20世纪50年代便已出现,神经网络的基本概念在1943年的一篇论文中也已成形(McCulloch,Pitts,1943;Piccinini,2004),并在20世纪70年代被并行分布式加工(PDP)研究小组发展为人工智能的中流砥柱(Nilsson,2010)。统计人工智能的思想可被视为符号与逻辑人工智能的延伸,在1956年也成为了主流人工智能的一部分(G. Solomonoff,2016)。这一领域的概念创新极为少有,且都不怎么成功。尽管布鲁克斯(Brooks)对最初级的智能系统进行了研究,但这些智能系统对智力的要求也不过是一只昆虫所具有的智能。

挫折二(或许是挫折一的衍生):人们在流行文化的引领下,期望计算机产生某种知觉或类人行为。截至今日(2019年),这一想法仍无法在物理实体上实现。一个典型的例子是1987年发行的科幻连续剧《星际迷航:下一代》("Star Trek:The Next Generation"),其中一个角色是名为"数据"("Data")的机器人。尽

① 一种电动平衡车,都市交通工具的一种,由电力驱动,具有自我平衡能力。——译者

管外形并非完全像人，但它混迹于人类社会并承担人类角色。我们已等了30年，仍没有亲眼看到剧中的机器人出现在现实中。

对于类人人工智能的缺位，以上抱怨之词并非只是浪漫主义思想使然。类人人工智能的实现将使机器人技术的多种应用成为可能。这些应用对未经训练的人与机器人之间的交互要求甚高：机器人要像人一样思考，以理解人类，并被人类所理解。以老年人的机器人护工为例，我们不能指望八十几岁的老人去理解一种全新的技术，因此，技术必须“深谙人心”。这又涉及了一系列伦理问题——但本书并不想深入探讨这类问题。

如果人工智能的处境如此令人大失所望，或许我们就应重新思考一下讨论的边界，以便越过思维之墙。界限之一便是主观性被视为一种禁忌。

理解人类思维是心理学的一部分，其未来发展之路还很长。但是人工智能是当代技术（与商业）之所求，因此，我们不能坐等其能够完全洞察人心的那一天。

有关人工智能的尖锐批评来源有二，但也并未得出任何具有实际意义的结论。或许，对上述问题的探索本身便是一种机遇，帮助我们打破人工智能基础研究所面临的僵局。这便是本书的使命所在。

最广为人知的首要机遇来自现象学及其他非主流认知科学对人工智能的批判。诸多领域忽略或轻视了这些批判之辞。本书将探讨为什么这一批判传统与主流人工智能之间的对话收效甚微。

机遇之二是进一步深入考察人工智能核心研究人员的相关言论。相比于经过同行评议的文献，这些言论更为自由。在接受非正式采访时，一些研究者普遍表现出了对主观性思维，尤其是对内省的强烈排斥。西摩·派珀特（Seymour Papert，麻省理工学院首席人工智能研究员）揭示了这种思维悖论。以下引文对于本书来说具有根本性意义：

> 我们对于思维的探索尝试就如同维多利亚时代人们对于性的探索。当开始一个新项目时，我们都会面临困惑不解的至暗时刻，一切看起来都模糊不清，糟糕至极。我们穷尽各种稀奇古怪的经验法则，从陷入死胡同到走出死胡同，最终找出解决办法，如此往复。但其他人的思维似乎都是有逻辑的，或者至少他们声称自己的思维是有逻辑的。于是，我们便认为，在这个世界上只有自己的思维过程才如此混乱。我们否定那些人，并假装自己的思维是有序的且有逻辑的，而同时，我们也心知肚明，自己的思维过程并非逻辑严谨。罪魁祸首便是老师。他们

向学生讲述清晰、纯粹的知识，看起来他们自己似乎也是通过这种清晰、纯粹的方式吸收知识。然而事实并非如此，只是老师们不愿承认，学生们内心挣扎，深感绝望、自视愚钝。

（McCorduck，2004）

派珀特描述了我们文化中无处不在的焦虑不安。我们所有人都假装自己逻辑清晰、通情达理，但同时又敏感地意识到，自己的“内在”其实并非如此。此外，派珀特坦白称自己也是这样，对于大多数人工智能研究团体而言，亦复如是。上述两种内心状态不仅存在着理论上的矛盾，同时也影响着人们在理论和工程学科方面的认知结构[①]。这种冲突的“逻辑”不仅在当今社会占据主导地位，而且随着理论，尤其是科学/工程学和商业领域的发展愈发显现。任何学科内部核心存在这样的矛盾，都是有问题的，在认知科学（和人工智能）中也是有百害而无益的，因为它阻挡了人们迈向感性的步伐。如此大范围的“假装”是没有科学性、学术性和真诚性可言的。据我所知，目前没有哪一种人工智能技术吸纳了派珀特这样的洞见。

值得一提的是特里·温诺格拉德的观点。他关于“微观世界”的研究是逻辑符号人工智能的巅峰之作。特里认为：

人工智能技术之于心智，正如官僚主义之于人类社会互动。

（Winograd，1991）

或许是时候放松所谓“官僚主义”的桎梏了。让我们为心智解绑，依其本来的模样复制模拟，一如作为人类个体的我们所经历的那样。

0.2 核心问题

在人工智能领域，我们所面对的问题之一便是：思维如何发生，或智能如何产生。无论是作为个体，抑或是社会群体，人类的思维品质都没有达到其自身所声称的高度。作为个体和社会成员的我们通常会高估自己的理解能力。这可能是无法避免的事情，因为在数学体系之外进行确定性思考，这显然是办不到的。

① 认识论作为一个哲学领域，探索的是有关知识的问题：什么是知识？什么是真理？如果可以的话，我们该如何知晓真理？

为了讨论人工智能,我们还需要考察其他两种形式的智能——人类的个体智能和群体智能。

我们需要探索不甚完美的思维如何伪装成绝妙的思维,草率的思维又是如何致使人工智能墨守成规。然而,草率的思维或许足以应付大部分任务,“草率的人工智能”也足以解决诸多应用程序问题,尽管不是所有的问题都能迎刃而解。从某种意义上来说,这是一本线性思考的书,探讨人工智能研究背后的先入之见,并揭示其对人工智能研究的影响。另一方面,本书始终围绕着同样的问题展开论述,如:什么是智能?谁来决定何为正确?什么是学习?游戏又是什么?又由谁来决定其正确性?如何实现机器、人类以及社会决策?在阅读本书中涉及人文和哲学的部分时,你可能读到一些在人工智能语境下从未探讨过的观点。而在阅读书中涉及技术的部分时,你可能又会对“人类如何工作”这一问题产生新的见解。人工智能正在着力模仿人类的思维过程,因此,它不可能是一门简单的线性学科。本书既关心计算机,也关照人类;既关心智能,也关照困惑、焦虑和伪装。

0.3 本书结构

本章引言对创作背景进行介绍,并对一些问题作初步论述。

第一部分阐述今天人类所面临的处境。

第1章对人工智能的现状进行梳理,并简要考察对人工智能产生重要影响的主要人物。

第2章概述当前社会对人工智能的批判性思考,探讨智能的定义(包括人工智能和自然智能),以及该领域中出现的各种哲学批判。

第3章探讨包括个体思维和社会思维在内的人类智能,探索焦虑等情感因素及其影响,如伪装等。通过几个看似无关的话题论述,比如煽动民心的独裁者的崛起,以此探究不同视角对智能的认知及其相互关系。

第4章历数当前社会对人工智能的先入之见,探其历史根源,并分析其对人工智能发展的影响。

第二部分探索当前思维模式的替代方案,即基于内省的方法。

第5章概述推崇内省的理由。首先探讨两个问题:什么是人工智能哲学?不同情境下的真理类型有哪些?随后,详细论述主观性与内省,并由此引出两个主要术语及观点。这些术语和观点是接下来的四个章节所要探讨的主旨。

第6章对“类人人工智能”这一全新术语进行界定,其旨趣在于最基本的类人智能,不同于西方现代训练有素的成人式智能。

第7章详细阐述主观性和内省在人工智能领域的可能应用。

第8章对上述方案的可接受度进行论证,考察人工智能利用内省的六种可能态度。结果显示,这六种态度均得到了一定支持。同时,通过发现与证明背景的对比,对内省的主要反对意见进行了回应。

第9章对人工智能内省应用的优势进行探讨。通过考察当今社会对内省的广泛应用,以此揭示内省并不像许多人想的那样是一种噪音,而是一个文明存在的基石。

第三部分从理论探讨过渡至技术层面。

第10章详细介绍所荐之法的具体实施过程。

第11章举例说明内省在人工智能中的应用,包括现有人工智能以及开发新的算法。

第12章选取高阶实例进行详细展示。该实例将引入可逼近“人类思绪”等特征的全新数据类型。

第13章对全书进行总结,探讨其意义和结论。

0.4 阅读指南

阅读本书无需人文学科背景知识。书中术语(主要是哲学术语)根据其意义以脚注方式进行阐释。读者需要具备基本的计算机和编程知识,但无需专业的人工智能知识。

本书很大程度上是基于本人在苏赛克斯大学的博士研究成果(Freed,2017)所著。第1章~第4章以及引言和结论部分在原有研究成果的基础上进行了较大的修改和补充。为增强其可读性,其余大部分文字也都进行了编辑。更为详细的参考文献可查阅原始论文。

本书的问题是:智能如何从较为原始的进程中出现。因此,阅读本书时,请牢记以下三阶论点:

(1) 当人们依据天气预报来决定某一天的穿着时,你凭直觉可能会认为他在“直接”地思考穿着问题。我们称这类思考为“思考1”,即思考具体的事物。而当你此刻开始思考上述问题时,可以说你已经进入了一种“关于思考的思考”状态;从某种意义上说,你已进入了心理学或认知科学。这与你观看电视剧时的思维状态是一样的，比如“这个人是这样想的，于是他就这样做了。然而另一个人却有不同的看法”等等。我们称其为“思考2”，即对思维的思考。大多数人工智能研究都在这一层面进行：诸多问题属于“思考1”，而人工智能研究人员思考的是对这些问题本身的思考。本书主要探讨的是第三层次的思考，即“思考3”，或称为思考“关于思考的思考”。我们将考察人工智能研究人员在进行“思考2”时的思维模式，并就如何改善“思考2”给出建议。从这个意义上来说，阅读本书要比阅读一本小说更具层次。①

(2) 智能有望存在于个体、社会和计算机中。

(3) 智能常常伴随着伪装和焦虑。如果没有这些负面因素的存在，智能会是怎样？尤待探索。

这必定是一本复杂的书，一些问题、甚至问题中的问题前后交织，使得本书的写作颇具难度。但我尽可能降低对专业背景知识的要求，以便读者更轻松地阅读此书。书中提供了必要的文献信息及索引，方便读者就某个特定问题做进一步探索。文中注释以页末注的形式出现，以便读者进一步查阅相关信息。书内彩色插图可在 CRC 出版社网站获取，网址为：http://www.crcpress.com/9780367029296.

让我们开启阅读之旅吧！

① 在写作过程中，我间或也会担心自己是否向读者阐述清楚。或许我所经历的就是“思考4”，但对此我又有些犹豫，所以，还是让我们止步于前三层吧。

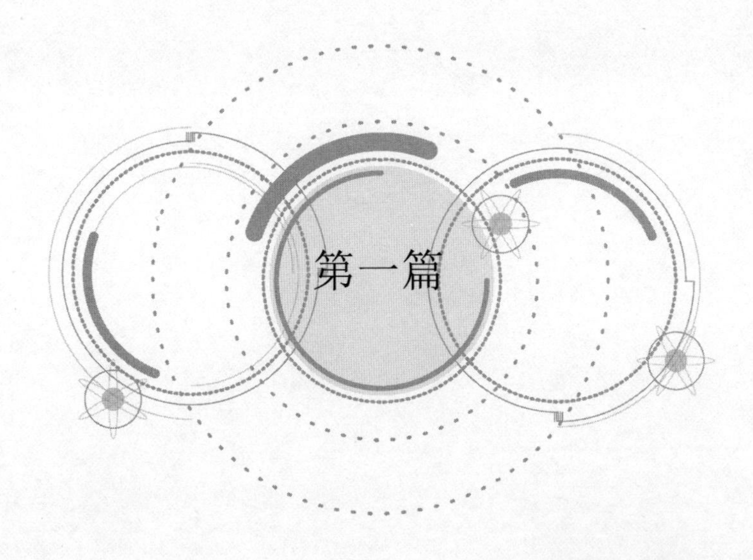

计算机、人类和社会中的智能

第1章
人工智能之现状

本章将呈现人工智能(AI)世界的现状:目前存在哪些类型的人工智能?谁又是影响人工智能自我理解的核心人物?

1.1 关于人工智能

1.1.1 人工智能与心理学、认知科学等的关系

人工智能并非凭空出现,也非独立于其他领域而存在。一些人认为人工智能是"认知科学的思想核心"(Wheeler,2005),但奇怪的是,人工智能先于认知科学而存在(至少在其名称上如此)。历史是复杂的,我们在此无需关注所有的细节(Boden,2008)。本章节将为理解本书的其余部分提供必要的背景知识。

心理学是一门科学,旨在理解客观世界之外的一类现象:人类思维和行为。心理学通常可追溯至柏拉图或19世纪中期。人类行为包含一些恼人的特征,用语言坚称主观性和个人观点的存在(Seth, 2010)。然而,有些人并不认同心理学是一门科学,因为心理学几乎没有能够进行有效预测的宝贵理论,这一点怎么也不像物理学或生物学。托马斯·库恩在其科学范式分析中对这一问题给出了可能的解释:心理学今天所面临的状况可能就是化学在门捷列夫发明"元素周期表"并提出第一个化学理论框架之前的状况(Kuhn, 2012)。心理学还没有一套完整的理论。这并不是贬低心理学家的工作(他们在黑暗中探索着自己学科的问题),相反,这更凸显其工作的英雄主义色彩——他们搜集了无数事实和观察数据,唯有如此,在未来某一时刻,关于人类主观性和行为的理论才可能乍然

惊现。

心理学的旨趣大致可分为两类:一类是科学心理学家,他们想要像物理学家解释物质一样解释心理;另一类是心理治疗师,他们感兴趣的则是为个体提供帮助,对个案而不是对科学理论更感兴趣。除了上述两个领域,还有诸如社会心理学这类其他子领域,致力于帮助人们实现个人、社会、经济或政治目标。上述这些细分学科构成了社会科学的元素。

心理学的历史大致可以分为三个阶段,或许从当前(即21世纪前十年)开始,进入第四阶段。[①]

始于19世纪中期的"古典"心理学主要盛行于德国,人们对自身的主观性以及神经电流展开了探索。那是一个开放而不加批判的年代,每一个有能力建立实验室并发展自己方法论的研究人员都可著书立说,或被同行接受,或被排斥。有人可能会说,在那个年代,一些盛行的思想流派除了学术政治方面的差异外,彼此之间并没有什么区别。

从1913年起,约翰·B·华生(John B. Watson)领导的行为主义革命结束了上述古典主义时代(尤其是在美国)。行为主义认为,有关主观性的一切讨论都是值得怀疑的,因为他们完全不认同主观领域所发生的事情;同时,作为科学家,他们期望探索的是所有动物的行为,而不仅仅是人类的行为,他们无法透过鸟类行为表象探索到其背后的主观性。这正是华生的研究领域。我们将在下文详论其人。

心理学的认知革命是对没落的行为主义的一场反叛。为了摆脱一切主观性或内省性,行为主义几乎禁止了一切关于心智的讨论。他们有一种观点认为,"心理过程"不可言说,因为婴儿的语言习得不能简单地以类似狗的刺激和反应过程来解释。认知主义者(后来的命名)对此观点表示反对。这场认知革命运动由诺姆·乔姆斯基(Noam Chomsky, 1959)领导,囊括了来自不同学科的人。有趣的是,这些人当中有许多人都积极参与了计算机的开发。这并非巧合:从某种意义上说,认知心理学的基础便是"心智机器"这一隐喻,更确切地说,是"心智计算机"。

赫伯特·A·西蒙(Herbert A. Simon)是计算机及早期认知心理学领域的关键角色,因为他或许是人工智能发展最初几十年里最具影响力的人物(G. Solomonoff, 2016)。我们将在1.6节中对其展开详细论述。

心理学的第四个时期是对主观性旨趣的全面回归,这一时期可以说是势头

① 有人可能会反驳说,我将要讲述的故事完全是虚构的,但是,我们需要从某个地方出发,无论历史的准确性如何,以下所要讲述的内容涉及心理学家对自己学科的惯常理解。

正盛。该运动以“意识科学”为旗号(Seth, 2010)。

认知科学是一个非比寻常的领域,因为在多数情况下,认知科学甚至不被视为一个独立的学科。确切地讲,它是多个学科汇聚的场所,研究者在这里交流思想,共探志趣。这些领域既包括心理学和神经学,也包括语言学、控制论、电子工程、计算机科学,以及我们自己所属的领域——人工智能。

奇怪的是,从某种意义上说,认知科学至少从20世纪50年代末开始就已经作为一种智力运动而存在,但其名称却始于1967年出版的《认知心理学》一书。1956年,达特茅斯的一次会议将AI命名为“人工智能”。历史很难做到井井有条,后续我们还将回到这两个历史事件。

1.1.2　什么是智能、意识和内省

有关智能的定义是一个复杂的问题,即使是在《斯坦福哲学百科全书》(Stanford Encyclopedia of Philosophy)中,人们原本以为可以在其中找到疑难词的定义和阐述,但其中并没有这个话题的相关文章。甚至在不界定概念的情况下便对智能进行测量,其复杂性亦是令人难以置信的(Hernandez-Orallo, 2017)。我并不打算深入探究智能的定义,在此只是粗略地使用下面这个拼接起来的定义:

> 智能是获取和应用知识的熟练程度。

一切关于智能的探讨同时也是关于知识的探讨,这里面存在一定的复杂性,但我们可以把这些问题留待6.7节再进行详论。

我也不打算对意识进行界定,而是简单地遵循普遍的习惯把“意识”当作我们所有主观经验的总和,因此,我们可以经由观察自己的经验来进入意识。而审视并陈述我们自己的主观体验是界定内省的一个良好开端。所以现在,内省成为我们审视意识的一种方式,而意识则是内省所捕获的内容。如果您担心这类预先的定义可能存在循环论证,那么可以回想一下数学中的某些术语也是没有定义的,如什么是1。人类的整个语言系统,就像字典里定义的那样,完全是循环论证的,因为所有的词都是用其他的词来定义。本书的终极关切是技术,所以我们不能陷入概念定义的泥潭。人类意识本身并不是本书的主题。有关内省的更好界定,可参见第7章。

1.1.3 定义和审视人工智能

人工智能是一个陌生的领域。它很年轻——1956年这一名字才得以创始。人工智能从出现伊始就成为计算机革命的一部分。事实上，人工智能早在第二次世界大战期间电子计算正式开始之前就已经出现了(McCorduck, 2004)。

1956年夏天，几名年轻的研究人员聚集在达特茅斯，他们大多还在读研。这是一个没有明确开始点和结束点的非常规会议；它更像是一群志同道合、对计算机感兴趣的人随意而非正式的聚会。许多人还对当时的心理学以及相邻领域正在发生的认知革命兴趣盎然。集会中最具影响力的人物是赫伯特·A·西蒙(Herbert A. Simon)，此人当时已是一名教授(见1.6节)。

在那次会议上，人们就人工智能的定义达成了一致。这或许并不是最令人满意的定义，但就这么被接受了。

> ……所谓人工智能，就是让机器按照人类的方式活动，即为智能。
>
> (G.Solomonoff，2016)

这一定义带来的有趣结果就是，一旦你编写了某种可视为人工智能的程序，比如击败世界冠军的国际象棋程序，那么，从它运行的那一刻起，当你有时间喘口气时，它就已不再是人工智能了。由于运行之初只是由计算机完成相关工作，因此，它不再是人类，而只是一个"相对复杂的程序"——一切的荣光消散了。这就是为什么大学里很少、且越来越少设置人工智能系——人工智能通常作为"高级编程"课程由计算机科学系进行讲授。

历史上对人工智能的教授类似于许多其他领域。现在的教学最常使用的是《人工智能：一种现代方法》(Russell，Norvig，2013)一书。在该书中，这种"现代"方法似乎将人工智能视为纯粹的工程学，视为一系列有用的技术，没有任何历史可言。

一些心理学家和认知科学家却认为人工智能并非一种技术，而是认知科学的理论派别(有点像理论物理学)。按照他们的观点，认知科学的理论应该是能够产生与人类认知系统类似结果的一种程序或一段代码。在这些研究人员看来，人工智能是"认知科学的思想核心"(Wheeler，2005)。

从历史事实来看，人工智能的研究路径依据其原始驱动力大致可分为三类。

1.2 路径一:逻辑与数学

人工智能研究的第一路径以逻辑和数学为基础,具有明确给定的知识。人工智能系统从最初阶段就知晓某些事实和一些推理规则。这类方法的早期代表是“逻辑理论家”(Newell, Simon,1956),其目标是证明逻辑学中的定理。后来的典型案例还包括在科学和医学中广泛应用的“专家系统”(Shortliffe et al.,1984)。在这些系统中,知识领域的规则(比如化学或医学)被预置在系统中,通过添加某一特定案例的相关事实,系统可以依据数据和规则自动、完美、快速地推断出一切可推断的结论。

这类方法使用规则和事实来清晰地呈现知识,进而发展到处理不确定性,因此每个事实被表示为概率,规则因而产生带有特定确定性因素的诊断。对这一类方法的另一种拓展是赋予偶数规则以概率,例如:“如果有A和B,那么C的概率为90%”。专家系统过去被用来处理明确存在或不存在的知识,后来则被广泛用来处理不确定性,且不失去任何数学上的精确性和明确的清晰度。还有一种拓展应用使用了更为复杂的统计学,即贝叶斯系统和后来的贝叶斯网络(Boden, 2016)。

逻辑/数学人工智能的另一较早且重要的例子是用于国际象棋及其他回合制棋盘游戏的算法。最初于1953年由艾伦·图灵提出。其基本思想是,棋盘上的每一种态势都有多种可能的招法。例如,这一数字可能是5。因此,我们可以画一个棋盘态势树,上面是当前的态势,下面则是其后所有可能的棋盘态势。我们可以将这种联合树思想应用到每一个棋盘态势中,直到我们发展出具有一定深度、包含游戏中所有可能情况的博弈树,如图1.1所示。

接下来,我们使用程序来评估所有无法再进一步扩展的“叶片”位置。这可能是一种较为粗略的做法,即为棋盘上每一个“我”方棋子加上一个小整数,同时为对手的每一个棋子减去类似的整数。数字越大则表示获胜。我们对所有“叶片”节点(即那些我们没有做进一步探知的节点)进行评估,按照下面的方法计算其前一个位置的数值:对于代表“我方”落子的每个节点,选择后续值中的最高值,因为我们相信自己在未来的博弈中会选择计算范围内的最佳落子点。对于对手的每一步棋,我们都选择最小值,因为从己方角度来看,最坏的情况就是对手落点很好,做出了最有利于自身的选择,对手的“最优”就是己方的“最劣”,所以我们选择最小值。依此一直评估至顶端,我们就可以看到当前态势下的最佳招法(就己方所能计算的未来而言),然后落子。这便是最小最大算法。

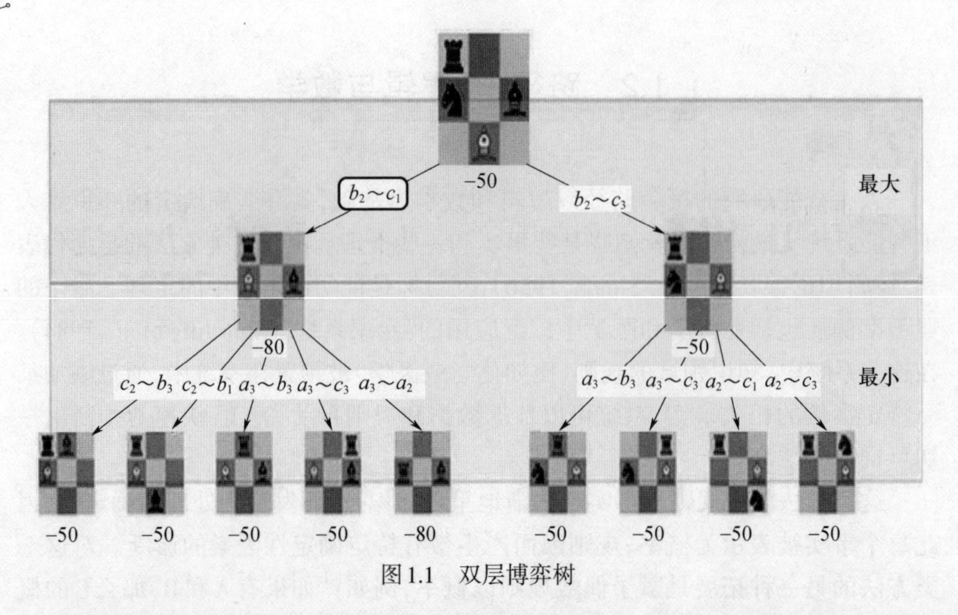

图 1.1　双层博弈树

所有这类回合制棋盘游戏软件系统使用的都是这一算法的某种变体。软件所具备的能力只受限于我们投入其中的计算资源和时间。就绝对理论而言,我们可以从头至尾对整个游戏进行计算,但世界上所有计算机同时工作可能也无法实现,因为博弈树中每一个新的层级都比之前所有的博弈树庞大。这就是为什么比人类玩得更好的系统价格昂贵,而且都会得到大型公司的资助(如IBM支持国际象棋,谷歌支持围棋)。

1.3　路径二:生物启发

人工智能研究的第二类方法以科学为基础(这里指生物学)。这类方法源于这样一种观点:自然智能,无论是人类还是动物,有意识或无意识,总是以某些神经结构为基础。正如人们在1943年所了解的那样,神经网络解剖被进一步简化,就像技术人员和模型设计师经常做的那样,以此产生我们现在所熟知的“神经网络”(Piccinini,2004)。这些网络通常被设计为“神经元层”的集合(见图1.2)。每个这样的神经元只需将来自自身输入端的输入信号按照一定权重进行汇总,并为“总和”设定一个函数,以此将结果的范围减少至两种可能性:神经元“激发”或“不激发”,如果“激发”,则向连接至其输出端的所有神经元发出信号。

这些网络最常被训练用来为所有连接随机分配一个初始权重,以此产生一个正确的结果,随后,每当输入某一值而产生错误输出时,便用输出的误差值对相关权重重新进行随机化处理,最终引向输出神经元,依此类推,上行至整个网络。所以网络是自上而下进行运作,但其调整或训练则是自下而上的。这种技术便是20世纪80年代初发展起来的所谓"误差反向传播"。

20世纪90年代前,由于计算资源的匮乏,开发大型深度神经网络是不现实的。此外,一些研究人员已确信,在一定范围内,任何可以用神经网络做的事情,也可以用其他只有一个"隐层"的网络来做,且只需一个三级的隐层网络足矣。近年来,随着这一限制的松动,人们对神经网络的兴趣与日俱增(Mhaskar et al.,2016)。人们正在探索拥有数百层的网络(Boden,2016)。这些网络产生了一些着实令人震惊的结果,致使科技公司的估值达到天文数字。这就是经常与"大数据"相伴而论的"深度学习"。

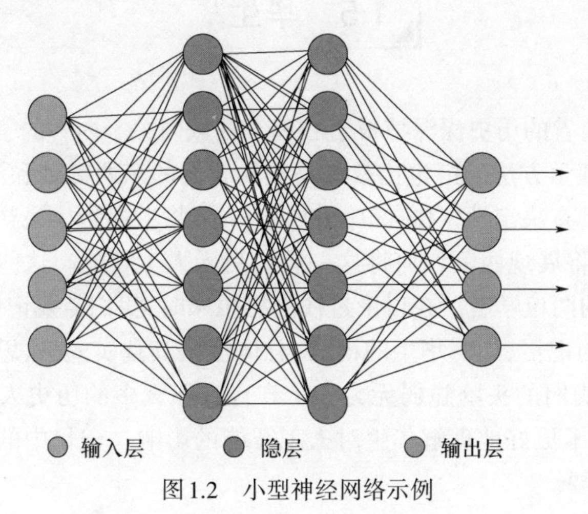

图1.2　小型神经网络示例

1.4　组合法

我称之为组合法的人工智能研究方法是一系列自组或有限的方法,这类方法并没有雄心壮志去创造人类或更高层次的智能。其杰出代表是布鲁克斯在昆虫级别智能方面所做的相关工作(Brooks,1991),其研究开发出了外观令人印象深刻的步行机器人,如"大狗"(Raibert et al.,2008)。

我们已经见识了上述两类野心勃勃的人工智能研究方法。二者分别建立在形式思维和科学的基础之上。第一类方法使用清晰明了、特定明确的知识来实现可证实的最佳结果。另一类方法则是将知识分散到网络上,且这些知识在所能指向的范围内是隐含的。这一体系是不透明的,因为其复杂性在很大程度上使得人们无法解释事情为什么会按那样的方式进行。逻辑和数学太过抽象,以至于无法模拟人类的复杂性,而神经网络又"太有序、太简单、太稀少、太乏味"(Boden,2016)。还有一类组合的方法,如贝叶斯网络,综合了上述两类方法的某些特性——但这仅仅是组合,而不是思想的创新。其结果很有趣,但却缺乏开创性。

还有别的办法吗?为了获得一种新技术,我们可以舍弃些什么?本书要回答的就是这个问题。

1.5 华生[①]

人工智能内省的历史深深植根于心理学领域内关于内省的争论,但"早期关于内省作为心理学方法的辩论比教科书教给我们的东西微妙和深刻得多,而且也远没有那么具有决定性"(Costall,2006)。本节将考察华生最初禁止内省的有关情况。1.6节将展现西蒙如何将这一假设引入人工智能。这些章节还会涉及本书批评最多的两位学者。在讨论过往的思想家时,我们需要记住的一点是,人们对思想家们的记忆,如对华生的记忆,总体上是其真实人格、思想和立场的缩略版本。然而我们的头脑脆弱无力(3.1节),有那么多的历史人物等着我们记忆……或许,为了更好地理解华生对人工智能的影响,"记忆中的华生"比"真实的华生"更为重要。

约翰·B·华生(1878—1958)于1913年在哥伦比亚大学的一次演讲中发表了一篇演说。这篇演讲被视为行为主义革命和废除内省的宣言。认知革命延续了他对内省的反感。华生的老师(哈维·卡尔)坚持认为,"客观主义"比"行为主义"更适合用来形容华生的思想传统,因为行为已经接受过前人的研究洗礼,而对心理学来说,华生坚定地摒弃主观性则更具新颖性。

华生清晰地阐明了自己的观点:"按照行为主义者的观点,心理学是自然科学中一个纯客观的、实验性的分支,它像化学和物理科学一样极少需要内省"(J. B. Watson,1913)。

① 不要混淆在世的剑桥历史学家彼得·华生(Peter Watson)和行为主义者约翰·B·华生(John B. Watson)。还有第三个华生,他将在11.2节中就基于案例的推理做一些评论。此外,IBM公司还有一个以该公司创始人的名字而被命名为"沃森"(Watson)的人工智能系统。

1.5.1 显性动机

要理解华生的动机和热情，我们必须回顾一下，在华生的时代，达尔文革命仍然方兴未艾，处于不断发展中：它改变着人类在世界上的地位，人类不再位于造物主的顶峰（Genesis 1:29），而是另一种随机突变和自然选择的产物（P. Watson，2006）。华生认为，他在废止内省以及将人类解释为动物这件事上所遇到的阻力，与达尔文当初所受到的排斥在本质上是相同的，都是源于相同的宗教情感，即人类必须在本质上不同于动物（J. B. Watson，1931）。

与宗教立场相反，科学应该是客观的。其典范便是物理和化学（某种理想化的观点），如果足够幸运，你正在研究的现象就可以用正反两方面的因果关系来加以解释。华生对他的新科学主义心理学持乐观态度。他设想，行为也可以像其他科学那样进行精确的预测："在一套完整的心理学系统中，给定反应就可以预测出刺激；只要有刺激，就可以预测反应"（J. B. Watson, 1913）。他详细阐明了心理学理论探讨的不应该是"颜色"，而是"光频率"——即将经验的语言转化为物理的语言。这种对清晰明了、数值化和确定性科学的理性渴望已经再明显不过了（这一点将在2.4节中做进一步讨论）。华生还假设大脑可以分解成模块，这是理性主义思维的另一特征（见4.3.3节）。

1.5.2 反对内省

华生提出了反对内省的两个主要理由：

(1) 为了保持心理学的一致性和科学研究的连贯性，人类行为研究必须与**动物行为**研究依循同样的标准（J. B. Watson，1913，1914，1920，1931）。由于我们无法获取动物意识（即使依照内省主义者的观点），因此，我们也不应该试图获取人类意识。

(2) 他对内省最直接的攻击是，内省在内容上"晦涩难懂"（J. B. Watson，1931），内省技术不够明确，且相关要求自相矛盾，甚至在简单的感知区分上连术语的使用都不一致，（进而开始人身攻击）其从业者既软弱无能（Costall，2006）又"啰嗦到令人不堪忍受"（J. B. Watson，1920）。

回想一下，我们（和其他许多人一道）假设了内省和意识涵盖的是相同的主观领域。有趣的是，华生在介绍他的反内省主义者革命时，丝毫没有否认内省或意识的作用，事实上，他洞察到了内省扮演的两种合乎逻辑的角色，一种是显性的，一种是隐性的：

(1) 就显性而言，他意识到，每一门科学都需要一定的内省："如果你允许行为学家像其他自然科学家一样看待意识——也就是说，不把意识作为特殊的观察对象——你就赋予了我论文所提出的一切"(J. B. Watson，1913)。化学家需要有一定的意识才能说出诸如"我看到液体变红"之类的话，华生接受了这一点，他对此并未感到困惑。这句话严格来说是关于感知的体验："我看到"——因此它至少在语法上是关于某种心理状态的陈述，因此是一种内省。华生指出，他的这种心理学"是一种纯客观的、实验性的自然科学分支，它像化学和物理科学一样极少需要内省……意识可以说只是科学家的一种工作手段或工具"(J. B. Watson，1913)。

(2) 华生引入"出声思考"(thinking aloud)的方式，向被试者征集相关报告和陈述(见7.3节)。

1.5.3 有趣的观点

华生徘徊在下面两种立场之间：方法论行为主义(忽略主观性)和本体论[①]行为主义(否认主观性的存在)。本体论行为主义否认大脑内部或其他任何地方存在心智活动，并声称只存在外部行为。方法论行为主义在心智存在与否的问题上保持中立，而只是因为科学方法的缺乏而尽可能避免对心智展开研究。

通常情况下，华生只是单纯地反对内省和意识，并要求"暂时搁置"一切意识问题(J. B. Watson，1913)，甚至可能永远搁置。他视"拒绝内省"为一种良好的方法论。此外，他否认心智和主观性的存在，并陷入本体论行为主义："行为主义者不相信任何超验的人类力量(如神秘的自我认知……)就像汤姆森先生所说的那样，这是对行为主义立场的严重误解。当然，行为主义者并不否认心智状态的存在，而只是倾向于忽略它们的存在。这种'忽略'，类似于化学无视炼金术、天文学无视占星术、心理学无视心灵感应和灵性开悟。"(J. B. Watson，1920)。

不管主观性的本体论地位如何，华生更喜欢研究行为而不是意识，因为行为更为明晰，且更为实用：他希望与其他科学(如孔德，见4.1节)相融合；希望心理学对"教育者、医生、法学家和商人"都是有用的；希望剔除意识，不将其作为心理学研究的特殊对象，以此简化心理学，并使其像其他科学一样成为一门真正的科学(J. B. Watson，1913)。

华生于1913年发表的论文对哲学进行了抨击："这些历史悠久的哲学思辨传统不应像困扰物理学学生那样再困扰行为学学生……我想让我的学生忽略这

① 在哲学领域中，本体论追问这样的问题："什么是本源的存在？"其他事物是由什么构成的？

些假设,就像其他科学分支的学生无视这些假设一样”(J. B. Watson,1913)。4.4.2节将详细阐述哲学是如何被视为无用之学的。

华生在人类和动物的区别对待问题上作出的让步体现在语言的使用上。他承认,实验者可以使用语言与人类被试进行交流(例如在颜色测试中),这只是一种“权宜之法”,可以让我们从人类那里获得所谓的输入和输出(J. B. Watson,1913)。这一让步仅限于非常具体的“实时”交流,不涉及记忆、理解或其他能力。

在进一步讨论语言的使用时,有些引述对精神分析表现出了认可,这多少有些令人惊讶,因为在今天的我们看来,精神分析与行为主义是南辕北辙的:“被试可以观察到自己在思考中使用了语言,但他自己也说不清楚究竟使用了多少文字素材,其最终表述在多大程度上受到了难以言表且无法觉察的隐性因素的影响。行为主义者和精神分析学家都认为,这样的因素有成百上千个,其中一些因素甚至要求通过传记对被试进行详细地考察,乃至追溯至其婴幼时期……”(J. B. Watson, 1920)。

对弗洛伊德作品的引用并不是某种疏漏,尽管华生后来对此有所懊悔。事实上,他多次引用弗洛伊德的原文,例如,当有人试图采用“出声思考”的方法(该方法将在7.3节中进行探讨)时,他会提出警告:“……对于那些尽可能远离压抑情感因素的被试,我们在向他们提问时必须小心翼翼。当然,正如分析师多次指出的那样,完全做到这一点是不可能的”。他也赞同“分析家”的观点,认为“人类动物永远不会消失在关于自己的传记中”(J. B. Watson,1920)。

另一个有趣的问题是,华生在他的标题中回答了这样一个问题:“思维仅仅是语言机制的作用吗?”华生给出了一个出人意料的“具象化”答案:“一个完整的人实际上是在用自己身体的每一个部分进行思考。如果他被肢解了……他就会用剩下的部分身体进行思考”。然而,他继续说,如果我们割断一个网球运动员的肌肉,他的发挥将受到严重的影响。对于一个正常人来说,思考是一种无声的语言(也许今天我们可以称之为“叙述”)。同理,聋哑人则是通过“手指、手掌、胳膊、面部肌肉、头部肌肉等”来思考。

1.5.4　对华生的总结

华生禁止一切有关“内部结构”的猜测(Crosson,1985),并将“内省”一词变成了心理学中的禁忌词。华生并不认为所有的内省都是无稽之谈,但他的许多追随者确实接受了他的说法,并盲目地遵循这一信条(Costall,2006)。在此,我们似乎也看到了笛卡儿(Descartes)怀疑与知识两极化的呼应——“对于不确定的东西,我们必须待之以极度的怀疑”——既然我们对内省难以确定,那么我们就必须视之为噪声(见4.2.4节)。

由于人们普遍接受了对内省和现象思维的否定,因此,本书有必要完成某些繁重的工作:详细阐述内省的合理性(见第8章),这样做可能是有益无害的(见第9章)。

1.6 西蒙

心理学的认知革命(在很大程度上)是由计算机和人工智能的先驱者们领导的。(Crosson,1985;2007)。这场运动中最有影响力的人物之一是赫伯特·A·西蒙。认知主义是一场革命,因为它使"心智"一词的使用得以合理化,默许人们讨论"黑匣子里"发生的事情。它确实遵循了行为主义的诸多假设,比如对主观性的摒弃,特别是对内省的摒弃。(Costall,2006)。

赫伯特·西蒙(1916—2001)是20世纪最多产的思想家之一。他的贡献覆盖了公共管理、商学、心理学、经济学、运筹学、数学、统计学、计算和人工智能等诸多领域。事实上,除了计算机和人工智能之外,他的"900多份出版作品"囊括了"人类学以外的所有社会科学学科"(Augier,March,2001)。"像其他个体一样,赫伯特·A·西蒙塑造了20世纪下半叶人类和社会科学的知识进程(Turkle,1991)。尤其是在人工智能领域,纽厄尔(西蒙的学生以及人工智能领域的合作者)和西蒙是'达特茅斯之夏'与会者中迄今为止最具影响力的人物。"(G. Solomonoff,2016)。这里的"达特茅斯之夏"指的是1956年的那次会议,在很大程度上开辟了人工智能新领域,并为其命名。可以说,"出色的老式人工智能"(GOFAI)一半以上的成就都源自西蒙和他的学生。他是到目前为止唯一一个同时获得图灵奖(1975年)和诺贝尔经济学奖(1978年)的人。西蒙继承了华生对内省的反对,并努力将行为主义的诸多传统纳入认知范畴。尽管他知识广博,但却认为自己是一个"……偏执狂。我一生都在研究同一件事:人类决策"(Feigenbaum,1989)。西蒙的影响不是偶然的——其显示出的能量和信念展现了他是"一个真正的传教士"(Augier,March,2001)。西蒙深受逻辑实证主义者卡尔纳普(Rudolf Carnap)的影响(见4.1节)。

1.6.1 经济学

西蒙认为其在经济学领域的主要贡献是有关有限理性的概念(Simon,1996a)。有限理性的思想是对古典经济学的反叛,该理论认定,"'经济人'在其成为‘经济人’的过程中也是‘具有理性的’”(Simon,1955)。西蒙的论点描述了这样一种情形,即人类行为人意识到,自己的理性受到了限制,因此,完美的完全理性“经济人”这种想法是一种盲目的乐观;人类其实并不像古典经济学所认为的那样理性或见多识广。人类的理性受到可用信息的限制,也受到一个人在实际决策中可投入的时间和资源数量的限制。他提出了“满意度”概念,这是一个技术性术语,用以描述非最优解,但“已足够好”或“足够适用”。这一理念与后来人工智能中的启发式概念密切相关。

请注意,与老一辈经济学家相比,西蒙对人性的看法并非不切实际的完美,但他在自己新发现的“有限”范围内仍然认为人类是完全理性的。4.5.4节将继续讨论有关人类理性的这一话题。

1.6.2　反对主观性——理性主义

西蒙是一位彻头彻尾的传统理性主义科学家(见2.4节)。他的基本世界观认为人类是理性的;他将生活隐喻为迷宫或象棋游戏(Simon,1996a)。“对我来说,数学始终是一种思维的语言。我不知道自己到底想表达什么……数学——这种非言语思维——是我借以进行探索发现的语言。”(Simon,1996a)。

他对主观性百般不适,经常与其保持距离——无论是自己的主观性还是他人的主观性。在自传(Simon,1996a)中,他只用第一人称称呼成年后的自己(而将孩童时期的自己称为“那个男孩”)——在谈论后来的生活时,他也很难认同或探讨孩童时期的情感变化。此外,由于他与一切主观性都有着一种不和谐的关系,以至于他对有关主观性的日常术语极为生疏,他将“内省”与“内向”混为一谈:“那个男孩的内向实在是不可救药。”(Simon,1996a)。

西蒙认可了华生的雄心壮志,认为心理学应该是一门与化学和物理并驾齐驱的科学(Costall,2006)。然而,他陷入了狂妄自大的境地,将自己的雄心付诸实践,用完美的循环逻辑将自己的项目打造成自己世界观的基石:“如果国际象棋在认知研究中的作用犹如果蝇在遗传学中的作用,那么汉诺塔就类似于大肠杆菌。”(Simon,1996a)。他假设,国际象棋是出色的人类认知模型,至少在原则上解决了问题(参见第1.2节),这意味着,认知被“破解”的程度至少与门捷列夫1869年发明元素周期表“破解”化学的程度一样。(见1.1.1节)。

1.6.3　人工智能

西蒙有关人工智能的作品中并未明显地展现有关主观性与内省的问题。对他来说,理性主义的符号人工智能就是未来:“……拓展对符号的操纵,使其不仅仅包含演绎逻辑。符号可以用于日常思考、隐喻思考,甚至‘非逻辑思考’。这一至关重要的概括大约在第二次世界大战时便开始出现,尽管在现代计算机出现之后才得以完善。”(Simon, 1996a)。在西蒙整个人工智能职业生涯中,他“……对于模拟人类如何解决问题深感兴趣,而不仅仅是演示计算机如何解决难题”(Simon, 1996a),甚至在1956年写给罗素的一封信中明确表示,他的软件可以像人类一样对定理进行证明。然而,在西蒙“有限理性”理论之外,没有任何主观性或易错性的痕迹(Simon, 1996a)。

西蒙“认为问题通常可以分解为各种层次结构”(Augier, March, 2001; Simon, 1989)。这一观点在其人工智能研究中有所体现,如“一般问题解决者”和“逻辑理论家”。他只对人类决策这一个问题感兴趣,却在诸多不同领域发表了相关研究,这也体现了他对可分解性以及广泛领域通用解决方案有效性的某种信念。

西蒙在人工智能领域的一枝独秀还体现在其方法论以及对这一领域的自我认知上:西蒙将人工智能视为一门科学(Simon, 1996b),并且与他在其他领域的研究密不可分——在这个意义上,他在人工智能上的开拓早于惠勒(Wheeler, 2005)对人工智能所下的定义,即“认知科学的思想核心”,西蒙(与自己的人工智能合作伙伴纽厄尔)则将自己的想法确立为该领域的准则:

> 纽厄尔和西蒙所做的工作给人工智能打下了经验科学方法论范式的深刻烙印。这种方法论规约了这样一种“科学循环”:
>
> (1) 基于信息处理模型……的设计;
>
> (2) 依据所编写的、能够反映设计思想的计算机程序……进行测试;
>
> (3) 根据这些程序在计算机上的实际运行状况进行度量(既非纸上谈兵,也非不切实际的空想,亦非某种定理);
>
> (4) 根据对特定行为的发现……重新进行设计。
>
> 正如纽厄尔所称:这是这个领域所创造出来的独一无二的……
>
> (Feigenbaum, 1989)

我将追随其他批评者的脚步,将西蒙视为主流(至少是老式)人工智能的主要代言人。

1.6.4 对批评者的反驳

对西蒙在人工智能方面的工作持批评态度的人主要有两种：现象学家，如德雷弗斯(Dreyfus)(见2.3节)，以及反对人工智能的伦理学家，如魏泽鲍姆(见第2章)。西蒙自己评价了针对自己的四个主要批评者：莫蒂默·陶博、理查德·贝尔曼、休伯特·德雷弗斯("一个人文主义哲学家"——不管他是什么意思)，以及魏泽鲍姆。他说："你不会与一个人争论他的宗教信仰，对于世界上那些德雷弗斯们和魏泽鲍姆们来说，这本质上是宗教问题。"他假意误解了那些批评者，继续说道："我认为，那些反对我以单纯的方式描述人类的人，某种程度上是想维护内心的某种神秘性……"，他含蓄地指责所有阻挠他的人犯下了理性主义/实证主义学说中的终极罪过(见2.4节和4.1节)——"袖子里藏着宗教"[①](Boden，2008)。

尽管他知道，在探索新的前沿时，可能会遇到自己完全不了解的领域，但他拒绝涉足与自己思维方式不符的研究领域，对大量的知识不屑一顾，如"……解释学(如果我能找到这个词的确切含义的话)"(Simon, 1996a)。我们将在2.5节中了解这个词的内涵及其对人工智能的意义。

1.6.5 不经意间的主观性

在这样一种排斥一切主观性的情况下，西蒙不仅承认自己学习希腊文过程中有过内省(Simon，1996a)，而且还在另一种研究手段——"出声思考"——的伪装下促进内省，这着实令人惊讶，也多少有些戏剧性。我们将在7.3节中详细讨论这一问题。

1.7 本章小结

目前正在发展的人工智能是建立在可靠的科学基础上的。它既可以从最基本的构件——神经元式的计算网络——构建心智，也可以以显性知识、逻辑和数学为开端，从顶层发展心智。

主观性方法被认为是不科学的，而"内省"一词则被断然地看作是科学与发

① 原文是"up their sleeve"，源自俚语have a card up one's sleeve，"袖子里藏着一张牌"，意指还有隐藏的秘密计划。此处作者指责德雷弗斯和魏泽鲍姆等人的反对实际上源自他们的信仰，暗含着其他目的。——译者

展的对立面。本书所要论证的恰恰是相反的观点。然而,笔者并非第一个洞悉“摒弃主观性”这一错误做法的人。此前也有几位批评者曾涉足这一领域,并就自己的发现做了备受尊崇的记录。第2章将就当前对人工智能的批评进行概述。你不难发现,批判人工智能的思想家主要的攻击对象是人工智能领域的支柱西蒙,而他们所攻击的立场绝大部分又是西蒙从华生那里所继承下来的思想。

第2章
人工智能之批判

本书旨在探索超越人工智能现状的可能性。本章将就当前哲学家对人工智能的批评进行综述,我们首先要对两个哲学阵营有所了解——一方是认知主义和古典人工智能,另一方则是现象学及其对人工智能的相关批评。

2.1节就相关知识传统进行背景介绍,有关人工智能的批评深受这些传统的影响。

2.2节详细介绍了认知主义和现象学之间分歧的核心所在。

2.3节阐述了德雷弗斯(1929—2017)及其对人工智能的批判。德雷弗斯就像"一个在荒野中呐喊的人:'为海德格尔扫清道路!'……"[①]他反对后来(1986年)被威诺格拉德(Winograd)和弗洛雷斯(Flores)称之为理性主义传统的人工智能传统。遗憾的是,德雷弗斯并没有做出什么实质性的记录在案的贡献。

2.4节对威诺格拉德和弗洛雷斯进行了介绍,他们的目标是弥合分歧,并取得一些实质进展。他们提出了一个工作系统的想法,但这个系统却开创了被称为"群件"("group-ware")的新技术领域,而并没有对人工智能本身做出多大贡献。其分析成果之一是将伽达默尔的解释学纳入讨论。

2.5节对解释学和伽达默尔进行了深入的考察。

2.6节阐述了人工智能界对上述批评的回应,在作者看来,缺少的正是这样的回应。

2.7节阐明了本书所提出的方案,以及该方案与其他人工智能批评之间的关系。

① 转述《以赛亚书》40:3,《约翰书》1:23等。

2.1 背景:现象学与海德格尔

在开启对人工智能的批评前,我们有必要了解一些背景知识。

继19世纪康德之后,哲学领域出现了危机:我们应该将①经验的世界还是②物理的世界作为人类的安全基础?青睐于物理学和科学的学派被称为分析哲学(或盎格鲁-美国学派),而那些以人类经验为基础的学派则被称为大陆哲学(详见4.4.3节)。20世纪最杰出的大陆哲学家是海德格尔,他是我们讨论的关键。我们首先将对其研究专长现象学加以概述,进而阐述其哲学思想。

2.1.1 现象学

"现象学以第一人称的经验视角对意识结构进行探究",可以说是与佛教一样古老的学科,但(至少在西方)它"直到胡塞尔时期才走向繁盛"(1859—1939)(D. W. Smith,2013)。这是一种从主观性视角对人类经验进行系统性探究的思路。就其主观性视角而言,它与科学是对立的。由于该学科起源于德国,因此直到今天,其研究在很大程度上依旧使用德语。

因此在术语的使用上需要注意:日常用语中,"世界"("world")和"万物"("universe")这两个术语几乎是可以互换使用的。但在现象学的话语中,术语"万物"是指从客观角度看世间万物,如行星和其他客观"存在";而"世界"这个词更类似于"孩童世界"或"17世纪伦敦木匠的世界"——这大体上相当于一个人的主观世界。这与康德对现象和本体所作的区分密切相关(见4.4.3节)。同样地,"情境"("situation")关乎特定主题,而"状态"("state")则是物理性的、外在的、客观的。因此,状态存在于万物之中,而情境则存在于世界当中。同理,"应对(coping)"某种情境属于现象学术语,意指对某种状态的"回应",而"处于(situated)"则是对特定地点和时间主观存在的描述。这类现象学术语数不胜数,仅列举上述几例足以说明问题。

2.1.2 海德格尔

海德格尔是胡塞尔的学生,他彻底改变了现象学所内含的本体论[①]——因

① 本体论关注事物的存在,或人类赖以解释世界的基础性事物。原子论认为,万物最终由原子这种不可分割的微小之物组成。物理主义相信一切事物在本源上是物理性的,任何精神现象都应当被归结为某种物理过程。唯心论将印象、思想或"感觉材料"视作人类世界的基本构成。物理实体只不过是我们对所见所感的世界所作的某种解释。二元论视物质世界和精神世界为基本,并努力推测它们之间的互动关系——这就是所谓的身心二元论问题。

为作为海德格尔的老师,胡塞尔将存在或本体论问题“悬置”一旁,给现象学家留下的本质上是唯心主义的本体论。

海德格尔的核心思想之一是对主客二分的排斥。人们永远不可能遇到不指涉客体的主观性,也不存在无法被主体观察到的客体。存在的是被他称之为“在世”(being-in-the-world)的统一体,当下人类(他称之为“此在”①)与其所在世界的相遇。这并不是否认客体万物的存在——海德格尔只是想表述,这并非现象学中的存在——从现象学角度来看,我们存在于世界当中——当下“此在”与“此在世界”(dasein's world)的相遇。这种相遇既非中立,也非客观,既非柏拉图式,也非科学式,而只是在意(caring)——这个相遇的世界存在于“此在”的内在世界。简而言之,我们并非客观的——我们总是在心怀关切地看待周围事物。

海德格尔将这种互动引入其新的本体论,以人的交互为基础,而不是传统的唯心主义和唯物主义。他借此指出,人类与世界的互动本质上是对人类行为的解释,理解人“被抛”(“thrown”)的那种处境(见下文)(Heidegger, 1962)。“客观性”和“主观性”被放逐至理论的两极,而这种对立实际上并不存在。真正的主体是个体的卷入(involvement)以及对某个词的阐释。

这种卷入关涉当下的情境,触手可及。有一个经典的例子:锤头并不是依据其客观属性供人们使用,也不是在特定场合有特定用途时才呈现在人们面前。实际上,当这把锤头坏了,或出现在了不该出现的场合,比如出现在了沙拉里,或者陈列于博物馆时,锤头的全部技术细节就会呈现在人们面前。当工人钉钉子时,工人更为关注的是自己的手臂或手臂内的肌腱,而不是锤头。因此,在特定的情境下,工具是透明的。只有当锤头断裂了,或出现在了不恰当的场合或非同寻常的情境下,这件工具才会呈现出来,当然,同时出现的可能还有我们内心因工具断裂而产生的苦恼。

实用性解释比单纯的理论性解释更为本质。我们的头脑不是用来处理抽象理论的。理解人类心智的本质,应当源于且止于日常生活的遭遇,而不是从某个精心设计的高级学术问题(如形式语法、数学)开始。这正如对“阐释”的理解一样。

我们并非只能通过呈现某种事物来理解该事物。我们实际和日常心智中所拥有的是对各种情况和整个世界的熟知,以及处理这些问题时的技能,并非某一

① dasein,译为“此在”,是海德格尔在其巨著《存在与时间》中提出来的一个新的哲学概念。海德格尔用“此在”来指称“人”,以此阐述其哲学观点。从外延而论,“此在”即处于生成过程的动态的人,而在内涵上,海德格尔并没有对“此在”进行明确界定。海德格尔试图用这一概念来批判笛卡儿以及康德在探索存在的自然本性上的不足。——译者

名工程师对我们周围事物的描画。

从根本上来说,意义具有社会属性,不能简单地理解为某个个体为赋予其意义而进行的活动。这一点类似于维特根斯坦所提出的通过语言游戏赋予事物以意义,而这种语言游戏中蕴含着大量被社会所认同的规则(如“人类学”不能带有种族偏见)。

我们内在的信念和假设并非都是明确的。因为在思维过程尚未发生的情况下,我们不可能以中立的态度来审视自己的思维过程。这种循环的必然性,以及人类永无止境的自我探索,不应使我们气馁,因为在每一次迭代中,我们总能发现更多关于人类自我发展的信息,而这些信息永远都是不清晰、不明确、不完整和不客观的。人类并非某种工程项目。

“被抛”(“Thrownness”)描述了人类的困境,生命本身以及生命中的每一件事、每一个时刻对个体来说都蕴含着意义。当一个人面对计算机输出的字段时,既不理解,也不关心其所呈现的内容时,这是极为不正常的。

2.2 认识论与现象学之争

现在,让我们来深入理解有关人工智能的那些争辩。首先,全面而细致地比较主流认知主义立场与广为流传的批评是大有裨益的。在此,我们选用两个原创文本。不难发现,这两个阵营在相互推诿:从哲学术语的使用来看,认知主义本质上是还原论者的唯物主义[①],而现象学则兼具唯心主义或海德格尔本体论思想。简而言之,认知主义像工程师一样“从外部”理解心智,而现象学感兴趣的则是心智“是什么样子的”。从社会学角度来看,现象学在很大程度上倚赖于以德语为主要表述语言的哲学传统,而认知主义则主要以心智机器这一隐喻为基础,且其用以表述的语言几乎全部为英语(见4.4.2节)。

《认知心理学》一书创造了“认知心理学”这一术语,随后又有了“认知科学”和“认知主义”(Boden,2008)。该书的第一段可以说是对整个领域的界定,如下:

> 俗话说,情人眼里出西施。作为一种功能定位的假说,这种说法并不完全正确——这当中,最重要的器官是大脑,而不是眼睛。然而,这

① 唯物主义——认为物质是我们理解世界的基石(比如物理主义)。还原论者则坚信,任何事情都可以以某种最优理论来进行解释或简化成最优理论。因此,相较于唯心主义或二元论而言,还原论唯物主义者认为,包括主观性在内的所有事物,最终都必须用物质来解释。

却直指认知问题的核心。无论是美丽或丑陋,抑或眼前之事,经验的世界都是由经历它的人所创造。

这并非怀疑论者所秉持的态度,而只是心理学家的观点。的确存在一个真实的世界,有树、有人、有车甚至有书,而且与我们对这些物体的体验有很大关系。然而,我们当下无法直接地进入这个世界,也无法感知它的任何属性。那种认为模糊的物体信息可以直接进入大脑的古代幻象主义理论必须加以摒弃。我们所知道的一切现实都是经历过反思的,这种反思不仅通过感官进行,还通过某种能够对知觉信息进行阐释和再阐释的复杂系统完成。认知系统的活动会引发……我们称之为"行为"的肌肉和腺体活动,这种活动也部分地——仅仅是部分地——反映在个体所见、所闻、所想和所思的经验中,而这些经验是口头描述无法真实反映出来的。

从根本上讲,书页实际上是一系列墨堆,整齐地排列在纸张反射性较强的某一位置。考夫卡(Koffka)及一些人称其为"远距刺激"("distal stimulus"),读者有望从中获得一些信息。但是感官输入并不是书页本身;它是来自太阳或某些人造光源的一组光射线模式,经书页反射,恰巧进入眼睛,经过晶状体适当的聚焦后……光射线落在敏感的视网膜上,由此促发神经传导过程,最终成为我们所见所读所记忆的内容。这些视网膜上的光射线模式就是所谓的"近距刺激"("proximal stimuli")。这完全不同于幻象。从他们的角度来看,近距刺激每秒钟会发生数次剧烈的位移,每时每刻都是独特且新奇的,与产生这些刺激的真实对象或感知者最终构建的经验对象几乎没有相似之处……

(Neisser,1967)

由此可见,奈瑟尔(Neisser)认为以下观点是合理的:

(1) 人是一种动物,有大脑、感觉器官等。

(2) 人体内部有一个"复杂的认知系统";

(3) 在"真实的世界"里,存在 "树、人、车甚至书",还有可生成"视网膜光射线模式"的"墨堆";

(4) "视网膜光射线模式"是一个动态的过程而非静止的事物。

奈瑟尔拒绝"幻象"。"个人经历"仅仅被看作是最终结果,而不具有任何因果关系,因为这些经历不可名状。奈瑟尔似乎想要尽可能地减少影响自己世界观的因素,试图简化自己的世界观。这可能是出于以下两个动机:要么是为了让基于该模型的技术更为可行,要么是因为他承袭了奥卡姆(Occam)、华生或其他早期认知主义前辈们的观点,对复杂的解释深恶痛绝(Pear,2007)。

另一方面,对认知主义批评最为激烈的德雷弗斯,以及人工智能,都不会采用上述观点。德雷弗斯引用奈瑟尔上述开篇话语:

> 的确存在一个真实的世界,有树、有人、有车甚至有书……然而,我们无法当下直接地进入这个世界,也无法感知它的任何属性。

德雷弗斯反驳道:

> 在此,……伤害已成定局。的确存在一个我们无法直接进入的世界。我们并不直接感知原子和电磁波世界(如果说感知它们是有意义的),但汽车和书籍的世界却是我们可以直接感知到的。……由这一点可见,奈瑟尔一直借用一个未经证实的理论,即我们感知的是“抓拍的图像”或知觉数据。他的进一步解释只会令人更为困惑:“从根本上讲,书页实际上是一系列墨堆,整齐地排列在纸张反射性较强的某一位置。”
>
> 但物理学上,运动的是原子,而不是纸张和墨堆。纸张和墨堆是人类世界的元素。然而,奈瑟尔正试图用一种特殊的方式来看待它们,就好像他是尚未开化的人、火星人,又或是一台电脑,对其用途一无所知。我们没有理由认为人类可以直接感知这些奇怪的孤立之物(尽管人们可能会以一种非常独特的超然态度来获得近似的体验,就像认知心理学家创作一部作品一样)。通常,我们能感知到的是已经印刷好的页面。
>
> 奈瑟尔的“中间世界”,既不是物理世界,也非人类经验世界,而是非自然存在的人造物体世界,带有人类活动痕迹的世界。没有人见过如此神秘的世界;在他的系统里没有物理学家的一席之地。然而,一旦假定了这一点,我们就不可避免地以某种方式从这些碎片中重构出人类世界。
>
> “从他们片面的角度来看,近距刺激每秒钟会发生数次剧烈的变化,每时每刻都是独特且新奇的,与产生这些刺激的真实对象或感知者最终构建的经验对象几乎没有相似之处……”
>
> 但整个构建过程却是非必要的。只有当我们把人想象成一台计算

> 机，从一个毫无目的的世界中接收孤立的事实时，这样的描述才有意义；之后对这些情况进行加工，再加上其他一些无意义的数据，如此这般，这些孤立的事实就具有了某种意义（不管这种意义是什么）。
>
> 尽管一些失语症患者存在上述问题，但我们没有理由认为普通人也存在这样的问题。普通人体验到的是相互关联且富有意义的事物。我们首先经历孤立的事实或事实片段，或对孤立事实片段形成短暂看法，然后赋予其意义，这样的假设是没有道理的。这正是海德格尔和维特根斯坦等当代哲学家们试图指出的所谓过度分析。依据奈瑟尔的讨论，我们可以这样说："人类世界就是物质世界的心智模型。"然而，说它存在于"心智"中毫无意义，在物质世界和人类世界之间创造一个第三世界，这个世界是我们赖以生活的贫瘠世界，是我们必须重新建立的世界。这样做亦是无意义之举。
>
> （Dreyfus, 1979）

因此，德雷弗斯拒绝"墨堆"之说，却赞美现象学。你可以完全赞同德雷弗斯的观点，但理解奈瑟尔同样重要：他之所以能到达"墨堆"的深度很可能是因为他对科学还原论或工程学有独到的见解。墨堆不仅是认知科学家的"火星人"发明，也是类似于相机所见像素一类的东西。同样，墨堆也是工程师复制页面的必需品。20世纪，复制被认为是理解的标志：杰出的物理学家理查德·费曼（Richard Feynman）去世后，人们在他办公室的黑板上发现了这样一句话："凡我所无法创造的，我亦不能理解。"（Feynman，1988）。

可以这么认为，德雷弗斯试图区分"真实"类别，因此，其观点更具哲理性（或更为教条），而奈瑟尔的观点则更务实，也更具技术性。

在心灵哲学领域，许多人对上述争端作出了这样的解释：认知主义者讨论的是"次人格（sub personal）"机制问题，而现象学揭示的是"人格层面（personal level）"的问题。这种区别对于哲学家，甚至科学家来说可能是令人满意的，但对于作为技术专家的我们来说，却没有任何帮助。对我们来说，将认知主义与主观性区别开来，似乎更为有益，认知主义作为一种科学理论，其目标在于发现客观真理，而主观性则为我们揭示事物的本质。在人工智能中，我们可以聚焦于模拟其中一种，或同时模拟两种。这便是本书之所向。

2.3节我们将更为系统地阐述德雷弗斯的立场。德雷弗斯和人工智能界之间的论辩见10.3.2节。

2.3 德雷弗斯

德雷弗斯的书《计算机不能做什么》(1979年)或许应该更名为《形式化之不能》。除了与人工智能界展开论战外,他还明确表示人工智能界太过乐观,他将这种乐观归咎于无节制的推断;并指出,在他看来,他们的基本假设是有问题的。基于海德格尔和梅洛-庞蒂的作品,他提出了大致的替代方案,但这一替代方案并没有产生任何可以形式化和程序化的内容。本书将阐明一种在形式上不那么正式的方法(10.3.5.3~10.3.5.4节)。

海德格尔哲学相关的部分内容,见2.1节。

本节的其余篇幅将对德雷弗斯主要工作加以总结,包括其著作《计算机不能做什么》(Dreyfus,1979)及其最新观点(Dreyfus,2007)。

2.3.1 第一部分——人工智能十年研究(1957—1967)

对德雷弗斯来说,人工智能的假设始于柏拉图。柏拉图在《尤西弗罗篇》中探寻着"虔诚"的"必要和充分"条件。对他来说,这是对"有效计算"的第一次探索——一种盲目的程序,可以在没有人类判断的情况下得出结论。他粗略地浏览了亚里士多德的著作,并引用霍布斯(Hobbes)的断言:"理性不过就是一种估算"。莱布尼茨(Leibniz)认为他的代数是计算事物"特征"的一种手段,这可能是第一次提及符号可作为人工智能的基础。德雷弗斯迅速转向布尔(Boole)、巴贝奇(Babbage)和图灵(Turing)。

接着,德雷弗斯讲述了人工智能的历史,并转向早期的盲目乐观主义,包括西蒙于1956年所作的预测:

(1) 10年内,数字计算机将成为国际象棋世界冠军,除非有相关规则禁止其参赛。

(2) 10年内,数字计算机将发现并证明一个重要的新数学定理。

(3) 10年内,心理学中的大多数理论将会以计算机程序的形式出现,或通过对计算机程序特征进行定性描述来呈现。

德雷弗斯随后详细驳斥了这些预测。在其写作上述作品之时,上述预测似乎都不太可能实现。

接下来,德雷弗斯梳理了1957—1962年之间他称之为"认知模拟"的人工智能相关进展,包括语言翻译、问题解决和模式识别。他陈述了这些领域所取得的成就,展现了早期的成功、热情和失败,时而悲观,时而又全然无视存在的困难。

他认为,认知模拟在以下四组差别对比中是存在问题的:

(1) 边缘意识与启发式引导搜索;

(2) 模糊容忍度及与上下文无关的准确度;

(3) 本质/非本质歧视与试凑搜索;

(4) 清晰分组与字符列表。

人工智能的下一阶段是德雷弗斯所说的“语义信息处理”:鲍博(Bobrow)的“学生”,埃文斯(Evans)的“类比”,以及昆兰(Quinlan)的“语义记忆程序”。他对此种形式的人工智能问题进行了分析并认为,所有这些尝试都非常具体,并没有试图解决潜在的语义问题。显然,人类对此有一个自然的解决方案。

2.3.2 第二部分——持续乐观背后的根本假设

德雷弗斯详细介绍了作为人工智能研究项目核心的四种假设,研究人员要想在该领域有所作为,必须至少接受其中一种:

(1) 生物学上的假设,在某种程度上,人类以数字方式运作。每一代人都使用自己的新技术来进行思维,所以我们应该原谅亚里士多德把人类看作“由神的气息驱动的陶器”(Bolter,1984),也应该宽恕那些活在20世纪后半叶用计算机来思考的人。但即使大脑是某种形式的计算机,却仍然没有证据表明它与我们的计算机有任何相似之处。所有证据都表明,大脑并非数字化的(B. C. Smith,2005)。

(2) 心理学假设,思维层面是数字化的,这是认知科学的核心(Boden,2008)。德雷弗斯怀疑,是否存在一种非隐喻的方式可以用来讨论信息处理的相关概念,比如“列表处理”,而不是像心智处理信息的方式那样,但是心理学假设和认知研究范式要求心智必须采用离散的数字信息处理术语。

(3) 认识论假设,也许大脑和心智都不是数字的,就如同行星不会计算它们绕太阳系运行的轨迹一样;然而,它们的运行轨迹却是可以计算的。在某种意义上,这是将人工智能看作技术而非认知或人脑模拟器所做出的假设。在作为技术的人工智能中,我们所需要的是模拟行为本身,而非促发行为产生的实际机制。很大程度上,人工智能界的乐观主义态度是建立在物理学及其后续技术成功的基础之上的。非任意的人类行为是否可以被形式化,德雷弗斯对此表示怀疑。

(4) 本体论假设,所有事实都是可枚举的,并在计算机中呈现出来。这种认为所有事实都可被明确表述的理念可追溯至柏拉图时期,但影响力最大的却是逻辑哲学论中的说法“世界是事实的总和，而非事物的总和”(Wittgenstein, 2001b)。明斯基(Minsky)抨击了这一观点，因为他估算，“理智的行为”大概需要105 ~107个事实。这就产生了“大型数据库问题”，以及相关的框架问题，即对相关概念进行编程的问题(Shanahan, 2016)。对德雷弗斯来说，这些问题不是来自人类智能，而是来自本体论假设，因为这一假设只是对人类智能做出了一种可能的解释。他提出的替代方案是一种情境化的弹性智能，因此既不存在框架问题，也不需要在大型数据库中搜索相关事实(见4.3.3节中“逻辑原子论”)。

德雷弗斯转而给出了他的另一种选择，他指出，柏拉图式的逻辑传统和计算机行业是如此强大，以至于压倒了此前的一切，但人们至少应努力意识到，他们所引领的人类文化并非唯一可能的方向，且上文涉及的种种假设也非不可置疑的公理。提出科学理论的备选方案将重回柏拉图式的传统，因为今天的科学解释要求将物体分解成原子，以此将其纳入某种框架中，而这一框架正是德雷弗斯试图反对的。德雷弗斯提出了另一种现象学。对他来说，现象学与机械解释截然相反。现象学旨在找到人类经验和行为中的必要充分因素。德雷弗斯主要借鉴吸收了马丁·海德格尔(Martin Heidegger)和莫瑞斯·梅洛-庞蒂(Maurice Merleau-Ponty)现象学著作中的思想。

2.3.3 第三部分——传统假设的替代方案

德雷弗斯承认其阐述仍不够精确，因此他在以下三个方面做了进一步分析：

(1) 智能行为中身体的作用。

笛卡儿(Descartes)认为，机器所处的状态只有少数几种，因此，在缺少非物质灵魂的情况下，是无法对世界的所有复杂性做出反应的。尽管这一观点对德雷弗斯来说很实用，但他必须承认，现代计算机可能面临的状态种类如此之多，以至于这一观点已不再成立。德雷弗斯认为，机器所缺少的不是灵魂，而是“关涉其中、处于特定情境的物质化身体”。人工智能在心智的“高级”层面已经做得很好，比如逻辑等，但在人类与动物共有的行为层面却遭遇了惨败。人类的感知是全局性的(格式塔完形)，整体决定部分，例如语言决定语音和音素。感知要区分前景(foreground)和背景，视网膜输入的大部分信息都会被忽视为背景。人类感知会触及“外在视野”，即人类注意力的极限。相比之下，计算机要么显式地处理数据，要么根本不处理。人类感知也会触及“内在视野”，将物体作为一个整体来加以感知，即使我们只看到桌子的上半部分和三条腿，我们仍然能感知到桌子的底面和四条腿。

技能需要后天习得，感知也是一种技能，在视觉或感觉上的能力不亚于语言理解能力。与计算机不同，人类经历了毫无技巧而言的循规蹈矩阶段，但后来被更为娴熟的技能（参见12.4节中关于“视频”的示例）或技能完形（a gestalt of skills）所取代。这需要实践，而实践需要身体的参与，且身体已经擅长于掌握技能。技能通过梅洛-庞蒂所说的“最大限度掌握”而习得，这一过程需要对情境进行持续的监测，并不断评估人们应对情境的能力。整个过程倚赖于情境和目标。科学可能需要对每一个动作进行详细描述，但技能不需要做这样的描述：鸟类非航空工程师，但它们却会飞行。在某种意义上，技能还允许人们将工具作为身体的一部分而加以利用，正如技艺娴熟的木匠使用锤子，或人类使用语言一样。

（2）不依赖规则的有序行为。

理性主义哲学传统认为，每一个有序的行为都可以依据规则加以形式化。在开放结构问题中，至少存在三个阶段：找出可能的相关因素，确定实际的相关因素，以及明确必要的相关因素。所有这些都会因情境而异，并构成人工智能中的“框架问题”。

德雷弗斯的替代性视角认为，情境并非数据集，不需要归入相关/不相关类型，其本身已经具有一定意义。赌马人不会使用包含马和人所有事实的数据库，但他却总能体会到父母死亡或失恋的感觉。他也知道，这样的事件会影响骑师的表现。这一判断不是因为赌马人对陌生情况进行了独立分析，而是因为他也可能有相同的体会和感受，这是人之常情。他知道对于骑师来说，失去母亲和丢失手表的感觉是截然不同的。

人类世界所具有的统一性在于，它产生于“我的”世界，有“我的”关切，也有实现“我的”目标之工具手段。不相交像素输入产生的人工智能宇宙被建模成客观对象的“宇宙模型”，没有任何价值、意义或统一性。“在人工智能领域，人们找不到依目的而组织起来的、熟悉的工具世界。”

德雷弗斯继续抨击上文（2.2节）引用过的认知主义观点，并总结道：“为了避免人为制造问题和谜团，我们必须将物理世界留给物理学家和神经生理学家，并回归到对我们即刻便能感知的人类世界的描述中来。”

（3）人类需要的情境功能。

人之所需无法预先确定。除非在极端残酷的情况下，否则我们不能因为有对“食物”“住所”等的需求而对人类行为加以预测。人们“发现”自己想要什么，需要什么，这是一种创造性的自我发现行为。我们可以说一个人需要爱，但是这种需要从来没有被完全定义为“爱”。当一个男人爱上一个特定的女人之后，他需要的是她，而不是一般的“爱”或“女人”。我们探索着世界，偶然发现了后来所称的我们一直需要的东西，这些东西总是具体的，并且每天都被卷入这个世界。因此，不存在一种预设的“手段-目的分析”以及预设的“目的”，可以像人类智能那样运作。

此外，不仅人的动机和需求无法预先确定，即使是对某一情境的准确描述，对于尽心尽力的科学家来说，也不是预先确定的，而是由观察者决定的，受先入为主的影响，或者用库恩(Kuhn)的术语来说就是“范式”(另见7.3.4节)。人类的天性确实具有很强的可塑性，以至于德雷弗斯担心，如果当前继续痴迷于计算机和人工智能的思维方式，那么人类将越来越依赖于某种预设的手段-目的范式来思考自身，人类面临的危险将不是来自超智能的机器，而是来自亚智能的人类。[①]

2.3.4 德雷弗斯的新观点

德雷弗斯(2007)[②]以框架问题(即计算机搜寻相关或不相关信息的问题(Shanahan，2016))为核心来理解不同研究人员实现人工智能的方式。他理所当然地认为，唯一值得拥有的人工智能是“海德格尔式的人工智能”。他赞许地引用了布鲁克斯(Brooks)、阿格雷(Agre)、惠勒及弗里曼(Freeman)的话。本书的后续部分将再次讨论前三位人物。

布鲁克斯反对表征，寻求一种非“出色的老式人工智能”(GOFAI)方法来制造机器人，德雷弗斯对此表示赞同。但布鲁克斯的“机器人只对特定的环境特征做出反应，而不是对上下文或不断变化的意义做出反应。这些机器人就像蚂蚁一样。”德雷弗斯还指出，布鲁克斯的系统也没有学习的能力。

德雷弗斯称阿格雷为“实用主义者”。虽然阿格雷与查普曼(Chapman)是非常明确的海德格尔派，但他们却物化了海德格尔的在手状态(readiness-at-hand)以及缺乏应对技巧经验的程序。阿格雷“将虚拟实体放进了虚拟世界里，在这个虚拟世界里，所有可能的相关性都是事先确定的”，因此无法对学习行为或新的相关性做出解释。

此外：

> 阿格雷的海德格尔式人工智能并未强行将经验纳入编程。相反，阿格雷通过直证性表征(deictic representation)，物化了实体所具有的

① 有人可能会说，在商业以外的领域已经大规模采用了美国商学院的管理方法(感谢布莱·惠特比(Blay Whitby)对此所作的解释)。

② 同样的话也曾在其他场合多次重复过，后来也还出现过。

功能及其情境相关性。在阿格雷的人工智能实验Pengi中,当一个功能定义型的虚拟冰块靠近虚拟玩家时,规则会决定虚拟玩家的反应,例如踢它。在这当中,不涉及任何技能,也不需要学习。

德雷弗斯或许对惠勒的工作最为肯定——他赞同,“现在是时候对海德格尔式人工智能和深层的海德格尔神经科学进行积极阐释了”。然而,他又反对惠勒对表征的再次引入,反对其采用古典人工智能的概念,即人类参与问题的解决。

德雷弗斯认为,最近沃尔特·弗里曼对兔子神经动力学的研究为正确理解认知提供了良好的开端。然而,要开发出可用的技术还有很长的路要走。

德莱弗斯坚信,“从根本上说,我们是被动的应对者”,而不是问题解决者、认知主体或规划者等。他还认为,“在最好的情况下,应对根本不需要表征或解决的问题”。

简而言之,德雷弗斯后期依然全盘否定了人工智能领域所做的工作。

2.4 威诺格拉德和弗洛雷斯

特里·威诺格拉德(Terry Winograd,1946—)是20世纪70年代极具影响力的人工智能系统SHRDLU的创作者。1986年,威诺格拉德与智利哲学家和政治家费尔南多·弗洛雷斯(Fernando Flores,1943—)合著了名为《理解计算机和认知》的重要著作。

他们描述了一种西方文明的核心思想潮流,并称之为“理性主义传统”(Winograd,Flores, 1986),其特点是采用一系列的步骤来处理问题:

(1) 借助具有明确属性的可识别对象来描述情境;

(2) 找出适用于这些对象和属性的规则;

(3) 将规则逻辑地应用于所关注的情境,从而对应做之事做出结论。

前两个问题经常被以分析哲学为主要流派的英语国家所忽视,认为其与科学研究背道而驰,因为科学研究恰恰是按照规则以清晰明确的术语对情境加以解释和预测。分析哲学(尤其是作为“科学的侍女”,见4.4.2节)的主要关注点在于寻找更好的方法来实现上述第三个问题,即“将规则逻辑地应用于所关注的情境,从而对应做之事做出结论”。这种理性主义的方法是科学的核心,并享有科学成就所带来的一切声望。对很多人来说,这是一种正确的思维方式,或许可能是唯一的方式。任何反对这一思维方式的人都会被指责在“袖子里藏着宗教”,

或被冠以神秘主义，不可理喻（Boden，2008；McCorduck，2004）。

因此，理性主义的取向不仅盛行于计算机科学和人工智能，而且遍及科学心理学、管理学、语言学和认知科学（尤其是其中几个领域中赫伯特·西蒙都是核心人物）。在这一传统中，理性思考者虽然承认理性主义取向的局限性，但无论是计算机科学或认知科学，还是心理学和社会科学，在日常工作中都视这种方法为理所当然，对可接受的答案和可提出的问题都采取应然的态度。

威诺格拉德和弗洛雷斯探讨了三种可取代理性主义观点的方案。[①]

2.4.1 作为生物现象的认知

在自然界中，任何有边界并试图利用内部身体来控制外部环境的系统都可以被认为是一种生命形式。生命形式包括细菌、马、人类和城市。任何将人视为生命形式的尝试都具有生物学意义，都是以物理学和化学为基础。动物学、解剖学和进化论都是"宏观"视角的描述。

在心灵哲学中，这种方法被称为"自创生"（autopoesis），受到马图拉纳（Maturana）和瓦雷拉（Varela）及其学生的推崇（Winograd，Flores，1986）。

在人工智能中，"人工生命"方法以其对生命的定义为基础，即使存在某种技术意义，那也是次要的。其他更为成功的方法则是以生物学为基础，如神经网络和遗传算法。

2.4.2 理解和存在

继德雷弗斯之后，威诺格拉德和弗洛雷斯将海德格尔作为认知科学和人工智能思想的主要源泉之一，但通过解释学的融入，进一步拓展了德雷弗斯的观点。解释学是对阐释过程的研究，最初是一种文本解释理论，尤其是对圣经等宗教文本的解释。现象学的一个重要洞见便是认为人们解释艺术、音乐和文本时所采用的方法与解释其他事物的方法类似，例如对自己处境的理解。从某种意义上说，对人们理解艺术或文本的做法进行研究，以此作为测试案例，有助于理解人们感知世界的方式。

解释学的一个核心观点是解释学循环（hermeneutic circle）。其思想是，整体总是可以被理解为其组成部分，而部分只能被理解为整体的一部分。那我们怎么能理解万事万物呢？这有点类似于人工智能中的"框架问题"——寻找有助于理解信息输入的语境问题。

---

① 顺序有所不同。

继海德格尔之后，威诺格拉德和弗洛雷斯强调主观和客观不能独立存在。它们在理论上是两极对立的，但这种对立并不存在，与实际正在发生的事情截然相反——实际上这是一个相遇的过程，这一过程与人类对世界和“物体”的解释过程相一致。“被解释者与解释者并不是独立存在：存在即解释，解释即存在”。

获得海德格尔首肯后，汉斯-格奥尔格·伽达默尔（Hans-Georg Gadamer，1900-2002）继承延续了海德格尔在解释学领域的工作（Malpas，2013）。伽达默尔的两个关键理念是传统和成见。他表示，所有的思考都是在某种传统的背景下进行的（如果只是在没有语言的情况下进行的话）。柏拉图思想已经蕴含了荷马、毕达哥拉斯和苏格拉底这些思想传统，就像现世的物理学家继承了奥卡姆、牛顿、爱因斯坦和费曼（Feynman）的思想传统一样。

伽达默尔重新审视了成见，表明成见虽然在我们的日常话语中具有消极意义，但它也是理解事物的必要条件。我们将“开放”视为成见在理论上的对立面。完全的“开放”是无法理解任何事物的，因为缺乏解释和理解事物的范畴或语言。物理学家需要数学背景知识来采集和检测观察结果。商人需要价值和金钱的概念，以此审视机遇。从积极的角度看待成见，这里有个生动的例子，我们当前社会在经过几个世纪与教条主义、种族主义和奴隶制的斗争后，对成见这个概念本身也有着非常强烈的成见。

威诺格拉德和弗洛雷斯进一步阐释了海德格尔的“被抛”概念（见2.1节）及其内含的紧迫感，以及那种“事不我待”的感觉（见3.1.2节）。我们永远无法为一切事情做好充分准备，也无法完全理解所有事物。威诺格拉德和弗洛雷斯以主持一次重要会议来说明上述情况：

（1）你无法避免行动；

（2）你不能后退，也不能反省自己的行为；

（3）你的行为产生的结果无法预测；

（4）你无法对情境作一成不变的描述；

（5）每一种描述都是一种解释；

（6）语言即行动。

在主持一场会议时，上述这些情况可能显得更为清晰和明朗，而人在清醒的状态下每一个瞬间都是如此。

2.4.3 用以倾听和承诺的语言

人类总是带着某种关切，人类文化的一个重要方面便是信任、承诺等在社会中，尤其是在组织中的运用模式。这对威诺格拉德和弗洛雷斯来说至关重要，因此他们提出使用软件来促进这种社会结构。

奇怪的是，在对"计算机和认知"进行了详细的评估之后，本书对人工智能的态度发生了急剧变化，开始极为赞赏那些可用于团队工作情境、项目、承诺和待办事项清单管理的软件所具有的优势。这类软件后来已经成为现实，被称为"群件"，最为人熟知的便是"Lotus Notes"，现更名为"IBM Notes"(IBM，2014)。

2.5 解释学和伽达默尔

威诺格拉德和弗洛雷斯只简要介绍了解释学和伽达默尔，但依我们的旨趣，仍有必要对解释学及其与现象学的关系进行全面论述。起初阶段，我将二者视为完全独立的学科。到了20世纪，解释学与现象学出现了一定程度的融合，有时甚至无法与存在主义和文学批评相剥离——尤其是以海德格尔和让-保罗·萨特(Jean-Paul Sartre，1905—1980)为代表的一些人物(P. Watson，2001)，似乎只是将问题变得更为复杂。幸运的是，就我们的旨趣而言，我们无需太深究这些错综复杂的思想传统，甚至没必要完全掌握现象学或解释学——在本节以及2.1节，概括性的了解足矣。

2.5.1 解释学

解释学(解释理论)在其发展历程中的大部分时期并不被视为一种哲学传统，而是一种关于如何正确理解宗教文本的理论。可以说，解释学至少和《新约》里的保罗书信一样古老；然而，只是在马丁·路德(Martin Luther，1483—1546)的"……'唯独圣经'(Sola Scriptura)，我们看到了真正现代解释学的曙光"(Ramberg，Gjesdal，2014)。这条新教禁令规定，圣经只能按照自己的方式加以解释，无需参考天主教传统，这很可能是第一次政策性或原则性的声明，明确规定必须按照这一原则对文本进行解释。

詹巴蒂斯塔·维科(Giambattista Vico，1668—1744)反对笛卡儿"清晰而独特"的理解观念，他认为："思维总是植根于特定的文化语境中。这种语境是历史发展的，而且与日常语言有着内在的关联。"(Ramberg，Gjesdal，2014)。

浪漫主义思想受到了不同传统圣典的迷惑，经由弗里德里希·施莱尔马赫(Friedrich Schleiermacher，1768—1834)产生了首个普遍性的理解理论。他探讨了外语文本的异质性，并呼吁人们要特别留心自己的偏见，以便我们能够在自身的异质语境下理解文本。他不能保证这种对偏见和开放性的严格认识是否有助于对文本的正确理解(这或许是不可能的)。然而,这样的开放性对于理解来说是必要和必需的,不仅是理解外语文本,也包括理解一切形式的交流。因为这样的开放性从来都不是完整的,我们关于文本写作背景的信息也是不完整的,因此,不存在最终的解释。施莱尔马赫的作品开辟了“康德意义上的历史理性批判”先河(Ramberg,Gjesdal,2014)。

威廉·狄尔泰(Wilhelm Dilthey,1833-1911)将“生活体验”与“理解”区分开来,前者是我们每个人的自我体验方式,后者则是我们更系统地理解外部世界的方式。他声称,只有当人以同样的方式理解自我和他人时,才能实现真正的自我意识。在理解历史和历史文本时,人们应该将这里所说的“共情”与“理解”相结合,“共情”是对历史人物“生活经验”的认同,而“理解”是一种更严谨的“外在”观察。“生活经验”允许历史学家对历史形成假设,而“理解”则允许人们对这些想法进行批判,看看它们是否符合理性。智能工作中创造性阶段和关键阶段之间的这种对比可以说就是语境发现和语境理解之区别的先导(Ramberg,Gjesdal,2014)(见8.2.4节)。

2.5.2　海德格尔和伽达默尔的解释学

对于海德格尔来说,解释不仅是文本理解的问题,也是整个存在模式的问题,需要不断地理解并践行于世——因此,解释学逐渐与现象学同质化,二者的融合形成了新的本体论(Ramberg,Gjesdal,2014;Winograd,Flores,1986)。海德格尔关注现象学中的诸多问题,同时将解释学中的特定问题视为其子领域。后来,他在很大程度上依托伽达默尔对这些子领域进行了更为细致的探索(Malpas,2013)。

伽达默尔认为解释学不仅是理解古代文本和艺术的一般理论,而且主要是一种对情境进行不断理解/阐释的行为。从这个意义上说,至少在人类清醒的大部分时间里,解释是一种从未间断的活动(Gadamer,2004)。

此处举一个我自己的例子,以此说明在此情境下什么是解释。请思考下面的情况:

(1) הכלבמכוער;

(2) Ha-kelevmeh'oar;

(3) Il cane é brutto;

(4) The canine is brutish;

(5) The dog is ugly。

此刻,你可能会对这个奇怪的列表颇感困惑,就像其他毫无征兆的情况下面对一堆奇怪的序列一样。从某种意义上说,我只是把你"抛入"("thrown")了这份不同寻常的列表情境,去体会迫切想要搞清楚状况的感受。但让我来给一些提示……每行文字使用了不同的字母、语言和方言表达了相同的意思。请注意,对于一个只懂英语的人来说,越往下看,越容易对这些例句作出解释。还应注意,作为一名讲英语的人,你可能会对这种情况做进一步的解释,而且并不认为"brutto"与"ugly"在意义上有什么不同。但你还可能意识到,在意大利语中,"brutto"确实就是丑陋的意思,并进一步领悟到这些词汇的含义如何随着世纪变化和地理距离的不同而有所变化。所有这些想法都是解释性的——我们在努力地对某种情境作出解释。就上述情形而言,眼前的情境就是那一串奇怪的列表。这种解释便是海德格尔、伽达默尔和其他一些人所认为的"解释即'存在模式'",或诸如此类。

就我们在此的旨趣而言,解释是一种"跟随(follow along)",是对"输入"进行"理解"的能力。比如,当随声附歌时,熟悉的旋律远比陌生旋律容易得多。随着对某一情境渐趋熟悉,我们会积累一定的知识或技能,但问题在于,积累的知识或技能并不包含自己的信念——我们不能对从未见过的狗作出丑或美的评价。我们无须进行判断,且在作出任何判断之前,我们只是在进行解释、理解和领悟。

伽达默尔的解释观与客观主义学派形成了鲜明对比,后者认为解释的目的在于理解文本的"真实"或"客观"意义(Winograd,Flores,1986)。伽达默尔将解释过程视为两种"视界"的相遇、冲突或融合:

(1) 文本中纯粹的事实(文本中实际单词所表达的内容);

(2) 读者所拥有的全部知识、态度和成见。

因此,在伽达默尔名为《真理与方法》(*"Truth and Method"*)的代表作中(2004)——真理代表文本的原始事实,而方法则是读者所应用的学识。

"成见"一词有一段曲折的历史——在早期的解释学中以及现代常用用法中,该词被视为消极词汇。事实上,我们文化中最强烈的成见之一就是对成见本身的成见。然而,这是伽达默尔对这一术语非常狭隘的解读:成见不可避免。由于种种历史原因,我们能够阅读的文本资料有限,但是,一旦我们掌握了某些知识,就会在余生中影响我们对相关主题的理解。因此,从某种意义上说,我们在理解事物的过程中所产生的一切,我们所有的历史,所有属于"方法"的东西,这些都可被称为成见,因为它们影响着我们对所有事物的看法(Gadamer,2004)。

海德格尔已经指出,在解释的过程中,我们遇到了"解释学循环":我们用部分来理解整体,但我们也用整体来理解部分。伽达默尔补充了解释学循环的另一个观点:文本的意义至少部分地取决于解释者的"方法"或"成见"(或"思维模式"),而且个人文化也会对其自身、包括其所研究的文本本身产生各种影响。因此,文本本身对读者会产生一定的影响,反过来,读者又在一定程度上影响了文本的意义(Winograd,Flores, 1986)。

我们应该记住,伽达默尔探索的是海德格尔世界观中独特的一面,即解释学。在探索"伽达默尔式人工智能"的过程中,我们正探究的是海德格尔式人工智能中可能的一个方面。这与德雷弗斯(2007)呼吁更具海德格尔式的人工智能是一致的。但如果我们认为这是"朝着正确方向迈出的一步",那么,我们仍然可能迈出了"谬论的第一步"——人工智能研究人员会因为这第一小步的成功而过于狂热乐观(Dreyfus,2012)。13.4.2节中将详细阐述本书所提出的方案与伽达默尔式理解的相关性。

2.6 人工智能对批评的不力应对

请注意,德雷弗斯和西蒙及其继承者在互相抨击:他们都"无法相信"对方怎么会如此误入歧途(McCorduck,2004)。其中包含几个原因:在本体论上,西蒙等人是还原物理主义者,而德雷弗斯在本体论上要么是唯心主义者(就他对现象学的推动而言),要么是海德格尔主义者。在实用主义层面,德雷弗斯是一位以写作洞见性文章为己任的哲学家,而西蒙是一名工程师,甚至可说是一名社会工程师。本书力图从激辩双方进行理解,既认真审视德雷弗斯的主观性观点,同时也像西蒙那样绝不忽视技术。要调和这些立场,就必须对其共同点加以识别并质疑:激辩双方都认为,与人工智能有关的真理是唯一的。本书将在4.2.2节深入探讨"单一真理"("one truth")等这类假设。

在某种程度上,认知科学试图通过弱化德雷弗斯的批判来接纳它,有时还将其与瓦雷拉(Varella)的批判结合起来探讨(见2.4.1节)。许多人工智能研究人员目前已经认识到,机器人必须是真实的物理实体,并以一种真正的"具象化"方式"嵌入"在环境中。这对德雷弗斯的努力毫无公正可言。尽管如此,认知科学领域的一些人仍继续研究其他"e"字头概念,如"生成"认知(enactive cognition)、"延展认知"(extended cognition)和人工智能。这种对"e"字头概念的痴迷已然成为认知科学界的一个笑话。

2.7 在现有的思想者中定位该项目

通常情况下,最为相近的概念往往也是遭受诟病最多的对象。以下列举了本书中一些“相近的概念”。

(1) 我承认赫伯特·西蒙对程序设计和经验主义实用性研究的贡献。我批评他是因为他缺乏想象力,及他对主观性和内省的无理拒绝。我重点关注西蒙,因为他在老派人工智能中最具影响力。

(2) 我认同休伯特·德雷弗斯在主观性问题上作出的努力,也认同他对西蒙及其他认知主义者理性主义观点的反对。但他在程序设计中缺少具体实际的例子,且完美主义般地拒绝一切技术。本书试图展现,将更多现象学人工智能纳入程序设计是可能的。

(3) 我同意威诺格拉德和弗洛雷斯的建议,将伽达默尔作为进一步开发人工智能的可能基础或灵感源泉。我与他们的不同之处在于,他们偏离了人工智能,而且同样缺乏具体的人工智能编程示例。

(4) 我与惠勒的想法在以下几方面具有一致性:我赞同他非教条的实用主义以及诸多理念,尤其是他以行动为导向的表述。我们的不同之处在于,他的研究范围更广——惠勒(2005)探讨的是“认知世界”,而我的探讨局限于类人人工智能这一特定技术领域。

(5) 我赞同布鲁克斯(Brooks)将人类智能水平划分为两个层次——有利于文化和技能积累的、较低层次的先天能力,以及一个有教养的成年人所具有的较高层次的能力(Brooks et al., 1999)。我将把人择人工智能(模拟人类智能本身的努力)与当今“西方现代训练有素的成年人”(western, modern, well-trained adult)对于思维方式的观点及其所做的工作加以区分。我不认可布鲁克斯等人所认为的其预编程的智能类型可以支持人类行为和文化。

2.8 本章小结

德雷弗斯将人工智能研究领域存在的偏见归咎于物理学的巨大成功,尽管他并没有对这一思维方式赋予一致的名称:“柏拉图主义者(Platonist)”、“唯理智论者(intellectualist)”、“机械论者(mechanist)”,以及“他们”,不一而足。

威诺格拉德和弗洛雷斯将这种方法称为“理性主义传统”，其特点是：旨在通过三个步骤解决问题：

（1）借助具有明确属性的可识别对象来描述情境；

（2）找出适用于这些对象和属性的规则；

（3）将规则合乎逻辑地应用于所关注的情境，从而对应做之事作出结论（Winograd，Flores，1986）。

这种科学式思维的批判超越了自身能力边界，在人文社会科学中普遍存在，就是所谓的科学主义（这一术语带有贬义）（Bannister，1991）。通常，在社会科学中使用“科学主义”一词的人反对科学实践领域的过度扩张，甚至涵盖本该给予更质性或更细致处理的领域。

本书的研究范畴介于德雷弗斯和西蒙学派之间，并将二者与威诺格拉德和弗洛雷斯推崇的伽达默尔思想共同作为知识背景。在开发了一些示例性人工智能程序之后，我们将进一步识别出程序中的惠勒式“以行动为导向的表述”。

这是一本关于人工智能的书。因此让我们先来看看人类是如何思考的，而不是人类相信自己是如何思考的。

第3章 人类思维:焦虑与伪装

本章将要探讨的是个体思维和社会思维,以及二者的相互作用,并以此作为进一步探讨计算机思维(即人工智能)的背景。本章将论述人工智能现有文献中尚未涉足的问题:焦虑(Anxiety)、伪装(Pretence)和社会压力(Social pressures)。如果人类可以通过编程让计算机以近似于人类大脑的思考方式进行工作,那么类人人工智能将会变得趣味横生。这正是我们努力的方向。[①]

人类的思维过程在以下三个方面与人工智能产生关联。在开发人工智能时:

(1) 我们的目标是人类所拥有的智能[②];

(2) 智能的最佳榜样是人类自身个体的存在,即人类智能;

(3) 我们作为社会群体共同致力于人工智能的开发,通常会毫无争议地认定社会的共同假设是正确的。

在个体、社会和人造层面上审视人类的主观性、情感及其与智能的相互作用,其中的复杂性恐怕连最聪明的头脑也会感到不知所措。本章内容不适合胆小之人。让我们开始吧。

3.1 个体思维

人们或许认为,其他人其实并没有他们自己想象的那样聪明,这仅仅是因

① 本章旨在提供一个宏观的背景,或许不像其他章节那样严谨。对于总结性论述,本章并不是必需的支撑。

② 出于本章的权宜考虑,我们假设"思考"和"运用智力"是同一回事。

为这些人与我们在政治、宗教、城市规划等问题上的看法,或对酒精、音乐、狗或足球的品位不同。然而,我们“内心深处”了然,我们实际上与自己的同伴并没有多大区别,而且我们自身(至少在童年时期)也并没有自以为的那么聪明。我们也非常清楚,包括18岁和21岁生日在内的任何时刻,我们的思维从未发生过质的飞跃。就我们的思维品质而言,成人和儿童之间的差异都是渐进式的,只存在程度上的不同。我们意识到了自己过去犯下的错误,但我们经常会为自己的错误辩解,并坚定地认为自己不会犯错。而这一切,不过是一种伪装罢了。

3.1.1　令人尴尬的思维过程

回想一下前文引言中西摩·派珀特在采访一位历史学家时所做的评论:

> 我们对于思维的探索尝试就如同维多利亚时代人们对于性的探索。当开始一个新项目时,我们都会面临困惑不解的至暗时刻,一切看起来都模糊不清,糟糕至极。我们穷尽各种稀奇古怪的经验法则,从陷入死胡同到走出死胡同,最终找出解决办法,如此往复。但其他人的思维似乎都是有逻辑的,或者至少他们声称自己的思维是有逻辑的。于是,我们便认为,在这个世界上只有自己的思维过程才如此混乱。我们否定那些人,并假装自己的思维是有序的且有逻辑的,而同时,我们也心知肚明,自己的思维过程并非逻辑严谨。罪魁祸首便是老师。他们向学生讲述清晰、纯粹的知识,看起来他们自己似乎也是通过这种清晰、纯粹的方式吸收知识。然而事实并非如此,只是老师们不愿承认,学生们内心挣扎,深感绝望、自视愚钝。
>
> (McCorduck,2004)

请注意,在这里,“假装相信”、社会压力和焦虑是关键要素。

我们绝大多数行为和想法都是过去所经、所闻、所见的重复再现,其中一些我们可以称之为习惯。这些所经、所闻、所见往往未经考虑且混乱零散。我们经常会在“脑海中产生一些声音”,有时我们喜欢将其中一部分声音称为“理性的声音”“原始的呼唤”,诸如此类。当我们仔细聆听这些“声音”时,它们的口吻像极了我们的父母、老师或其他过去的声音(通常是某种告诫),现在似乎已经刻在我们的脑海里。我们的思维总是掺杂着情感,这真是令人绝望(Goldie,2012)。脑海中的那些句子支离破碎,没有合理性。我们几乎无法控制这一过程——停止自己的思维甚至比停止自己的呼吸更为困难。[①]思维的内容也不在我们的掌控之中，例如：我可以让你想起一种动物，哪怕我并没有提及它："玛丽有只小……"。再举一个例子："请不要思考2+2=?"。我们通过重复已有的语法和因果模式混日子，并且或多或少地依着这些想法行事。虽然我们也积极地表示不依据某种想法行事，但是压制一种思想的过程也是受到了另一种思想的驱动。那些在人与人之间复制传播的思想、观念和行为就是道金斯(Dawkins)所描述的"模因(memes)"，它是文化的基本单位(Dawkins，2016)。

3.1.2 焦虑、伪装、故事和安慰

我们对可确信的东西知之甚少[②]，却又假装知道得很多。对于生存和社交的自我推广来说，这种伪装必不可少。

假装知道该做什么对生存来说是必不可少的，因为这是一切行动的必要条件。生存迫在眉睫：

> 生存不容许我们有任何准备或做任何初步尝试。生活在向我们近距离开火……我们在什么地方出生、什么时候出生，或者来到这个世界后偶然的自我发现，无论何时何地，喜欢或不喜欢，我们都必须破釜沉舟。
>
> (Gasset, 1963)

我们迫不及待想要解决疑惑，或做好准备，我们必须现在就行动。我们自认为知道厨房里的糖放在哪里。我们虽不能确信，但同时又相当肯定。就这样，我们随心地使用着某些知识，自由地交流着，社会就以这样的方式前行，浑浑噩噩、得过且过。但是事情并不像我们想象的那样，它总是充满小的意外。我们偶尔也会承认这一点，比如会说"你永远不知道"。我们期待同事明天会出现在办公室，或者在生病的时候至少告知我们一声，但一夜之间，他们也可能会突然死去，或突然患上精神疾病，又或突然离开这座城市。

需要考虑的一个关键点在于：我们如何在情感上理解那些我们信以为真的

---

① 除非你处于高级冥想或深度睡眠中，甚至在这些情况下，是否存在一个"我们"在控制我们的思绪，也是值得怀疑的(Rahula，Demieville，1997)。

② 本章的大部分内容关注的是整个社会背景下"是什么"的知识，而非"如何做"的知识(参见6.7节)。我们在此讨论的大部分内容在某种程度上也适用于"如何做"的知识。但是否适用于一个荒岛的独居者，尚无定论。

言语,抑或孩童时期的我们又是如何理解这些言语。可记得当你还是个孩子的时候,你因为某事而惊慌失措,你的父母告诉你一切都很好,也许还会加上简短的解释,于是你接受了这个事实,接着一切都好了。这是人类思维的一个核心特点。我们需要这样安慰性的故事,并相信这些故事,如此可以带给我们安全感,让我们远离焦虑。①

有几类人会给我们讲这些可信的故事:从父母开始,再到朋友和老师。在后来的生活中,我们还经常笃信政客、商人、科学家、医生、庸医、江湖骗子,等等。有些故事最终对我们有所帮助,有些则不然。

人的思维既善变又缺乏定力。对此,可以广告为例证。我们都认为自己不会受到广告的影响,但经验事实并不站在我们这一边。人们不但被说服购买产品、给政客投票,甚至加入异教团体。人类思维的弱点被系统化地滥用于世(Hassan,1988)。

3.1.3　我们可以说出真相吗?

我们什么都无法确定。当然,不仅是孩子,成年人也是如此。当我们说"2+2=4"的时候,我们无法确定自己是不是糊涂了,嗑药了,精神错乱了,或者遭受了心智缺陷。我们之所以重复2+2=4,与我们说"母性和苹果派(motherhood and apple pie)"时总是会想到苹果的原因是一样的。这些标语频繁地出现,以至于不证自明。但2+2=4只是形式系统中一个简单的例子。在这样的系统中,如果存在一个正确的答案(我们总喜欢这样想),我们就渴望知道这个答案。②在自然非形式情况下,情况就更糟了。至少出于下列原因,我们永远都不可能知道答案:

1. 在大多数情况下,"事实"无法用语言来描述。

(1) 如果我说我的侄女13岁,那是不准确的。即使我说她13岁2个月3小时54分钟15.7秒,那也是无稽之谈,因为出生不是一瞬间发生的。这样说也是无意义的,因为即使在说话的那一刻是真的,理解话语的那一刻也就已经不是真的了,几秒钟已经过去了。

(2) 在描述一切事物时,我无法穷尽所有的细节。你根据我的描述在脑海

① 或许不同的哺乳动物有完全不同的脾气。就总体焦虑程度而言:猫在没有被打扰的情况下表现出极大的自信,可以随处安睡。而另一方面,老鼠似乎总是忧心忡忡,不停地晃动胡须,并且反复探查。他们尽可能避免在开放之地入睡或独自入眠。我想,人类的总体压力水平大概介于两者之间,但更接近于老鼠。我们总在担忧,通常也不会在露天睡觉,还会彼此谈论忧心的事情。我们渴求安慰。

② 人们总是期待有一个真正的答案,而哥德尔(Gödel)教导我们,要从这样的期待中醒悟过来。

中形成的画面与我自己脑海中的画面可能是完全不同的，更不用说理解世界上的事态了。

2. 语言只有在语言游戏的情境中才具有意义（Wittgenstein，2001a）。不存在两个人玩着完全相同的语言游戏。更糟糕的是，即使作为个体，我们的语言游戏也没有固定的规则，因为我们所参与的语言游戏甚至不是严格意义上的游戏，并不总是受到规则的约束。

3. 世界上的事态可能完全不同于我们所想。我们难免会犯错误。

所以，即使是我们对自己说的话，每句话至少在部分意义上是谎言或是不准确的。我们甚至不知道这句话有多不准确。生活如此紧迫，以至于我们无法以精确的方式交流（见 3.1.2 节的引用），所以，我们继续自己的方式，代价便是对自己没有说实话这件事心知肚明。唯一不撒谎的方式就是不使用语言。这已经被亚洲的主流文明信奉了上千年：佛陀沉默不语。道家的"道"（Tao）也是不善言语的（Rahula，Demieville，1997；Smullyan，1993）。

所以，我们说出的每句话要么是谎言，要么是不准确的，要么是一种赌博，包括我现在说的这句话。我们能做的只是作出近似意义的理解。[①]

3.1.4 动机

我们以为自己关于事实、目标、子目标等的思考是合乎逻辑的。但实际上，我们的内在并非逻辑机器，而是一团混乱。更糟糕的是，甚至我们所抱有的动机也是不切实际的。这些动机看似我们自然而然产生的理智选择，而实际上也是我们童年或青年时代各种故事经历的产物：某个权威的人说了"*X*"，我们便把"*X*"当作公理。或者我们做出了某种重大决定，如立志要追求和谐，为此，绝不固执己见，或绝不成为这样或那样的人。

我们本该合乎逻辑地追求合理的动机，然而我们却以混乱的方式寻求荒谬的动机。老实说，这就是我们的思维——但思维非常管用。人类已经是成功的物种了。

---

① 鉴于人类思维如此不靠谱，那么问题来了：本书的作者，一个凡人，又如何能引导读者走出这个泥潭呢？答案是模棱两可的——最终，我承认自己并不具备洞悉万事万物的能力。以罗马为例：这是一个复杂的城市，但哪怕是终其一生进行研究的学者也不敢说自己对罗马了如指掌。还有许多自然公园也是如此——游猎向导常常惊叹于自己的发现。他唯一能做的便是在导游时，向游客分享自己已知的信息并确保其安全，相比游客独自游荡所获的信息，他要试图给出更为完整的信息。同样，本书也没有提出什么明确的主张——它只是指出了一些因历史原因而被忽视的路径，而这很可能是一条卓有成效的道路（见 5.2.4 节）。与游猎向导不同，我可以保证的是，绝不会从这些书页中，包括本书结尾的算法中跳出任何怪物对您进行人身攻击。

3.2　社会思维

有人可能会反对,认为社会思维与人工智能无甚关联。或许他们的看法是正确的,因为我们希望在人工智能中重塑的是一个能够独立思考的机器,类似于一个独立思考的人类。社会现象太“宏观”了——已经超出了我们的认知范围。

然而,当我们从外围视角讨论人工智能时,比如从人工智能哲学(包括本书)的视角,我们就必须探讨一下人工智能界存在的偏见和观点。人工智能界具有社会性,且根植于更为宽广的社会:20世纪末及21世纪初的西方英语社会,主要是在美国。所以,无论是人工智能界本身,还是其所根植的更为宽广的社会,都是我们的兴趣所在。关于人工智能如何成为二战后社会潮流的一部分,前文已经有所论述,主要围绕华生和西蒙展开,这一点还会做进一步探讨。在这里,我们要考察的是一般意义上社会思维的运作方式,就像我们在前文对个体思维的探讨那样。正如我们所见,人类个体并非如其伪装的那样聪明,我们会发现,社会也存在类似情况,集体愚昧对于历史学家来说并不陌生(Tuchman,1990)。

社会思维具有政治性、科学性和文化性。人工智能界一些值得质疑的观念将在第4章中集中讨论。

3.2.1　政治性

在政治性上,我们可以看看领导者及其追随者。

人们倾向于追随那些知己所言的人。这种倾向来自我们对安慰性可信故事的渴求。当不知道采取何种观点时,我们会感到不安,同时强烈渴求一个博学或强大的人来引导我们,给我们讲一个可信的、充满希望的故事,使我们不必为自己的各种问题而烦恼。在危急时刻,无论这种危机是真实存在的还是感知到的,我们都渴求强有力的领导核心,且不论这个领导的素质如何,我们只不过是极度渴望逃离焦虑,期待一个知识渊博的人给我们讲述一个吸引人的故事,从而获得某种确定性。另一个更糟糕的例子是20世纪中期蛊惑人心的独裁者(Fromm,2011)。这些领导者通过建立个人崇拜来标榜自己。如近年来的唐纳德·特朗普,及其臭名昭著的言论:“我很像一个聪明人”(Trump,2017),“我擅长言辞,妙语连珠”(Trump,2015)。

一个人成为领袖,也有利于其自身从未知的焦虑中解脱出来,“如果这些人都跟着我,那么我一定是对的”。领导者还有一种领导之道便是有意操纵。至少

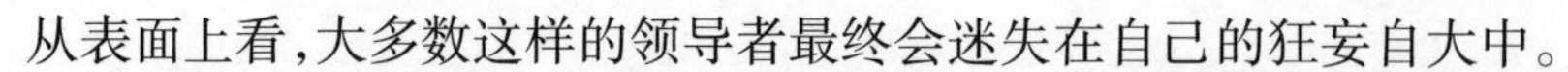

从表面上看，大多数这样的领导者最终会迷失在自己的狂妄自大中。

就人工智能而言，人们很可能会联想起对心理学领域主要思想家弗洛伊德的人格崇拜。此外，赫伯特·西蒙也对诸多领域产生了重大影响，包括人工智能领域。

3.2.2 社会之科学观

大多数现代社会中，宗教已经失去了其从前的控制力。然而，明确的宗教体系在很大程度上已经被科学信仰所取代，人们更相信只有科学及"做事情的科学之道"才能解决世界上所有的问题。受过良好教育的精英偶尔会用一种教条主义的口吻"为科学发声"，这与牧师的神之口吻没什么两样。然而，这种相信科学能解决所有问题的信念是站不住脚的(见4.1节)。

科学声称通过实验观察和数学来探晓一些事情。整合建立科学知识大厦的一个主要方法便是同行评议。在这一过程中，科学学术著作在正式发表前要经过该领域其他专家的评判。这一机制通常足以剔除掉一些对该领域来说毫无意义的怪诞主张，但并不能消除群体思维或偏见。认知科学也存在这类偏见，下文将详细说明。

那经过验证的科学知识呢？人们认为科学是死板的，这是一种误解——因为在原则上，所有的科学都是开放的、可改进的，进而成为新的、更好的理论，这一点并不像教条式的宗教。因此，科学可以让我们更好地了解当下发生的事情，而并非死板和永恒不变的知识。此外，科学无法解决个人焦虑，因为它不能告诉我们有关生活或主观性的任何事情。能缓解焦虑的只有我们自己和我们的主观能动性。

需要记住的是，错误的信念往往也是非常有用的。即使一个人认为地球是静止的，且太阳绕着地球转，他也能推测出昼夜并成功地经营农业。同样，即使现代物理学已经取代牛顿物理学，理解了牛顿物理学也足以应付日常生活。从实用主义的角度来看，我们可以用部分真理蒙混过关。想想看，曾经最为成功的罗马帝国政治体是没有科学可言的。至于错误信息如何助力于人工智能，相关案例参见8.2.6节。

如果你喜欢令人眩晕的故事，有一个事实会让你兴趣盎然，那就是我们的逻辑思维传统实际上根源于柏拉图的著作。柏拉图通过苏格拉底来传递他的思想。苏格拉底讲述了一个逻辑的故事，一个逻辑的神话，其本质不同于其他神话或故事。如果我们认真地跟随他，我们可能会发现，原来自己的立场是不明确的(Partenie，2014)。还要注意的是，还有另一个故事在引导我们相信苏格拉底是

"最聪明的人",这个故事证明了:正是德尔菲(Delphi)的神谕明示我们,苏格拉底是"最聪明的人"(Ryan,2014)。它自始至终都只是故事:经常能够安慰人的故事——却没有任何根据,除了讲述更多的故事。

3.2.3　政治与科学的内在关联

政治与科学并非如我们想象的那般相互独立。无论是选举产生还是世袭的政客们,都喜欢把有学识的人留在身边——这似乎是一个普遍现象。在中国,能预测月食的学者会受到重用,在朝堂之上影响力甚大。中世纪的阿拉伯也出现过类似的情况(Irwin,2010)。《圣经》中提到了埃及魔术师在古埃及法老的宫廷中扮演着核心的角色(《出埃及记》第7章)。但这并不仅仅是现代以前的现象。当代美国的科学家们也成功地以超越壮丽神话的、最具戏剧化的方式证明了自己的价值,他们研制了原子弹,似乎以一举之力为美国赢得了第二次世界大战的胜利。

这种知识和权力的比邻而立并非绝然无害。科学家们常常歪曲理论来适应政治时代。一个极端的例子便是斯大林时期的苏联遗传学(Brown,2010)。即便是认知科学史上的核心人物华生,通过将行为主义强加于美国心理学,以此将政治玩弄于股掌之间。此外,人工智能研究的核心人物赫伯特•西蒙也曾是美国联邦政府的顾问。

3.2.4　学科的独特性和教育

包括人工智能研究人员在内的人都倾向于关注与自己相关的话题。这可以节省时间,但却可能导致新思想的匮乏。打破学科界限或许是人工智能获得突破的必要条件,就像本书这样。在这种情况下,我们有必要了解教育如何传授不同的学科知识,政策制定者和教育者又如何系统渐进地损害其他不相关的学科。

学科分化早在亚里士多德时代便出现了。亚里士多德在不同的时间教授不同的学科,并且常常在演讲的一开始首先宣布"接下来要阐述的是*X*"(Mckeon,1941)。人们将不同学科知识划分为不同类别,其原因显而易见:没有人可以知晓一切,哪怕是一所小学,也需要有不同的老师专门教授不同的科目。这使得大多数学生相信,学科之间是截然不同的,算术的发展并非历史的偶然性,心理学和技术之间也没有任何关系。而这些观念都是错误的。

现代民主国家试图以理性、合理的方式管理社会(这种努力多少都带些诚意,取决于具体的时间和地点)。国家和政府的首要关切是经济的未来,以尽可能确保未来的繁荣。一个不言而喻的事实是,社会要为教育而投资,这里的教育不是指所有的教育,而是那种有利于就业的教育。一旦就此达成共识,便可通过对高薪雇主的调查来了解其对员工教育的期望——其结果很可能带来明智的教育政策(Gonzalez,Kuenzi,2012)。

这种明智的教育政策必然假定了学科的分化性,否则就无法确定哪些是需要教授的有用学科。同许多政策一样,它们似乎只关注经济增长、就业等主要问题,而很少考虑其连带效应。当前,与这类"明智"学科相关的热门词汇之一便是"STEM"(科学、技术、工程和数学)。极为讽刺的是,许多政策专家并没有意识到,他们自己的技能组合(即政治和政府)已然被诟病为无用之学(又或许在某种程度上,他们是想减轻自身工作面临的竞争压力)。

教育分化的另一个行政动机来自教育评估所面临的持续压力。学校的运作方式类似于企业运营,以标准化考试为目标(Chomsky,2017)。本书还将顺带阐明,当一个社会不再为工程师教授人文学科时,必有所失,反之亦然。

然而事情每况愈下。了解不同主题和学科的文化概念有利于我们从自身内在将"工作问题"与个人情感的复杂境况分割开来。"*X*是一个与*Y*完全不同的主题",这句话彰显了伪装在扮演社会所认可的角色中发挥的作用(Goffman,1971)。

3.2.5 作为教化手段的教育

我对教育还有另一个疑惑:教育似乎已经演化成一套无意识却强大的机制,将年轻人引入歧途。年轻人被兜售了一个大大的谎言,即成年人知道自己在做什么,对社会最有利的方式是教会年轻人接受有利于社会或权势的角色,而不是让他们开拓自己的原创生活。

让我们来看看,上述机制在特定的场合是如何实现的。在我所就读的学校里,老师非常详细地讲解了几何学,并且用公理化和图解的方式证明了每个定理。当几何课程结束时,我们完全相信了欧几里得(Euclidean)几何确实是完整的、一致的。每一个定理无可指摘的论证使得最具怀疑精神的学生也内心笃定。

然而,当我们开始学习代数,开始被教授更为实用的解方程。从一个变量的线性方程开始,代数教学沿着两个方向进行拓展:二次方程(x^2)以及二元二次方程。我们也证明了可同理扩展到*N*元*N*次方程。一切完美,表述清晰。事实上,进行课堂设计的老师都只会将解方程扩展到二次方程(x^2),虽然也会在黑板上求解三次方程(x^3)以证明其可能性,但更高次的方程却会被悄然忽略。这并不是有意的删减——高次方程是无法通过解析计算出结果的,哪怕是专家也会不知所措。

学校的教学形式给人留下的是这样的深刻印象:数学里的一切都是清晰简单、通俗易懂的,因为数学里那些开放性问题都被巧妙地回避了。课程结构促使学生以为,我们的社会已经深入理解了一切实用的数学以及一般性的扩展知识。事实上,在为数不多的知识领域,人们知晓了一切能探知到的知识,欧几里得几何便是其中之一。然而,人们认为,让年轻人知道诸多学科领域仍然处于黑暗的摸索中,这并不是什么好事。或许把真相告诉他们也不是什么妙想。但如果作为成年人的我们想要推动前沿科技的发展,我们就必须面对现实:无论是作为个人,还是作为社会,人类都知之甚少。"成年人"或"专家"可能比我们懂得更多,但在其知识的边界处,他们和我们其他人一样,也在黑暗中探索。

我们每一个人都不过是在摸着石头过河,这种想法使我们产生了一种动机,即伪装成为"胜方"(通常是理性主义者)的一员,同时否认我们在黑暗中探索的实际困境。

把教育区分为"STEM科目"和"模糊"/"无用"科目,这阻碍了我们重新审视和反思基本假设的能力。此外,我们所接受的训练使得我们对主观性产生了恐惧。这反过来又妨碍了我们产生全新思想,而这些新思想很可能与现有共识具有同等合理性。这种情况类似于斯诺(Snow)描述的"两种文化"[①](Snow,1964),已经成为科学技术缺乏革新的一个重要影响因素。

3.3　适应社会规范

3.3.1　社会压力——人生游戏

艾伦·瓦茨(Alan Watts,1915—1973)提出了社会游戏的概念。这种游戏普遍存在,我们每个人都身陷其中,其各种游戏变体也是社会运转所必需的。这是一个令人进退两难的游戏,因为其诸多规则是自相矛盾的。人们要应对的矛盾包括:

(1) 首要的游戏规则是:这不是游戏。

① 斯诺认为,整个西方社会知识分子的生活在名义上被分成了两种文化,即自然科学文化和人文科学文化。这种分化严重阻碍了对世界上诸多问题的解决,因为大部分知识分子只专注于其中一种文化,因此,他们对历史的描述、对当下社会的解释以及对未来的估计与选择都可能产生偏差。——译者

(2) 每个人在游戏中都必须竭尽全力。

(3) 你必须爱我们。

(4) 你必须活下去。

(5) 做你自己,但也要始终扮演一个受人接纳的角色。

(6) 自控、坦然。

(7) 尽可能真诚。

(Watts,2009)

从某种意义上说,“知识游戏”也可以以类似的方式进行定义:“(8)说真话,并努力前进”。正如我们在3.1.3节中所见,这是自相矛盾的。此外,选择保持沉默也与“始终扮演一个受人接纳的角色”(上述第5点)相排斥。

3.3.2 从众

学习意味着适应一些自身以外的规范,适应正确的做事方式。而“正确”的定义又来自外部,如“正确性”由某种游戏规则来定义(Wittgenstein,2001),但规则又可能是由一些松散的团体、某个特定的人群(Heidegger,1962)甚至整个社会或文化来定义。[①]

派珀特(3.1.1节)提出的问题是,我们就个人而言试图遵守社会思维模式,否认自己实际的思维过程——这使得我们的思维过程变得曲折、做作且充满焦虑。对人工智能研究人员来说,这种从众的努力会使思维过程变得更加模糊不清,他们因而要经常接受专门的训练以对抗这种主观因素。

社会适应性使得地方文化得以形成,例如某一家庭独有的幽默感,或某一职业所共有的态度。在学术界,人文学科和精密科学之间的分裂便是最好的写照(Snow,1964)。

3.3.3 傲慢大逃亡

“觉知到自己的虚伪”是我们所面临的困境。要想摆脱这种困境,常见的策略是:首先接纳某种特定的社会价值和思维体系并以此为公理,然后选定一个角色,将这一角色融入上述有着明确是非和价值观念的价值体系中(见9.3.1节)。这种经由社会定义的角色既可以是某个组织严密宗教团体的虔诚信徒,也可以

① 或许智能体现在文化层面,而非个人层面。又或许个体进化是为了承载文化(自私基因辅之以自私的文化模因)。

是某个家庭成员，一个政治活动家，一名学者或科学家、商人、律师或军人——每个人都有自己的信仰和价值观。甚至“玩得开心”或“自行其是”这种相对非结构化的体系也都被社会结构化了。社会赋予人们以成功的标准，人们可以借此“抵达终点”并抚慰自己。那些极具竞争力的人在努力超越自己选择的生活方式，有些人则得过且过，还有些人甚至自甘平庸，但即便如此，这些也都是社会叙事可接受的角色。甚至连罪犯也在扮演着“智胜社会”的角色。一些人在自己的角色扮演中表现出色，许多人甚至在这些角色和信仰的价值判断中变得自以为是、傲慢自大。

因此，人类言语的伪装包含两个层次——第一层次的伪装是人们表达的话语不够真实和准确（见3.1.3节）。第二层次的伪装是建立一个自我防御性的外表来隐藏自己的不足。这类人格特质通常表现为面对主观性时的退缩和对主观性的全盘否定，他们只是沉浸在特定的领域。在这个领域内，那个看起来永远都正确的伪装外表能够很好地发挥其优势。这样的特定领域包括数学，以及其他一切可清晰地区分真理与谬误的领域。我个人认为，这种永远自以为是的伪装与接受过高等教育的男性有着密切的关联性。事实上，我们发现，这些人正是前沿科技领域，如人工智能的领军人物。在这一领域，似乎很少有人会像约翰·华生及赫伯特·西蒙那样对自己的科学论断深信不疑，保有权威。

还有一种比较温和的情况，即成为合格的专家：对人们毕业典礼后的一份跟踪报告显示，在获得某种或另一种资格后，人们并不会觉得自己比以前更聪明。尽管他们阅读了诸多文章，锻炼了不少技能，但他们对自身学识的主观确信感并没有多大提高，这是因为他们在学习过程中早已意识到自己在诸多领域仍然知之甚少，而在学习开始之前，他们是认识不到自己的这种不足的。

◢ 3.3.4　必须之需

有时候，人们清楚地知道自己在撒谎，或者说，“投机取巧”。但他们假装知道自己的言之所向。事实上，没有这种伪装，社会也将无法运转。此外，即使某个人独处一室，如果他内心没有确定A，就不可能经由B到达C，只有这样，才能在从A至B再到C的思考过程中取得进展。因此，一切的思考都需要一定程度的伪装：“好吧，现在，假设A是真的，那么B……”当我们得出结论时，我们知道前提以及引向结论的逻辑都是值得怀疑的。只是我们选择忽视这种怀疑——因为生活还要继续。生存迫在眉睫（见3.1.2节引文）。

3.4 人工智能之关联

3.4.1 焦虑、伪装与思维

有些人可能会认同这样的想法:焦虑和伪装是人类与生俱来的,就像一些人偶尔会患上胆结石。他们可能会质问,焦虑和伪装如何与思维或智能产生直接关联呢?

焦虑比胆结石更接近思维。焦虑会刺激想法,进而激发行动(见3.1.2节引文)。我们不得不做出回应,甚至需要做出决定。现在,焦虑连同伪装都变成了思维的结果。因此,思维既源于焦虑,又产生焦虑。伪装只是一种结果,而焦虑则既是思维的因,又是思维的果。

许多关于幸福、狂喜等的描述都不涉及思维,也无需思维——这意味着没有焦虑。此外,即使真的存在没有焦虑的思维,也不会影响上述关于思维的论断,尤其是当这种思维与高要求持续性工作有关时。在构建人工智能的过程中,我们努力寻找的是能够在工作环境中发挥作用的机器人,而不是有幸福感的机器人,无论这种幸福是什么。类人人工智能要完成的是类人的工作,那些需要我们在人类社会中不断"磨合"的工作(见6.2节)。

由此看来,相比于胆结石或其他大多数人类功能,焦虑与思维的关系更为密切。

3.4.2 对人工智能的启示——基本的类人思维

目前的人工智能发展的还不错,但仍与人类相去甚远。要想使其更为人性化,我们或许需要让其拥有更具人类主观性的近似体验。例如,我们将在第12章的算法中展现"若隐若现"的"思绪"。未来要面临的挑战是如何从更深层次来处理焦虑。这可能需要引入心理的自我观察,而这种自我观察是进入意识的第一步(Gamez,2008)。

在心理的自我意识发展成为机器意识和内省之前,我们还有很长的路要走。语言对于内省来说,是极为必要的。本书并非要展示一个完整的项目,我们的宗旨是发散思维,从而开发更具潜力的人工智能。

3.4.3 自了意与大数据

现有人工智能致力于通过数学方法来获得可能的最佳答案。这样的人工智能虽然正确却也积习难改,缺少了些人性。此外,为了获得必要的确定性,人工智能还需要大量的数据。但这些都和焦虑无关。

人类依据少量数据进行归纳。正如我们上面所看到的,这样的归纳必然是一种猜测,一种伪装,可能带来一些焦虑。类人系统也需要根据数据点进行归纳,否则它就不像人类。

人类和狗都会依据对结果的预期来选择行动路线,这是行为主义的核心观点。从某种意义上说,"预期结果"就是行动的"意义"。我们就是这样从一些数据点中进行推断——我们依据发生在自己身上的事情来建立因果联系。人类并非生来就是科学家,没有义务从个人生活中去追求普遍的真理,人们只是依据自己的经验自负其责。因此,类人系统需要一种自了意(meaning-for-me),即其自身对意义的独特理解。而现有绝大部分人工智能都是建立在通用正确性(general correctness)之上的。两者截然相反。我们将在第8章中详述这个问题。

3.4.4　人工智能之未来

有关伪装和焦虑的概念能够为人工智能提供哪些启示呢?就琐碎的意义而言,第11章和第12章展示的算法已经"体验"了某种焦虑,因为这些算法旨在以一种难免犯错的类人方式获得某种"最不坏"的结果。此外,任何一种人工智能算法,当它提出某种问题解决方案时,都会"假装(假设)"这种方案是"最好的",或展现所谓的"真相",诸如此类。然而,上述焦虑和伪装作为人工智能"心理"的一部分,并不能令人满意。

如果我们想要创造出类人人工智能,就必须制造出更具有类人思维过程的机器。最终,这样的项目会要求我们构建出像人类一样"拥有经验"的人工智能。对于新手来说,还需要让人工智能有机会自我体验。为此,可将人工智能系统内部状态的一些参数作为自同一系统(self-same system)的输入参数,以此来实现这种自我体验。就目前而言,几乎没有哪一种人工智能算法能够实现这种"自我体验"。

3.5　本章小结

本章从社会主体性视角,对思维过程进行自我觉知,以此阐释人们回避主观性的原因。我们内心深知自己的思维就像用纸牌搭建的房屋那样脆弱不堪,由此产生内在的焦虑和社会焦虑。内在焦虑是因为我们对自己的思维杂乱有自知之明,而社会焦虑则源于我们对自己杂乱思维被人识破的恐惧。这又促使我们进一步伪装:我们是以一种被社会接纳的方式在思考。现代社会流行的思维方式便是理性主义。

理性主义思维在以下几个层面是极具诱惑力的:

(1) 这在很大程度上是社会对我们提出的要求。

(2) 它允许我们忽略主观性和情感,以及许多可能被视为软弱无能的困难。

(3) 它允许我们参与科研项目,这将是一件令人难以忘怀的事情。

(4) 它使得我们能够以时尚的商学院式思维进行思考,并获得财务上的成功。

似乎我们永远无法完全从主观的角度来描述人类的思维过程。这并不是人类的某种“缺陷”,而是一种“特点”:在人类历史的大部分时间里,这样的进化并没有多大价值,让思维完全透明所需的“体系架构”也将是相当奇特的。但我们仍可以对某些思维过程进行描述,同时,我们可以不断接近和抵达真实的思维。这便是本书之所向。

我们越是敢于对人类真实行为过程进行模拟编程,我们的人工智能就越有可能成为真正的类人。人工智能应该像人类一样,能够从自身内部混乱的情绪和压力中构建智能行为。人类可能只是“假装成功”,但这并不能阻止如我们这般的普通人登上月球。如果人类的智力足以成功摆脱人类情感的泥沼,那么就没有理由认为,类人人工智能也应该摆脱其他东西的束缚。

本书要探讨的是如何从各种不那么智能的机制中创造出智能行为,这看似一个神话。本章讨论的是社会和个人层面的智能。读者可能已经迫不及待地想要跳转到计算机的章节了。但我们还需要做点准备:由于人工智能是当前社会的迫切之需,因此,我们会极为关注当前西方社会有关人工智能的想法、预设,以及普遍认知。觉知自己的偏见是摒弃偏见的首要之举。

第4章
人工智能之成见

你在《圣经》里读到的东西……其实未必如此。

(Ira Gershewin)

在每一项研究中,我们都不得不做出假设。其中一些假设是有意识的、明确的,另一些是我们信仰、观念体系或态度的一部分,还有一些深入的假设则承袭了周围的文化习惯。此外,在思考疑难问题时,我们经常采用隐喻,如博登(Boden)的认知科学总史中所使用的“心智机器”(Mind as Machine)(Boden,2008)。每一个这样的隐喻都会引发进一步的假设。从逻辑上讲,我们应该对这些假设保持警惕,但我们却无力避之。我们所能做的就是对所做的特定假设保持觉知,一旦发现自己陷入僵局,就尝试着丢弃这些假设,直到找到一个突破僵局的法子。正如我们所见,人工智能目前正陷入某种僵局。

本章旨在阐述一些过时的思想、观点、态度和隐喻[①],有些甚至可追溯至几千年前,在论据不足的情况下,对认知科学和人工智能产生了诸多影响。这些影响更多地涉及了神学、政治或历史事件,而无关科学或技术。本章以威诺格拉德和弗洛雷斯(1986)对理性主义传统的描述为基础(见2.4节)。此外,笛卡儿(1596—1650)的思想在遭到官方反对的情况下仍然存活于认知科学领域,惠勒(2005)对此进行了考察。这也是本章立论的基础。

思想史对哲学讨论的启发,与其相关联的便是人类是否具有理性这一问题(见4.5.4节)。人类理性被每一代人所诟病(Ariely, 2009;Tuchman, 1990),然而,至少在认知科学中,这一观点并未消亡(Bringsjord, 2008)。另一个影响深远、没有消亡的思想便是实证主义。我们将以实证主义为例,来阐明上述思想的演变,

① 我不确定在下列这些事物之间是否存在明确的界限:思想、观点、态度、思维习惯和隐喻。这些都会影响我们的思维,使我们或多或少地接受或拒绝新观念。

并说明其发展历程几乎没有经过严谨的论证。这里之所以举例详细阐述实证主义，是因为实证主义是构成这些信仰基础的历史性事件。其他假设仅作简要列举和概述。

4.1 思想史：实证主义

1789—1799年，法国发生了一场大革命。随之而来的是几个时期的动荡，包括拿破仑战争（有人可能还会说，即使是今天发生在法国的抗议活动，也是那次革命的余震）。法国革命不仅推翻了国王和贵族统治，也推翻了所有教会的权威。19世纪早期到中期，人们为新社会新意识形态的生成进行了数次尝试。人们需要的是一种准宗教，它将赋予生命以意义，无需那种已被推翻的权力结构，也无需数百年来用以压制公民的恐吓主义。基督教作为旧政权的一部分受到了玷污。法国需要一种现代精神，一个现代的故事。我们应该记住，达尔文在当时仍然是未来之人，所以，纯粹的无神论远不如其在今天站得住脚。

奥古斯特·孔德（Auguste Comte，1798—1857）作为一名法国知识分子，试图理解这个后革命时代的世界。他创立了一种名为"实证主义"的哲学兼宗教，认为所有的科学最终都将统一在一个以数学为基础的单一逻辑结构中，接下来是物理、化学、生物学等，最终实现对个人和社会的深刻理解。[①]科学将提供所有的答案，解决所有的问题（Bourdeau，2014；Mill，2013）。

实证主义有其自身的惯例和教派，已经传播到了法国以外的许多国家（Kremer-Marietti, 1993）。孔德运动的流行程度远远超出了我们现在所能想象的某个虚构性宗教的影响范围。他的追随者包括各种有影响力的人，如约翰·斯图尔特·穆勒（John Stewart Mill），以及将实证主义口号"秩序与进步"（order and progress）融入国旗并沿袭至今的巴西国旗设计师。

实证主义坚信人类的进步以科学为根基，却未能在第一次世界大战的恐怖中幸存下来。这场战争所带来的痛苦表明，科学进步并不会必然地带来好的结果——它可能走向机关枪、铁丝网、毒气和毫无意义的死亡，其规模堪比以往欧洲所有战争的总和（Eksteins, 2000；Hastings，2014）。

20世纪20年代，也就是二战结束后不久，维也纳和柏林的哲学家们感到有必要重新建立某种统一的科学规程。由于科学所具有的威望吸引了诸多追随者，而这些追随者严格来说都是缺乏科学性和严谨性的，人们期待一种明确的方

① 社会学居首位，这是孔德被视为该学科创始人之一的其中一个原因。

法来区分科学与非科学。

努力的结果便是一场被称为“逻辑实证主义”的哲学运动。[①]逻辑实证主义尤为避免成为一种宗教。它没有赋予生活以意义，也没有明显的政治色彩，但却保有这样一种信念，即科学将会紧密融合，绝不给无知或迷信留下任何空间。所有真实的或真正的知识都应该是科学的。逻辑实证主义旨在明确区分科学和宗教、伪科学、迷信、浪漫主义等荒谬的学科。为了“去除荒谬”，逻辑实证主义做出了努力，那便是全盘否定主观性（Creath, 2014）。

逻辑实证主义的主要学说认为，所有的话语都可以按照其意义之来源划分为三类。这三个类别如下：

（1）话语意义由其呈现给个体的感官差异而赋予。例如“这是蓝色的”；“在微观层面，所有的生物都是由细胞构成的”；“行星只是近似球形的”。这些句子的相关证据是可以得到公开证实的。其中不包含任何主观性。这些被称为**经验陈述**（empirical statements）。

（2）话语意义由句法决定：“$X = X$”或“如果（如果A比B）和A, 那么B”。这便是逻辑或数学中的重言式（tautology）或已证定理（proven theorem）。

（3）除此以外的所有话语都是**无意义的**。

逻辑实证主义在科学家中以及对技术进步感兴趣的人群中大受欢迎。它清楚地界定了什么是有价值的（前两种类型的句子），什么又是无意义的。在两次世界大战的空档期，许多人都想尽可能地回避政治和战争。人们认为，在经历战争的恐怖之后振作起来是心智健全的必要条件（Eksteins，2000）。科学家以及其他“更严谨”的人想要把自己从一切轻率的举动中剥离出来，便涌向了逻辑实证主义（P. Watson，2001）。于是，在逻辑实证主义科学家与其他人群之间便出现了一道鸿沟，后者对情感、政治、文学及其他被逻辑实证主义视为无意义的话题甚感兴趣。

第二次世界大战前的社会政治变革使得许多知识分子离开德国和奥地利，尤其是一些思想家，他们没有时间理会纳粹主义强加给社会的“非经验主义的无稽之谈”（non-empirical nonsense）。这使得一批主要的知识分子从柏林和维也纳分散到了以英语为母语的国家。卡尔纳普（Carnap，逻辑实证主义的领军人物）去了芝加哥。在那里，除了逻辑实证主义对英美思想的普遍影响之外，卡尔纳普

---

① 注意，当一项运动有双重命名时，这通常意味着其此前的命名较为单纯。如，社会民主运动便是社会主义运动的相对温和的名称，这一名称是在反对一切与斯大林有关的事物之后出现的（Brown，2010）。通过双重命名，一项运动既可以延续其与前身的联系，同时（希望如此）又可以摆脱前身某些糟糕的特质。

对人工智能创始人也产生了强烈的个人影响(G. Solomonoff,2016)。

请注意,逻辑实证主义就其本身而言是错误的:让我们试着用上述的话语三分法来自证其身。是什么赋予了上述三分法以独特的意义呢?

(1) 如果整个分类是正确的,那么有没有什么东西是我们可以用感官感知到并加以区分的呢? 如果分类不正确,又将如何? 没有——因此,逻辑实证主义的学说并非经验式话语。

(2) 这种分类是一种重言式吗? 或者说,它是一种逻辑必然或数学真理形式吗? 也不是。

(3) 那它就一定是无稽之谈。

如果我们相信逻辑实证主义,我们就会被其主要思想所裹挟,宣告这个学说本身也是无意义的。

回想一下派珀特对人类思维缺陷的观察(0.1 节和 3.1.1 节),他反对过分强调逻辑,以及逻辑思维的伪装形式。对逻辑性和科学性的要求来源于逻辑实证主义,而逻辑实证主义本身则源于法国大革命后因渴求宗教而带来的困惑,以及一战之后的社会混乱。

正如我们将在下面的章节中看到的,逻辑实证主义并不是唯一对人工智能产生影响又遭受质疑的对象。希望本节能让一些对人文学科持怀疑态度的读者相信,从更深层次的历史背景考察有关人工智能的争论,是有其自身价值的,或者至少是有意义的。

4.2 知识

在第 2 章中,我们看到,认知主义者和人工智能界大多反对德雷弗斯及其对人工智能的现象学批判。我们也看到,尽管这两个阵营视彼此为对立,但他们就真理本身的性质仍然存有共识。让我们来看看其中的一些共识。

4.2.1 真理是存在的、可知的、可用语言表达的

这一假设对于大多数(即使不是全部)推论性知识是必要的,也是科学、神学和大部分哲学的基础。因此,认知科学隐晦地承认了这一点。但并非所有的人都认同这一点:《道德经》是道教(中国三大传统宗教之一)的基础典籍。这本书的开头是这样写的:“道可道,非常道”(老子)——尤其否定了永恒真理在言语上

的可表达性。

真理是可知的，并且可用语言来表达，这一观点主要来源于一神论，也可以说是来自柏拉图的理性主义。现代思想起源于中世纪思想，而中世纪思想大体上可以看作是希伯来和希腊两种传统的融合。近古"教会神父们"的主要工作便是调和这两种均带有理性主义色彩的传统。而我们是这一传统的继承者。

4.2.2　单一真理系统

"单一真理"的信念在认识论与现象学之争(2.2节)中得到了最明显的体现，在华生与其前辈的论战中也清晰可见。在古希腊和其他多神文化中，真理并不是单一的：一个人可以持有六种典型世界观中的任何一种或多种，他们都可以成为正统的印度教徒(Zimmer, 1951)。即使在科学中，单一真理的概念也只是在原则上作为一种宏愿而存在，而实际上，(例如)物理学中的大多数计算要么是经典计算，要么选择一种特定的而非其他真理，要么是相对论和量子力学。

这一理念暗含了这样一种观念，即为所有事物，以及一切系统优化或定理证明提供一个"正确"的答案。这也是所有官僚式教育管理、考试、评卷等所固有的。我们应该"解决"众多问题中的心智/身体问题，这种需求满含着"必须只有一个真理"的气息。

"单一真理"的概念源于公元前8世纪左右出现的一神论"嫉妒之神"教条主义(P. Watson,2006)。在基督教被确立为罗马帝国唯一宗教期间，即公元4~5世纪，这些思想得到进一步加强，并逐步深入欧洲文化。

本书将在5.2.2节中进一步阐述其对立立场："视角主义"。

4.2.3　照明类型

与此相关联的另一个问题是，某种文化应当采取何种方式进行知识的探索。通过理解历史上可用的两种地球照明系统——太阳和月亮，可以更好地展现这种差别(Harding,2001;Jung,1984)。

第一种方法，称为太阳法，就是努力用最强的光线——太阳来阐明一切不明晰的问题。这个想法是，一旦我们对任何问题(字面意义或比喻意义)进行强光照射，我们就会得到它的最佳视图。所以，一旦我们找到了这样的一束光，所有的问题就都解决了。我们将有一个清晰的视角，一个解决方案，很可能是一个单一的解决方案(见4.2.2节)，它能解释发生了什么以及需要做什么。这种方法的一个典型例子便是基督教：一个人接受耶稣作为自己的救世主，其选择的教派及礼制所具有的权威足以使自己获得救赎,成为今生和来世一切问题的解决方案。

注意,十字本身就是一个太阳符号,有四道射线从一个中心辐射出来。在诸多情况下,十字在对角线上还有另外四道或更多道射线。此外,圣人的光环也可以看作是从其人格中散发出来的“小太阳”。太阳基督教在其象征意义上的极度彰显便是梵蒂冈的圣彼得王座。梵蒂冈的威权显然来自圣彼得,在其头像周围有诸多太阳图案(注:圣彼得受耶稣的指派建立了自己的教会(Matthew 16:18))。

第二种获取光照的方法可以被称为月亮法。这种方法认为,对一个问题的过度阐释可能会“淡化”或过度简化一个人的观点。通过这种方法,任何事物的确切视图都是通过适度的光照来获得,由此不会使观察者在感官上耀眼炫目,更多的细微差别得以保留,也因此能够更好地理解事物的复杂性。此外,一束强光(伴随热量)可能会完全驱散那些更为微妙但却发挥作用的力量。月亮法最突出的例子是伊斯兰教。请注意诸如土耳其、巴基斯坦和阿尔及利亚等穆斯林国家国旗上醒目的月亮。此外,还请注意,在大多数清真寺的圆顶顶端都有一弯新月,这是对月球的刻画。

还要注意,基督教采用阳历,而伊斯兰教则采用阴历。

从基督教文化中发展出来的科学,在很大程度上是一项太阳式的开拓。正如我们在实证主义的讨论中所看到的,驱动科学的一个神话是有一天它将能够用一个科学系统来解释一切现象。例如,物理学研究人员殚精竭虑试图统一量子论和相对论。两种理论可同时为真,这样的想法让科学家们深感不安。

人工智能研究人员在很大程度上视自己为科学家,因此他们在努力探寻人工智能问题的“太阳式解决方案”。明斯基(Minsky)的月球思维,显然是一个特例(Minsky,1987,1991)。

4.2.4 知识与怀疑的两极分化

我们要么通晓某事,要么对其一无所知,这种观点从笛卡儿开始便一直盛行至今。符号人工智能的诸多工作都是基于已知或未知的事物(参见专家系统)。大多数(标准)逻辑也大体依赖于上述假设。

4.3 科学

每一代人大概都会对当时盛行的思想体系进行思考和质疑。他们常常认为自己比他人更洞悉世事，于是开始著书，但在15世纪末期印刷术发明之前，这些书几乎没有产生什么影响。教会极为成功地阻止了异己世界观的传播。印刷术的发明使得思想的广泛传播成为可能，罗马教会失去了对思想的控制。这使得人们相信，他们不仅能够比前人更好地洞悉世事，而且他们也应该积极地为人类未来思想制订方案（通常以书的形式），并将这样的书印刷成册、广泛传播。

1517年10月31日，马丁·路德将他的95条论纲（95 theses）钉在了威登堡教堂的大门上，新教改革开始了。这在西方引发了一股持续了几个世纪的思潮，其目的旨在清除我们思维中原有的错误思想，只留下当前已经了然的真相。[①]这一进程从1517年的路德开始，经过后来的新教改革者，一直延续至现代哲学家（包括休谟和康德），并在很大程度上以科学为基础，存续于我们今天的世俗世界观中。这一方案赋予了我们一些值得考究的信念。

4.3.1 科学大清洗

现代社会以及科学家们普遍认为，对所有知识进行全面修订是"科学革命"的组成部分。据称，这种科学上的大清洗发生在18~19世纪，从那以后，人们不再相信任何事情，仅仅因为原本的信念是我们从前人那里继承来的。被摒弃的信念涉及大部分迷信、宗教以及其他"无稽之谈"。自从"大清洗"以来，人们便有了这样一种信念，我们可以相信所有的知识都是"科学的""合理的"，或者至少是对一个客观真理所做的真实努力。这被看作是"启蒙运动"或"科学革命"之果。这两个术语都始于19世纪，发生在底层变革事件很久以后（Chapman，2013）。

这个神话显然是错误的，因为并没有这样的事件记录在案，而且科学不仅半自觉地继承了托马斯（Thomas）的假设，即自然有可知的规律，更显然地则是继承了奥卡姆的思想，即简单胜过复杂，以及其他一些学术假设。促成大清洗神话的真实事件之一是弗朗西斯·培根（Francis Bacon）有关"伟大复兴"的观点（Gower，1996），这成为了大清洗的文化历史基础。另一事件则是笛卡儿在《沉思录》开篇对知识所进行的大扫除，他只用了几页文字便退回到了天主教（Descattes，1952）。然而，另一个真正的历史性根基是，科学不再需要宗教，甚至可以完全摆脱宗教，这是赖尔（Lyell）的看法，更是达尔文所秉持的观点。借此，他们扫清了19世纪西方世界观中对造物主的一切渴求（P. Watson，2006）。

在科学为真理而斗争的过程中，这种"大清洗"有时也被认为是不完善的，仍需要"最后的努力"，该观点在华生的著作中显而易见。这就是上述思想对心理

---

① 可以说，清除我们思维中原有的错误思想重现了亚伯拉罕摧毁偶像崇拜并建立一神论的神话（Freedman，Maurice，1961）。

学、认知科学和人工智能产生影响的主要路径。从这个意义上说,我们现在的(后达尔文时代)科学仍然是一种改革运动型科学。它反对一切偏见残余、宗教、迷信、一切“新时代”或浪漫主义的无稽之谈。这显然是一些认知科学家当前所关注的问题:明斯基、丹尼特(Dannet)和其他一些人一方面为认知科学而奋斗,另一方面则在业余时间与世俗角力。惠勒还把“麻瓜原则”(muggle principle)作为他的公理之一(丹尼尔·丹内特与马文·明斯基的讨论:新人文主义者,2012;Wheeler,2005)。“麻瓜原则”要求不能涉及任何巫术。

赫伯特·西蒙大量引用了华生的观点。华生认为自己是在消除心理学对内省的不可理喻的依赖,并呼吁尽可能采用类似于物理和化学的方法(J. B. Watson,1913)。在一些论述中,他明确指责其反对者是反达尔文主义者。华生将他的工作视为科学系统化的延续,西蒙也持同样的观点,最显著的表现便是他驳斥了现有商学院的方法论,并在卡内基梅隆建立了一所更为科学化、定量化的商学院(Simon,1996)。

4.3.2 科学有别于巫术或宗教

在人类社会中,巫术与权力之间有着根深蒂固的关联(见3.2.3节)。例如,一神论宗教通过神迹来建立自身的权威:燃烧的灌木、红海的分裂、西奈山、面包和鱼、复活死人,等等。在现代,物理学向世界展现了电力和原子弹等奇迹,因此,与早期宗教建立权威的方式一样,物理学的权威也得以建立。如果我们不想被现代宣传所蒙蔽,我们就应该意识到,科学在某些领域的成功并不能确保其在另一些领域取得同样的成功。一个有趣的例子:经济学以少有的自嘲方式自称为“惨淡的科学”(the dismal science)(Lucas,2009)。

在过去的一百多年里,我们的文化折服于数学、科学和技术,遵循神话奇迹创造者的文化传统创造了一种近乎宗教的科学。请注意,政策制定者总是不厌其烦地表示,我们的教育体系需要加强“STEM科目”(见3.2.4节),而且所有组织性问题通常也要向这个或那个商学院顾问进行咨询,并对比咨询商学院的频率与咨询历史学家的频率。

原则上,科学中不应该有“伟人”,更不应该有先知或弥赛亚。但是人类崇拜偶像(见3.2.1节)。达尔文和爱因斯坦理应受到尊敬,前者消除了人们对“造物”故事的渴求,后者则作出了魔幻般的终极创举——预测夜空中的事件——引力毫无例外地使光发生弯曲(Sponsel,2002)。在大众的臆想中,爱因斯坦在原子能方面也获得了名不副实的赞誉。

科学家和宗教人物在文化上的相似之处非仅限于此。与禁欲主义运动(主要是基督教的)相呼应的是,许多科学家和学者享受着苦行僧般的纯洁,喜欢在枯燥乏味的工作中探索细枝末节,时而抱怨,时而庆幸自己这一代人必须先苦后甜方能成就。他们谦逊地回避宏大或跨学科理论。典型例子就是近期畅销的“宏大历史”著作,整合了迄今为止人类存在的全部轮廓,如《枪炮、细菌与钢铁》和《人类简史:从动物到上帝》(Diamond,1998;Harari,2012),这已经是系统史学诞生的几十年后了(Bloch, 1953)。一些专业人士穿着的特殊衣服,如实验室里穿的白大褂,以及核反应堆等大型设施里更炫酷的长袍,都是肉眼可见的科学与禁欲主义相互关联的外在迹象。此外,在现代物理学的反直觉认识论背景下,科学家们有时也会给自己赋予某种特殊的地位,正如“维格纳的朋友”(Wigner's friend)思想实验中所展现的那样。

认知科学的一些更深层次的宗教特征在西蒙与华生的关联中可见一斑,从华生(1913年)的论文提出废除内省一事中也可略知一二。对于一篇本科论文来说,论文中的证据是完全站不住脚的(至少在今天看来如此)。此外,乔姆斯基的追随者或许不多,但与对弗洛伊德或荣格(Jung)的崇拜相比,其狂热程度也只略逊一筹。按照乔姆斯基的说法,整个理论都要被修改或废除(Murakami,1995;Shamdasani,1998)。

4.3.3 世界的模块化、逻辑原子论与决定论

世界模块化的观点认为,我们总是可以在物理世界将非原子事物分割成部分,或在心智世界对各部分进行分析,且这样的分析是大有裨益的。请注意,这在分析人工产品时非常有效(见8.2.5节),在许多科学中也是有所帮助的。但到目前为止,我们在心智分析上还没有这样傲人的技术成就。

与其相关的思想是逻辑原子论,认为有限数量的数据足以描述一切事物。这一点在柏拉图、霍布斯(Hobbes)和拉普拉斯(Laplace)的著作中可见一斑。其思想的流行很大程度上归功于笛卡儿坐标系以及另一相关思想,即任何点都可以在多维空间中表示出来,每个物体也可由点的集合来表示。正如威诺格拉德和弗洛雷斯思想所描述的,世界可以被切割为对象,这一观点是理性主义传统的一部分。此外,逻辑原子论还得益于罗素和维特根斯坦(Proops,2017)。

决定论建立在原子论的基础上。原子论认为,世界不仅可以经由部分来分析,而且这些部分最终还可以分解为原子成分来加以分析。决定论对这一观点进行了补充:“……给定t时刻事物的特定形式,此后其发展的轨迹是固定的,遵循自然法则”(Hoefer,2003)。由此得出拉普拉斯思想实验中最著名的表达式之一:一个恶魔在给定100年前世界状态的情况下,便可预测人类的一切行为。

在机械论假设下，一切都是可分解的，可被视为机器，是可以复制的。上述观点之间密切关联，极具诱惑性，但就我们所知又是完全错误的。它们部分地适用于物理，但迄今为止仍不适用于人工智能。

4.4 “模糊”与“严谨”思维的对决

人工智能界似乎认为，既存在“好的思维”，就像在科学领域，尤其是人工智能实验室里所做的那样；也存在“坏的思维”，如反对人工智能界的哲学家以及宗教狂热分子这类奇怪的非理性人思维。费根鲍姆（Feigenbaum，西蒙的学生）在采访中就哲学在人工智能中的作用进行了阐述：“人工智能需要的是一个优秀的德雷弗斯……而他实际给我们带来了什么呢？现象学！空洞肤浅！华而不实！”（McCorduck，2004）。费根鲍姆生活在客观世界中，并未试图理解主观性。

我们有必要简要介绍一下这场对决。

4.4.1 世俗化

行为主义革命比起实际所展开的规模要小得多（Costall，2006）。如前所述，华生的老师坚称“客观主义”这一术语比“行为主义”更胜一筹。前人已对行为进行过研究，而这种将主观因素排除在外的狂热对心理学来说极具新鲜感。

华生的革命可以被看作是一种世俗化的激进形式——在我们摆脱了诸如上帝、天使、灵魂等非科学概念之后——或许我们也应该抛弃心智。心智无法用科学方法进行检验，那么为什么不干脆将其从科学探索的对象中除名呢？这正是华生所做的事情（见1.5节）。这不仅是对科学/世俗革命的继承，而且也延续了新教净化世界观、扫除一切腐败、接受“唯一宗教圣典”的狂热。这种类似新教徒的狂热盛行于美国并非偶然。这种剥夺人性的狂热，同样是对禁欲主义的附和。我们越是脱离人的本性，就会变得越为纯净（P. Watson，2006）。

人们认为，认知科学是一场反对行为主义的革命，因为现在我们可以讨论“心智”，只要这个心智具有“认知性”，也就是像计算机一样的、非主观性的（Costall，2006）。约翰·塞尔（John Searle，1932—）是这一领域最著名的哲学家之一，他认为我们应该“远离并消除主观经验”（Searle，1992）。本书的大部分内容反对这一立场，至少在技术方面是这样。

4.4.2 遭受非议的哲学

哲学由苏格拉底创立，作为一门“独立的”(stand-alone)学科，甚至可称为“万学科之母”(mother of all)。在基督教被强加给罗马和中世纪欧洲的斗争中，作为独立学科的哲学因抱有自己的真理主张而受到了封禁，但哲学又作为“神学的侍女”(handmaiden of theology)得以幸存——它帮助那些成为智力统治阶级的神学家们处理逻辑和抽象思维问题。后来，随着神学的衰落和科学的崛起，哲学“为顺应变化”又演化成为“科学的侍女”。似乎把哲学重新定位为服务于统治意识形态还不够糟糕，在马克思主义一跃而上的过程中，哲学不得不隐藏在更荒谬的外表下，成为“意识形态的侍女”(handmaiden of ideology)。(Evangeliou，2008)。

4.4.3 饱受诟病的大陆哲学

伊曼纽尔·康德(Immanuel Kant，1724—1804)是一位重要的哲学家，他终结了一切认为人类可以直接获得“自在之物”(things-in-themselves)相关信息的思想。他称这种“自在之物”为本体(noumena)。康德认为，我们看到的都是现象，对我们来说这些都是表象。因此，我们没有办法获得真正客观的知识，也没有任何人类的努力可以引导我们去证明或反驳上帝的存在。

大致来说，从19世纪开始到今天，对上述问题存在两种截然不同的回应。

一种回应经由黑格尔(Hegel)、叔本华(Schopenhauer)等在德国系统地发展起来，直至今天的现象学家，他们接受了康德的论断，即永远不存在任何关于自在之物的知识。他们认为，在这种情况下，哲学家和研究者除了把现象当作现象来研究外，别无选择，而在世界的各类现象中，首要的是自我主体性现象和自我知觉现象。在某种意义上，这是本体论唯心主义的认识论分支(Barkeley)。现象学探究的是人类主体本身。20世纪最主要的现象学家是海德格尔(见2.1节)，人工智能的主要批评者德雷弗斯是他的学生。

另一种传统的回应，从德国弗雷格开始，接着由罗素(Russel)和逻辑实证主义者发展起来(见4.1节)，最终成为了英美思想流派，也被称为分析哲学(analytical philosophy)。他们基本上回避了康德的观察，其观点是，只有那些反复示于众的可信之物才可被定义为客观现实，这才是科学所应该研究的。这成为英国皇家学会(Royal Society)开展科学实验的既定传统(可追溯至牛顿以前)，因此其最终权威来自受神的恩典统治的英国王室。康德满怀敬畏地在观察到的现象和它背后的自在物之间看到了不可逾越的鸿沟，对于这个思想学派来说，这并不是什么要紧的事。这种思想的结果之一便是，如果真的存在一个欺骗性的恶意后台程序意图迷惑我们，或者如果我们是缸中之脑[①](brain-in-a-vat)，抑或生活在模拟世界中，凡此种种，那么我们就会被这种现实的主体间性所欺骗——换而言之，一个足够强大的外部力量便能成功地欺骗科学。

至少在过去几十年(如果不是更久以前的话)，分析学派和欧洲大陆学派之间存在严重脱节和相互间的不理解。这些学派就主体事物意见不一。一般而言，大陆学派认为主观性视角是可靠的，而客观世界是值得怀疑的。而对于分析哲学家来说，情况正好相反。分析哲学在很大程度上将自己所从事的工作视为科学的仆从，只是围绕科学家所做的实证工作进行概念性问题的整理(见4.4.2节)。

在以英语为母语的科学界，尤其是早期认知科学界，大陆哲学遭到彻底排斥，甚至完全未被当回事儿。西蒙毫不留情地拒绝接受大陆哲学及其先驱德雷弗斯，称现象学为“宗教”。甚至像布鲁克斯(Brooks，麻省理工学院人工智能实验室前主任)这样的思想家也大声抗议，称他们的工作与“德国哲学”无关，而是“纯粹地基于工程问题”。他明确地划清界限：“在某些圈子里，人们给予了海德格尔诸多信任……我们的工作并未受到多少启发”(Brooks，1991)。这种对大陆哲学，主要是对德国现象学的强烈排斥，从情感上来说，与对德国文化的普遍排斥不无干系。

4.5 人类与心智

4.5.1 人类心智的自然属性

“心智是一种可被探究之物。”这种说法似乎有些奇怪，反驳这种说法也显得有些奇怪。用哲学话语来表述应该是“心智乃自然属性之物”。说某种事物是自然之物，也就是说它对应于一种反映自然世界结构而非人类利益和行为的事物类型(Bird，Tobin，2017)。

① “缸中之脑”是知识论中的一个著名思想实验，由哲学家希拉里·普特南(Hilary Putnam)在其《理性、真理和历史》(Reason, Truth, and History)一书中提出。其思想基础是人体所感受到的一切最终都要在大脑中转化为神经信号。这个实验常常被知识论、怀疑论、唯我论以及主观唯心主义引用来进行哲学论证。其思想原型包括庄周梦蝶、柏拉图的“洞穴寓言”以及笛卡儿的“恶魔”。——译者

这意味着我们可以对其展开独立研究，而不依赖其他人类因素，如心理或胆识。这也意味着它是具有唯一解释的事物，不同于多样事物的集合。此外，似乎还意味着它与灵魂或情感无甚关联。

“心智”一词历经了数个世纪才有了今天所用的这一术语(14~18世纪)，当时的人们想要讨论精神世界(这是我们现在的称谓)，却又不把它与“灵魂”(soul)等同起来。这是当时语言“大清洗”(clean up)的一部分，以努力使其更具科学性。从“灵魂”到“心智”的进化关涉哲学和政治问题，和精神病院中精神病患者的治疗问题毫不相干(Makari, 2016)。

这一假设也是下面一些假设的前提条件。

4.5.2 人类与计算机的相似性

每一代人都用最新的技术来构想自己：在古代，人被看作是“燃着圣火的黏土容器”(clay vessel with a divine spark)，而后来(包括笛卡儿时代)流行的隐喻则是钟表。19世纪末，随着液压和气动技术的发展，弗洛伊德用压抑和爆发等术语来描述人类心理。今天，人们最喜欢把心智或大脑比喻成计算机(Bolter, 1984)。

心智可以被视为一台计算机，这一观点是认知革命的核心隐喻。在德雷弗斯与奈瑟尔(Neisser)之争中，我们强烈地意识到了这一问题(2.2节)，但这已是一个公开的秘密——认知科学总史中称为“心智机器”(Boden，2008)。毫无疑问，此处“机器”就是指计算机。这个隐喻进一步强化了旧的笛卡儿式的、清晰明了的开关思想(on or off ideas)，即我们要么知晓，要么不知晓(类似于计算机中的0或1)。

认知科学中广泛流传这样一种假设，即可计算的心智在某种程度上是可以有效讨论的，6.5.3节将进一步对此假设加以批判。然而，还有一种更为普遍的尝试，试图将人类简化到不必要的程度——认为人类具有“低级”或“高级”心智官能(faculties)，或将其描述为“理性动物”。

4.5.3 低级与高级人类功能

人类有“低级”和“高级”官能。“低级”官能可被忽略：性、幽默、宗教和政治都与思维和认知无关。情感、贪婪和许多其他人性方面也可以被忽略，或许应该且必须被忽略。

看看以下关键词在相关书籍索引中的条目数(表4.1)。

表4.1 所选关键词在认知科学历史中的索引数

	性	幽默	宗教	政治	物理	记忆	逻辑	主观性
《实验心理学史》(Boring,1929)	0	0	8	0	13	20	0	0
《心智机器》(Boden,2008)	1	0	27	0	7	22	84	9
《会思考的机器》(McCorduck,2004)	0	0	0	0	4	6	28	0

前两本书包含完整的心理学(Boring)和认知科学(Boden)研究历史。最后一本书(McCorduck)讲述了人工智能的历史。令人惊讶的是,这三本书都认为幽默和政治是不相关的,而对人工智能尤为感兴趣的麦考达克(McCorduck)却准确地论述了人工智能与上述术语皆无关联。只有博登(2008)的研究中论及了性,他称其为达尔文的"性选择"(sexual selection)。尽管如此,书中也不认为性与认知科学直接相关,而只不过是一种外界影响因素。

4.5.4 人类的理性

人工智能领域的一些研究人员明确地宣称人类是理性的(Bringsjord, 2008),一些人则以行动表示:在明确区分了类人行为和理性行为之后,人工智能的主流教科书在后续1000页的书本中开始教授理性人工智能(见6.1节)。一篇具有历史性意义的题为《神经活动中固有观念的逻辑演算》("*A logical calculus of the ideas immanent in nervous activity*", McCulloch, Pitts, 1943)的论文推测了生物神经元世界与布尔逻辑(Boolean logic)之间的联系。"心智机器"这一观点暗示,人类至少部分地是有逻辑的,因此也是理性的。经济行为人的理性正是经济学的基石。

人类是理性的这一观点有多种来源:一是"以上帝之形"(in the image of god, Genesis 1)创造了人,并赋予上帝以完美(尽管上帝也存在某些人类情感,如嫉妒)。人类理性观点的另一个来源是经济学中的"理性人"(rational man)概念,主要经由西蒙引入人工智能领域。按照西蒙的自我评价和诺贝尔奖委员会的说法,西蒙最大的成就便是他的"有限理性"(bounded rationality)概念(Nobel Prize.org, 1978; Simon, 1996a)。这一思想既体现了对人类理性的某种限制(人类只能在已有信息和时间范围内尽可能保持理性),也重申了在特定信息和时间范围内,人类确实是理性的。这种对人类理性的信念贯穿于西蒙的所有作品中。在人工智能中,有限理性的概念体现在西蒙的"满意原则"中[①]。"图灵奖"得主西蒙

① 这里指西蒙的"满意型决策"概念。——译者

对计算机以及许多社会科学领域的影响都不容小觑。人类理性被每一代人所诟病(Ariely,2009;Tuchman,1990),然而,至少在认知科学中,这一观点并未消亡(Bringsjord,2008)。

我们的文化,尤其是认知科学,崇尚理性,以至于否认人类精神生活的其他特质。这是人工智能研究迄今为止一直扎根于生物学和理性主义层面,而非个体主观层面的主要原因。在接下来的几章中,我们将进一步阐述这一问题。

“人类是理性的”这一观点与理性主义传统有契合之处,但又截然不同:

(1) 思考1:对人类理性的信念好比玛丽对自己所拥有的羔羊的看法。玛丽是理性的。

(2) 思考2:理性主义的态度是科学家探索人类心智的良方,也是人工智能研究人员用以建模人类心智的妙法。我们都是理性的,自然也是理性的,因此理性是心理学研究的最佳路径。

4.6　对宗教的其他担忧

我们可以看到宗教对人工智能产生了以下影响:在一篇关于人工智能的论文《西蒙做了什么》(“*What Hath Simon Wrought*”)中(Feigenbaum,1989),除了仿圣经标题,作者还使用了以下术语来命名人工智能研究的重大事件:“创世纪”(Genesis)、“出埃及记”(Exodus)和“利未记”(Leviticus)(摩西五书中的三本)。这不仅仅是华丽的辞藻。费根鲍姆还表示:“从一开始(也是)……所有人共有却很少被提及的一种信条。后来,西蒙和纽厄尔在其图灵奖获奖演说(Newell & Simon, 1976)中阐述并命名了这一理论:物理符号系统假说(The Physical Symbol System Hypothesis)。……这是……一篇信仰之文,一座灯塔。笃信这一点便标志着对人工智能科学的归属”。为了避免人们认为费根鲍姆的这种宗教性思想是其个人的特殊倾向,一篇公共管理评论也将赫伯特·西蒙称为“正统的传教士”(a proper missionary)和“圣殿里的年轻耶稣”(young Jesus in the temple)。这篇报告还将他描述为“启蒙运动中勇猛的骑士”(unrepentant knight of the enlightenment)(Augier, March, 2001)。

以下两个问题并未直接影响人工智能中的明确假设——但它们却深刻地影响到了人们对整个项目的态度、热情和忧虑。

4.6.1 创世纪

讨论人类对智力的看法时,我们应该想想如何从最广泛的意义上看待自己在世界上的地位。在这个问题上,一神论/后一神论世界都不可忽视的一本书就是《创世纪》。

《创世纪》中的创世神话不仅强化了一神至高无上的地位,而且将人类定位在了创世的顶峰(Hasel, 1974)。上帝"以自我之形"(in our own form and image)先后创造了天地、植物、小动物、大动物,最后是人类(Genesis 1)。这使人类感到自己优于其他造物。但这个故事不仅将人类置于其他造物之上,还称上帝特地以自己的"形式和形象"(form and image)创造了人类。这是一个神秘却核心的问题。

后来,在伊甸园的故事中(Genesis 2),亚当偷食了智慧树之果。训诂中之所以规定禁食智慧树之果,原因之一便是亚当可能会变得像上帝一样知识渊博且有智慧。亚当食智慧树之果后的确获得了如上帝一般分辨善恶的能力。这些故事建立起这样一种观念,即人类可以像上帝一样学识渊博。后来,当理性的观念被希腊基督教所采纳时,人的理性便被视为神之设计(divine design)。

以上帝之形认同人类之"形式和形象",这使得人类陷入了一个两难的境地,因为人类绝不可能像上帝那样,"上帝说要有光,于是有了光",如此这般仅仅通过言语宣称便可创造世界。人类必须辛勤劳作,接受上帝的管理。人类绝对是低上帝一等的,而同时,这些神话又告诉人们,人类就像上帝。此外,一神论的宗教也教导人类要敬畏上帝,因为上帝是一个远比人类优越的存在,不可忘记人类的劣根性。宗教圣经也在开篇告诉人们,人类就像上帝,无论是"形式"还是"形象",也不论其意味着什么。从表面来看,这是圣经开篇的异端邪说,或者至少是一个严肃的话题。

让我们从另一个方面再次审视这种二分法。人类不能仅仅通过语言来创造光、星星、植物或动物。上帝创造万物的最高成就(也是最后的成就)就是创造了人类——因此,如果人类真的像上帝一样,那么我们不仅能够创造星星和植物,而且还能够"以自我之形"创造一类新的生物种群。这就将人类置于这样一种处境:除非人类能以自我之形创造一种新的生物,否则我们作为人类的发展便没有完成,在某种意义上,上帝也没有完成以自我之形创造人类的计划。因为只要人类不能创造一种与其相像的人形生物,人类就并未真正实现"以上帝之形"。

因此,如果人类成功地创造了一个拥有"全人"(fully-human)心智的"全人"机器人,那么,人类就不仅使自己成为了像上帝一样的人,也真正完成了上帝创世之壮举。

4.6.2 异端邪说

内省,审视自我心智的运作,就是审视上帝的灵魂(按照人类“以上帝之形”这一思想),可人类不能凝视上帝的脸,更不用说审视上帝的灵魂或其周围的一切(Exodus 33)。此外,当一个人进行内省时,他就是在窥视自己的灵魂,可是对灵魂的审判是留给上帝的。这在一神论背景下也是属于异端邪说。

审视自我的主体性即承认了主体性的存在,至少是承认了主观性的存在,在某种意义上也就是承认了灵魂的存在。这是对科学的诅咒,因为科学要么否认主观性的存在,要么缺乏处理主观性的工具。无论如何,仅仅只是探讨一下主观性便已暴露了科学的不足。本书的目的便是在考察主观性的基础上获得某些技术上的成果。这将使得科学在解释下面这个问题时面临挑战:不存在之事物或非科学之事物如何有益于人类。在本书中,我们对这类问题毫无顾虑。这是一本关于技术的书。作为技术人员,我们希望通过一切合法的手段获得进展。

请注意,科学作为一种社会现象,有时也呈现出一神论的特征,如嫌恶一切竞争,教条主义,以及反感一切自身领域之外的探讨。

4.7 本章小结

本章陈述了人类社会中,尤其是人工智能研究领域普遍存在的诸多假设偏见。或许,为了给人工智能开辟新道路,人们应该修正上述部分假设。在第二部分中,我将举例说明,如果去除这些偏见,还有什么理念或假设可供人们所用。在我看来,心理学、认知科学和人工智能长期忽视的内省,可作为人工智能发展的基础,应当受到推崇。

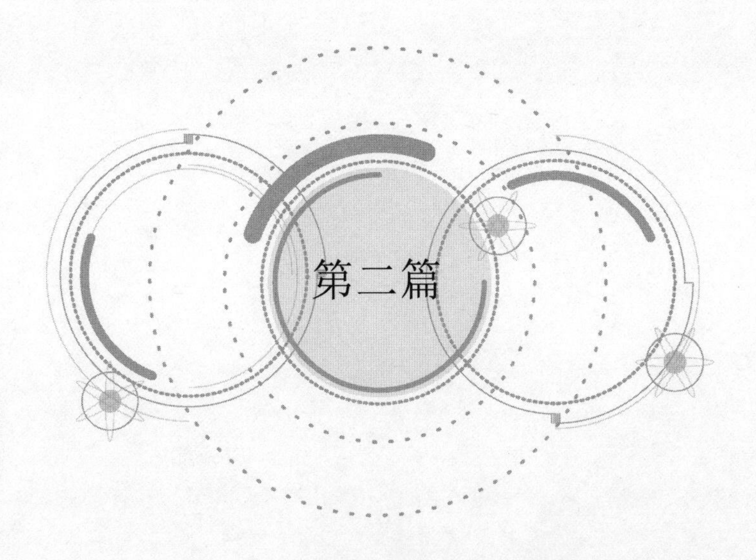

替代方案：人工智能、主观性与内省

第5章
中心论点概要

本章概述全书的主要论点，即“在人择人工智能开发中推崇内省”。本章进行了完整的论证，但也仍存在诸多不足。后续章节将弥补这些不足之处，同时增加相关细节信息。本书第3部分将列举若干工作实例，并就本书所提方案的结果进行讨论。

后文涉及的关键术语有四个，作为方案概要，有必要在此提前阐述。

(1) 本书关涉**类人人工智能**(human-like artificial intelligence)，不涉及理性/理想化人工智能(rational/idealized AI)。

(2) 在类人人工智能中，本书所关注的焦点是**人择人工智能**(anthropic AI)，近似于人类的潜在机制，而非西方现代训练有素的成年人所完成的那类成就。

(3) 相较而言，人工智能中的**主观性方法**(subjective methods)屡受轻视，尽管这些方法有利于人们在可模拟的程度上探知人类的工作模式，并非模拟大脑中的每个细胞。

(4) **内省**是我们借以抵达主观性的路径。

本章从相关背景问题以及真理类型问题开篇，随后详细论述“推崇”这一核心词汇。其后两章将探讨作为目标的“人择人工智能”和作为手段的“内省”。再接下来的两章将对所提出的论点进行论证，即“在人择人工智能开发中推崇内省”。

5.1 中心论点之背景

5.1.1 科学与技术，类人与理性

在探讨人工智能的动机类型时，我们需要牢记以下两类动机的区别：

(1) 一些研究人员建立人工智能模型是为了科学地理解人类、老鼠、昆虫、神经功能或其他一些科学问题,而另一些人创建人工智能模型是为了解决某些技术问题。通常而言,科学是一项长期的事业,而技术追求的是短期效应。科学和技术在动机方面存在着差异,在所需真理类型方面也存在差异,我们不能混淆上述两类差异,见5.1.3节。

(2) 一些研究人员以类人人工智能为目标,而另一些人则致力于理性或理想化人工智能(见6.1节)。

我们绝不可将上述两类动机视为二元对立的,它们实际上具有内在连续性。

如图5.1所示,我们来看看聊天机器人背后的技术动机。从伊莉莎[①](Eliza)到商业聊天机器人和罗布纳奖(Loebner Prize)参赛者(Mladenic, Bradesko, 2012; Weizenbaum, 1966),其目标是利用一切可用之技,实现当下的类人能力(技术)。与此同时,对于认知模拟或计算心理学而言,其目标是模拟科学所需的人类认知官能工作模型(Sun, 2008)。与之形成鲜明对比的是,搜索引擎(如谷歌)的目标却是不管人类在同类型任务中表现如何,只为获取最优结果,其他机器学习程序亦是如此。目前围绕人工智能的大部分“兴趣点”(buzz)都出现在机器学习领域。基于逻辑的人工智能试图用各种类型的逻辑来科学地阐释人类(Bringsjord, 2008),这也成为“出色的老式”(good old fashioned)经典人工智能,包括其大型技术组件所赖以建立的基础(McCorduck, 2004)。

然而,这些区别比他们表面看起来要复杂得多,至少就人工智能而言是如此:当一天结束时,我们的确需要将所有类人思想转化为正式的计算机语言,从而确保人工智能系统正常工作——这是目前现有技术的基本特征(见10.3.5节)。关于“类人”和“人择”的内涵参见第6章。

技术和科学之间的区别也并非如此鲜明——工作系统展现了科学所能实现的底层机制,反过来说,科学模型(如神经模型)又成为人工智能系统的基础(或灵感)(见5.3节和10.1.1节)。理查德·费曼(Richard Feynman)去世时,在黑板上写下了“我不能创造的东西,就是我还没有理解的东西”[②],这足以证明当代科学是多么严肃地看待上述这种联系(Feynman, 1988; Resnick, 1993)。关于科学和技术之间的相互作用,还有一点值得回顾的便是,每一代人都在用最新的技术构想人类,如亚里士多德“燃着圣火的黏土容器”“心脏熔炉”、弗洛伊德的液压模型理论,以及今天将人类大脑比作计算机等概念(Bolter, 1984)。

---

① 伊莉莎是人工智能历史上最为著名的软件,也是最早的人机对话程序,由系统工程师约瑟夫·魏泽鲍姆(Joseph Weizenbaum)编写于20世纪60年代。这是世界上第一个真正意义上的聊天机器人。——译者

② 黑板图片见:http://archives.caltech.edu/pictures/1.10-29.jpg.

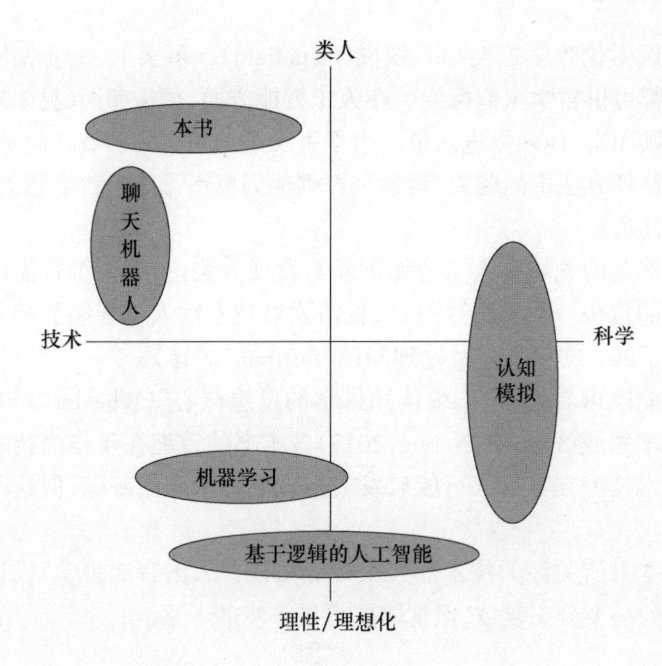

插图5.1　在关键差异中定位人工智能

本书所要呈现的方案是有关类人的技术性人工智能。该方案的一个重要部分便是探寻真理主张及其所属真理类型的蛛丝马迹。

5.1.2　人工智能哲学

本书大部分内容都在探讨人工智能哲学。作为一个相对小众且晦涩艰深的领域,我们有必要对人工智能哲学的本质进行探讨。

人们通常认为哲学就是“爱智慧”。[①]这是对哲学最为古老的看法。

在物理、医学、建筑等专业知识领域,哲学在很大程度上已经退居次要。例如,哲学,甚至是“自然哲学”都不再研究材料相互作用的问题,这些问题转而由化学和物理来研究。因此,以“球体”这一图形隐喻来展示,作为一个学科领域的哲学只是一块“瑞士奶酪”(Swiss cheese)——即其他领域专家切走球体的相应区域后所剩下的那部分知识——这样的“瑞士奶酪”位于各专业领域之间的中间地带,或是与其他专业领域相去甚远的区域。

然而,这种把特定领域知识“分包”给各自专家的做法并非事情的全部。哲学家们经常会讨论诸如量子力学提出的难题(Ismeal, 2015)。他们也有权探讨

① 这就是为什么所有领域的研究者具备了开展研究的资格后都会被授予“哲学博士”(Doctorate in Philosophy, Ph.D.)。

科学哲学和医学伦理学这类"元"领域(meta field)。事实上,专业领域内一切被忽视的问题都可供哲学家们探索。在人工智能方面,德雷弗斯(见2.3节)以哲学家的身份脱颖而出,他强势进入了一个本不属于他的研究领域。此外,专业领域的从业者往往视方法论问题为"哲学",否则他们也不可能对哲学感兴趣,有时甚至对哲学心怀敌意。

本书所涉及的领域是人工智能创新与发展方法论,即人工智能研究人员如何提出自己的想法。要领悟这一点,就需要对技术性人工智能的相关知识和哲学历史有所了解。本书不涉及伦理问题(Bostrom,2016)。

人工智能既可看作是"正统认知科学的思想核心"(Wheeler,2005),也可被视为一类技术领域(Russell,Norvig,2013)。本书的旨趣在于作为技术的人工智能。任何技术模型在其后都可能启发或构成心理学理论基础,但这并不是本书的重点。

至少就本书所关注的技术性人工智能而言,"人工智能哲学"或许可以成为"技术哲学"的一个分支领域,但这需要再进一步的考察。

5.1.3 技术哲学

不同技术理论之间的一个主要区别往往在于其就下列问题所秉持的立场:技术仅仅是一种"应用科学",还是具有不同属性(Franssen et al., 2013)。

就技术作为应用科学而言,弗兰森(Franssen)等人引用邦格(Bunge)的话说:"技术是关于行动的,但行动是需要理论支撑的——这就是技术区别于艺术和工艺之处,并因此与科学平起平坐。"邦格似乎在强调木工等古老工艺与现代技术(如计算机)之间的区别,后者极为依赖科学。如果没有量子力学,计算机以及我们现在生活中诸多赋能技术(enabling technologies)就不可能成为现实。旧工艺和具有潜在威胁性的新技术之间产生了分裂,这种分裂对于那些忧心新技术的伦理学家来说极为重要,尤其是后来的海德格尔(2009)。

另一方面,我们发现,斯科利莫夫斯基(Skolimowski)和赫伯特·西蒙(见1.6节)都洞见到了古老工艺和现代技术之间存在的连续性。斯科利莫夫斯基说:"科学关注'是什么',而技术则关注'成为什么'。"此外还有一些早期说法,如西蒙(1996b)认为"科学家关心事物'是怎样',而工程师则关心事物'应当怎样'"(Franssen et al, 2013)。就其对科学特性的描述而言,斯科利莫夫斯基的"是什么"和西蒙的"是怎样"几乎没有什么不同。而在技术方面,斯科利莫夫斯基的"成为什么"与西蒙的"应当怎样"却有着极大的不同,至少就其方法而言是极为不同的。

斯科利莫夫斯基的立场，如果被理解为物理学或形而上学意义上的“成为什么”，在技术方面似乎远没有我们把它解读为对人造物进行功能性定义那么有趣：“什么东西才能变成*X*”。汽车，是一种无马马车，这是就其要实现的功能而论，并未论及内部材料和技术。从功能的角度来解读斯科利莫夫斯基的话，他想表达的是：技术涉及的是带来整体功能的内部功能，技术专家会采取一切可行之法来实现这些功能。而西蒙的定义（“事物应当怎样”）似乎带有目的论[①]，或是在强调一切精巧设计的外部功能。在后来的解读中，西蒙更为感兴趣的是某个装置如何服务于人类及其某种伟大的目的，而非其内部机制。这完全契合了西蒙对社会科学、工商管理、公共政策等领域的兴趣。因此，西蒙和斯科利莫夫斯基之间的区别之一便在于：究竟强调人造物的外在功能，还是其内在功能。

从上述定义可见，技术问题的关键在于功能而非真理。真理服务于科学家，而功能则为技术人员所用。这是本书的一个关键论点。

有关真理的上述区别，也彰显了下列差异：

(1) 科学对精确度的追求永无止境，而技术对精确度的渴求却有实际的限制——“公差”(tolerance)。公差通常用数字来表示，如在机械和电气工程中所示。

(2) 科学渴望总结并提出一个囊括万物的明确理论——一类终极现实需要一套统一的理论（见4.2.2节）。另一方面，技术涉及多个视角，包括机器各组成部分的不同视角，以及各部分和/或整体的热学、机械学和电气学视角等。

正如8.2.2节和10.3.5.1节案例所示，技术对真理的需求不高。如果内省仅仅是粗略地描述了思维的结果，而不论及过程，那么，作为程序员的我们，就可以通过人工智能编程技术，用一切可能的技术性技巧来实现计算机中的类似功能。而这在作为科学的心理学中显然是行不通的——科学家们最终会从大脑和物理学的角度来阐释心理过程。尼斯贝特和威尔逊(Nisbett, Wilson, 1977)对此已经有所论述。

5.2　真理的概念

以最准确的事实为目标，以最大的热情坚守真理，这是科学之志。勿论其他，这种对真理的坚守便会导致对人文学科或一切“松散”(loose)科学的蔑视（见4.4节）。从这个意义上说，心理学的主要关切点便是从“松散的”或“模糊的”科

① 即关心的是目的。

学转向更为“妥当的”科学(Costall,2006;J. B. Watson,1913)。数学,有时被称为“科学女王”(the queen of sciences),内容不多,但却要求严格遵循具有明确定义的真理概念。本书将阐明,在技术方面,我们不仅没有义务如此严格地遵循真理,而且,这种对终极真理的坚守甚至极大地阻碍了人类的发展。从某种意义上说,本书的主要内容便是探究人工智能领域的不同真理主张,尽可能清晰明了地展现这些真理类型。

5.2.1 单一真理的概念

许多人相信真理只有一个。这一观点起源于一神论,但已经经由实证主义深入科学领域(见4.1节和4.2.2节)。

无论这一思想的起源如何,我们可以在今天诸多文献中看到对单一真理的坚持,无论是科学物理主义真理(Simon,见1.6节),还是现象学、唯心主义真理,抑或海德格尔式真理(Dreyfus,见2.3节)。这种对单一真理的渴望,在试图一劳永逸地解决思维/大脑问题的尝试中也屡见不鲜,例如蓝脑计划[①](Markram,2006)。在我看来,人工智能领域应当采用一种短期却实用的替代方案,并采取多种竞争性视角,类似于明斯基的“粗野”(scruffy)概念(Minsky,1991)。

5.2.2 视角主义

对于技术性人工智能而言,5.1.3节中对技术与科学的探讨引发了我们对视角主义(Perspectivism)的思考。视角主义有利于我们在进退两难时保持双向视角,理解矛盾之处,并有效地确定特定情况下所必需的真理。从某种意义上说,本书的中心目标便是阐述人工智能研究对错误类型真理(即错误视角)的应用,以及如何纠正上述问题。

现在,就让我们来审视一下视角主义本身:

> 反对止于现象的实证主义[②]——“只有事实”——我想说:不,事实恰恰是不存在的,存在的只有解释。我们无法就“事实”本身来构建事实:或许即使只是意图这么做也是愚蠢的……

---

① 蓝脑计划是由瑞士科学家亨利·马卡兰提出的复制人类大脑的计划,旨在建立模拟神经科学,作为新的理解大脑的方法,与实验、理论和临床神经科学相辅相成,以期达到治疗阿尔茨海默症和帕金森症的目的。——译者

② 注意,这里提到的实证主义指孔德实证主义,而非后来的逻辑实证主义,见4.1节。

> 就“知识”一词的意义而言，世界是可知的；但其实它只是可解释的，其背后不存在意义，但却又极富价值——“视角主义”。
>
> 人类以内在的需求来解释世界；人的欲望，有其“赞同与反对”。每一种欲望都是一种统治欲，都有自己的视角，想要迫使其他欲望臣服于自己。
>
> （Nietzsche，1889，第481节）

例如，想象苏塞克斯大学信息学系社交室里有一把相当过时的扶手椅。它是什么？下面哪个选项是“真理”？哪个是“现实”？它可能是：

（1）一把椅子，一把扶手椅；

（2）社交室/信息学系/苏塞克斯大学/教育系统/英国/西方/人类/拒绝无知者的精英阶层等拥有的设备的一部分。

但这把扶手椅也可以被视为：

（1）在某个特定位置/具有特定质量和大小/存在于特定时间的一个实体、固体；

（2）以某种方式排列的木片和布片；

（3）大量死亡的细胞（主要是植物细胞）；

（4）分子、元素、原子、亚原子粒子；

（5）夸克，或物理学家未来可能发现的其他物质。[①]

但它还可能是：

（1）一个彩色的物体，以灰蓝色为主调，作为配色方案的一部分，或某种背景的一部分；

（2）旧的、褪色的、损坏的、危险的、不健康的和不安全的；

（3）信息学系（以及上至人类的所有实体，见上文）的某种耻辱；

（4）旧时代的遗物。

我们可以没完没了地从每一个视角去描述每一个场景中的每一个部分。

这种多元视角屡见于我们周围的一切事物当中。我们会尽可能选择某种恰当的视角来解释周围的世界。如果我们看到的是一个人而不是一把椅子，可能作出的解释会更多。极端的人可能会说，这些可能性没有哪一个比其他可能性

---

① 对某些人来说，关于“是什么”或“什么是真实的”整个讨论似乎在哲学史上第一次被转包给了其他学科，即物理学。即使我们偶尔把“原子”“亚原子粒子”“夸克”或诸如此类的东西当作客观宇宙的组成部分，我们大多会认为，如果物理学发现了一些新的（低于目前“标准模式”）的细分成分，所有夸克、轻子、玻色子等都是从这些细分成分中产生，我们会立刻接受这种新的科学共识，并以此作为我们新的本体论。

更为真实——但从实用主义的目的出发，每一种可能性在特定的情境或视角下都是更为合适的，这便足矣。

请注意，人们经常告诫彼此要“认清现实”，或对于讨论“现实世界”乐此不疲。但在何种意义上我们能说某些观点比另一些观点更为真实呢？回到我们的案例：对于一名律师来说，这把椅子可能是不健康、不安全的，是一种不利因素，某种风险。对生物学家来说，它是没有生命的有机物。而对我而言，有时我觉得它丑陋无比，有时我又觉得它令人舒适。对此我们如何判断？我的建议是不做任何判断，我们应该停止[①]对于某一客观现实的讨论，将一切“认清现实”的要求看作是可疑的，甚至可能是强加的某种特定视角（参见上述尼采引言的后半句）。

5.2.3 视角、现实、议程与奥卡姆

本节专门探讨不同思维方式背后的动机。无论是否接受本节所阐述的内容，本书的主要论点都始终如一。本节旨在阐明：为什么在实践中，许多人即使没有明确地提出反对，但也是拒绝接受视角主义的。将多元视角的探讨凝缩成单一视角，存在两个主要动机：

(1) 某个活跃的议程迫使人们把讨论范围缩小到单一视角——若没有这样的议程，则无凝聚的必要。无论是“议程”一词所含的“日程表”意义——“人们需要在有限的时间内完成某事”，还是听起来更为阴险的“政治”议程，都是如此。在这个议程中，某个特定的团体意欲使得这样的探讨显得“不够真实”，以此来结束讨论。一个活生生的例子便是华生对内省的回避（参见8.2.1节），以及前文所引尼采之言的后半句。

(2) 将多元视角紧缩为单一视角的另一个动机来自个体。采用单一视角极大地简化了讨论，同时可以牺牲深度为代价获得快速进展。此外，以孩童的心智来看，笃信单一真理能赋予人以安全感和解脱感，有如孩童面对来自成年人的宽慰“一切都好”。这样的解脱感是一种莫大的安慰，让我们在这个无法预测、可怕的世界中生活如常（见3.1.2节）。

正如我们所看到的，人们常常期待一个强大的真理，如此我们便可成为其忠实的仆人，并且依此真理常胜不败。将多个真理还原为单一真理，“奥卡姆剃刀”是最卓越的工具。难怪它自科学革命前几个世纪遗留至今，仍备受尊崇，有如教皇仍在教导人们该相信什么。

① 让更纯粹的哲学家们去关心这个问题吧。我们在这里关心的是技术哲学，着眼于技术成果，而不是那些深奥的真理。

所以，让我们暂时避开一切关于“单一现实”的硬性讨论，而只是对各种不同视角加以审视。当然，这就引出了一个问题：我应该从何种视角以何种意义来阐述本书的观点？

5.2.4　本书“何以为真”？

我认为，本书能够公开出版至少说明在某种意义上书中所述是正确的。但我该主张哪种真理呢？我主张实用主义真理——因为本书终究是聚焦于技术，实用主义真理更符合本书的定位。那么，为什么又采取视角主义呢？因为针对不同时期采用不同视角是有效之举。工程师们在设计模块时总是会采取多样化的视角——他们既要对完整模块之间的交互进行设计，也要深入每个模块的内部结构。他们规划出一个系统的电子特性，然后再进行热力设计和机械结构设计，如此这般在不同的构面之间进行转换。从某种意义来说，本书主张在技术发展中以视角主义为工具，以实用主义为价值体系。稍后第7章与第10章，以及8.7节，将在主观性和内省的探讨中，引入多元视角，并论证其中一些视角的有效性。本书提出了一种创新人工智能思想的方法。但这样的思想本身并不是最终的结果——技术领域所追求的终极结果是不对任何特定视角抱有偏见，而只是让实用之物赢得最终的胜利。

因此，这里所要阐述的是有利于人择人工智能研究的有效路径。此外，我们还需要阐明当前已有的理念中如何忽视了这些有效研究路径，以及为什么这些研究路径在解决相关领域问题时已经开启了光明的前景。

5.2.5　真理的概念：小结

本书的中心主题是探寻人工智能研究中不同背景下使用的不同真理概念，并重新审视其中的部分概念。这或许也是贯穿本书的核心内容。对非必要真理的追求会使人们走向荒谬，而过于追求精准的真理又会限制人们创新的能力。正如亚里士多德所说：

> 一个受过教育的人，其标志是，在每一类事物本质所允许的范围内，探寻其精确性。
>
> （Aristotle，2009）

5.3 “推崇内省”概述

本书的论点是,在人择人工智能开发中推崇内省。接下来的章节将探讨“内省”和“人择人工智能”这两个主要术语。现在,让我们首先来看看核心词“推崇”。

5.3.1 推崇

推崇某种东西并不能确保其始终有效。但能保证的是,人们有理由相信它在多数情况下是有效的或是有利可图的,因此是值得追求的。换句话说,尽管“推崇”保证不了什么,但也并非空洞无物的无意义之举。

后续章节将对这种“推崇”做如下详细阐述:本章及第6章和第7章对相关术语进行界定,在随后的第8章阐明人工智能开发中应用内省之法是被允许的,尽管目前文献中仍视其为不合理;第9章将展现内省在进行描述时的合理性,在诸多情况下,这种描述足以再现人类的技能。

如第8章所述,内省自1913年起便遭华生禁止。华生禁止心理学使用内省,因为他试图强化心理学是一门科学的主张,并把对人类行为的研究与对动物行为的研究紧密联系在一起。这既是出于“硬”科学的威望,也是源于达尔文为消除人类在动物王国中一切特殊地位所做的努力(Costall,2004,2006)。尽管在过去的100年里,关于内省的哲学和心理学争论不断,但没有一个人工智能开发者能够全心全意地接纳内省,并利用内省来构建工作系统。这将被证明是错误的,因为技术发展所要求的真理类型与科学所要求的真理类型是完全不同的。此外,就算我们采用科学话语,人工智能开发者也似乎忽略了探索与证明之间的区别。第8章结论认为,即使是7.3节中要讨论的最糟糕的类型,内省作为人工智能构建的基础,也是可被接受的。甚至在过去的案例中,内省被部分地用作构建人工智能的基础,但这种应用始终是满怀怯懦和歉意,有如“背负了原罪”(in-sin)。

正如第9章所示,内省作为一种基础,在将心理技能(知识)转化为某种可传播之形式的过程中做了大量的尝试。某些技能在人类文化中流传了数千年,人类文明因此而生生不息,这鲜活的例证足以证明内省的成功。内省和传播成功地捕捉到了足够多的技能精髓,由此代代相传。有一种观点认为,进化论对人类拥有意识做出的解释是:人类要将获得的技能从一个个体传递给包括孩童在内的另一个个体。这就引出了一个有趣的问题:是谁在进化?是人类还是文明?是谁拥有谁?是人类拥有文化?还是文化拥有人类?很显然地,这超出了本书所讨论的范畴。第9章结论认为,内省是人择人工智能一个合理的思想源泉。

人们可以向人工智能开发者推荐各种开发流程,也可以建议其读诗、冥想、散步或安坐在舒适的椅子上,甚至可以摆出证据证明其中的一些建议的确促进了人工智能的研究。在此,我提出的方案以内省、技能和人择人工智能之间的内在联系为基础。内省既是可接受的,也是可信的,在论证了这一观点后,我将在第10章中详述内省的应用方案,同时辅以第11章和第12章的案例。

人们必须记住,就目前而言,人工智能研究人员仍没有全心全意地接纳内省以及编写代码。

5.3.2　"纳入"

本书建议将内省纳入人工智能开发中。因此,我们正致力于开发基于内省的人择人工智能。10.1节将详细阐述这种"基于"关系的确切内涵,以及诸多不同类型人工智能及其基础。现在,无需多言,且来看看,基于观察*X*(这种观察有可能是一种内省观察)的人工智能系统设计*Y*,当且仅当:

(1) *X*和*Y*之间存在因果关系。

(2) *X*是影响*Y*运行的主要因素,也就是说,在实际情况下,其他因素(如先前的理论)所造成的影响尽可能地少。在我们基于内省的人工智能方案中,要求不加混淆和否定地将内省(*X*)作为一种可接受的思想源泉;同时最小化对其他一切理论框架的倚赖或影响,如数学、逻辑学,或认知学、心理学、宗教甚至现象学文献中的某些理论。

(3) 相应的功能以数据流、数据结构、时间顺序等类似的方式加以实现。

10.1.1节对这一定义进行了更为详细的阐述,同时阐明了其与内省的特定关系。10.1.2和10.1.3节描述了在过程和数据流方面的相似性。有关如何将内省转换为代码的详细操作过程,请参阅10.2节。

5.3.3　"开发"

本书关注的是人择人工智能的开发,主要涉及"探索"或"思想创新"阶段,而非软件开发阶段。在讨论人工智能开发过程时,保持五种不同思维或"部分思维"的清晰概念是极为有益的,这五种思维可能参与到开发过程中,并代表不同的视角和关切点。观察图5.2。

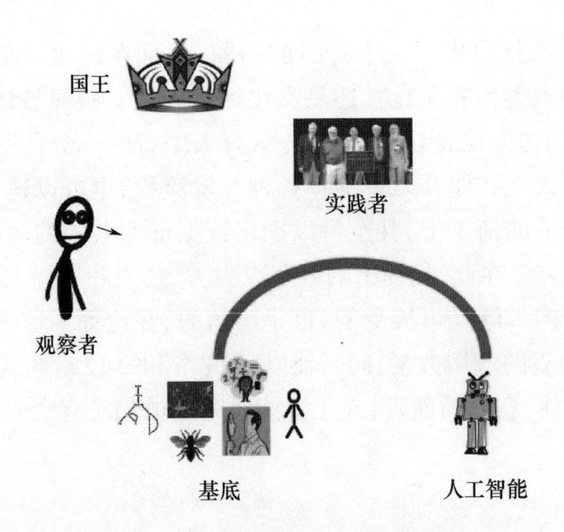

插图5.2　人工智能开发中的角色

(1) 基底(Basis),这是进行人工智能设计的基本理念或灵感。它无须是一个完整的大脑,但必须是某种信息处理或"有意识的"实体。图5.2展现了逻辑学、数学、神经网络、蜜蜂、内省和外部观察行为的示例。

(2) 正在进行中的人工智能程序、机器或机器人。

(3) 以上述基底为指导或模型进行人工智能系统构建的实践者。图中示例包括特伦查德·摩尔(Trenchard More)、约翰·麦卡锡(John McCarthy)、马文·明斯基(Marvin Minsky)、奥利弗·塞弗里奇(Oliver Selfridge)和雷·所罗门诺夫(Ray Solomonoff)(Knapp,2008)。

(4) 对人工智能及其开发过程进行评价的观察者。这些观察者并不直接参与人工智能的开发过程。如德雷弗斯、麦考达克和弗洛雷斯。

(5) 国王,或管理者,或研究赞助机构。即前台幕后提供资金或掌控全局的人。人工智能领域的一个典型范例便是美国国防高级研究计划局(DARPA)。[①]

在某些情况下,一个人可以同时扮演多个角色,如明斯基既是实践者又是观察者(Minsky,1991)。

本书主要从观察者的立场出发,主张实践者应运用内省,既要扮演实践者的角色,又要扮演基底的角色。**本书并不要求构建能够进行内省的人工智能系统,而是提倡人工智能实践者将内省作为系统设计的基础**。简而言之,这一论点是一个观察者对实践者提出的恳求,希望他们以自身的主观性为基础和灵感来创

① 人工智能和计算机作为军事工具的发展程度是一个被低估了的问题(Edwards,1997)。从"命令(command)"这类用于指令的术语中便可见一斑。关于这一问题,布莱·惠特比(Blay Whitby)极大地启发了我。

新人工智能;同时也呼吁管理者能够为此类研究提供更多的资金支持。在第11章和第12章中,我还将站在实践者的立场,为这类人工智能系统提供工作实例。在此过程中,我也将进行自我内省,将自己的意识作为“基底”。

或许有必要再次重申上面所强调的观点——本书并非要求构建能够进行内省的人工智能系统。这并不是因为这个想法不好,事实恰恰相反。如果我们想创造出真正的类人系统,这样的系统很可能需要相应的设备来帮助其反思自己的行为,包括自己的思维过程,因此内省极有可能是必要的。但目前,我们尚没有这样成熟的人工智能系统能将内省能力作为其下一步合理的发展目标。就现阶段研究而言,当务之急是开启实践者的内省,即说服他们以自身心智的主观经验作为人工智能开发的基础。

在实现具备内省能力的人工智能系统之前,我们还有一些必须完成的未来之想,这些想法将在13.2节中做进一步探讨。

5.4　本章小结

本章对全书的主要论点进行了概述:在人择人工智能开发中推崇内省。“人择人工智能”和“内省”这两个主要术语的定义在本章中仍未得以明确。接下来的两章将继续对其进行探讨,同时对其构成进行详细论述。

第6章
主要术语:“人择人工智能”

本书的论点是:在人择人工智能开发中推崇内省。本章将论述其目标和目的。人择人工智能可被定义为:计算机所具备的一种能够理解人类文化又独立于人类文化的、最低限度的基础人类能力。人择人工智能将与文化适应性人工智能(enculturated AI)形成对照,尤其是当前流行的以现代西方训练有素的成年人智力为目标的人工智能。

首先,我将探讨类人人工智能与理性/理想化人工智能的区别,随后描述作为类人人工智能子类型的人择人工智能。

6.1 类人与理想/理性化

拉塞尔和诺维格(Norvig)在其人工智能经典导论中阐述了类人人工智能和理性人工智能之间的区别(Russell,Norvig,2013)。过去60年里,人工智能的大部分工作都是理性的、理想化的。理性人工智能致力于寻找恰当的最优解决方案。而类人人工智能的目标在于模仿人类,包括人类所有的优长和不足。拉塞尔和诺维格对二者的区分有点过于简单化。除了人类之外,还有其他实际存在的非最优智能。在认知科学中,有大量关于昆虫和群体智能(swarm intelligence)以及其他动物智能的研究。这在工业界(Raibert et al.,2008)和科学界(Baddeley et al.,2012)都是极为活跃的研究领域。但在短期内,这些智能形式都与类人人工智能没有直接关系,因此我们不做进一步讨论。此外,拉塞尔和诺维格还对思考和行动进行了区分,这也与我们在此要讨论的问题无甚关联。

从经验法则来看,如果一个人工智能系统不会出错,或者能证明与之相关的有意义的定理,那它就是理性人工智能。作为一个蓬勃发展的行业,理性人工智能本身并没有问题。但是,我们之所以对类人人工智能的研究避之若浼,与其说是因为这项研究带有难度,倒不如说是因为它不够数学化,不够简洁,或科学方法不适用——从而企图忽视一个研究领域,这或许是再好不过的理由了。

值得注意的是,类人人工智能不仅在科学研究中受人忽视,人工智能教学领域也几乎无视它的存在,尤其是计算机科学的专业设置中。在人工智能经典导论教科书的第5页,作者讨论完上述两类人工智能的区别后,声称其“文本聚焦于理性实体的一般原理及其构成组件”。但在接下来1090页的篇幅中,作者都仅仅在讲述理性人工智能。这样做很可能会误导大学生们,以为只存在这一种类型的人工智能。[①]从作者的角度来说,这是可以理解的,因为类人人工智能目前还是个边缘领域。然而,鉴于这本教材正在供116个国家的1293所学校使用,完全无视类人人工智能的存在着实令人担忧(Russell,Norvig,2016)。

理性人工智能本身并没有错。唯一的问题在于,依据其定义,理性人工智能关注的不是现实人类“是怎样”,而是普遍人类“应该怎样”。二者的区别不同于技术驱动的人工智能和科学驱动的人工智能之间的差别(5.1.1节展示了迄今为止人工智能领域部分工作的二维地图)。

在类人机器人(human-like robot)硬件构造中,有一个与类人人工智能极为相似之处,甚为有趣。尼克·霍金斯(Nick Hockings)的目标是使用精确的人体解剖模型打造出类似人类的手,甚至复制出肌腱。在复制肌腱的过程中,他的专注点突然发生了变化,他不再关注类人,而是努力动用一切可用之技术和化学手段来构建肌腱,尽可能使构建出来的肌腱接近自然肌腱。其理念是:在可行的基础上,尽可能少地采用技术手段模仿自然,而非重构自然(Hockings et al.,2014)。在创造类人机器人时,我们需要尽可能地模仿其底层机制。从技术利益的角度出发,我们必须有所取舍,选择使用现代塑料和机器人3D打印技术,或者使用人工智能中的“正当程序”(见6.5.4和10.3.5节)。

6.2　类人人工智能之动因

6.2.1　“笨拙的”理性人工智能交互

开发理性/理想化人工智能的动因显而易见:如果我们身边的计算机技术缺

① 有趣的问题是,谁会去阅读1000页篇幅的工程教科书呢?我料想,几乎所有的读者都会跳过这一部分。

乏确定性、精确性和快速性,那么是很难进行工程设计的。机器学习等领域的进步无处不在,为全世界人民的生活做出了切实的贡献。如智能手机中的语音识别、自然语言接口,以及可实时更新的城市地图和单行道信息导航系统。

且不论这些进展如何,即使是当今最成熟、最昂贵的理性/理想化技术(如Siri)也仍是“笨拙的”“机械化的”。将机器人用作伴侣、看护和老人的陪伴者,这些想法在日本极为常见,但由于机器人的行为过于笨拙,世界上其他地方仍对其质疑颇深(Robertson,2007)。

还有一个绝佳例子也能很好地证明现有人工智能技术并不能按照人类的方式行事:IBM公司的人工智能系统“沃森”[①],该系统不能进行聊天,在被称为测试大家族的图灵测试中,其所进行的各种尝试也都被曝为短时间的“小把戏”,几乎没有扩展性(更多关于“小把戏”的信息参见6.8节)。在认知模拟领域,其他对类人人工智能的尝试也只是纯粹的学术科学。一切需要真正切实地理解人类行事方式的角色中,截至目前,机器人和人工智能都理所当然地被拒之门外。

接下来,我们来看看几种类人人工智能的驱动因素。

6.2.2 人类智力的多样性

在《安提戈涅》[②](Antigone)的“人颂”(Ode to Man)中,索福克勒斯(Sophocles)表达了对人类能力的惊叹:

> 世间奇迹甚多,唯人类所创造之奇迹最令人惊叹。肆虐的南风催生了人类横渡白海的力量,他们劈波斩浪,无惧巨涌吞噬……
>
> 那些快乐的鸟儿、凶恶的野兽,还有那海底深处的生物,通通都被人类收入囊中。人类智慧超凡……驯服那鬃毛浓密的马儿……还有那不知疲倦的公山牛。
>
> 人类天生可以习得语言,获得敏捷的思维,并表达不同的情绪;人类知晓如何在万里晴空下栖身,又如何躲避霜冻和滂沱大雨;是的,人类无所不用……只有面对死亡时,他才会徒然求援;但他却又能战胜那恼人的疾病……
>
> (Sophocles,2009)

① 该系统以IBM创始人的名字命名,与心理学家约翰·华生或历史学家彼得·华生没有任何关系。

②《安提戈涅》是古希腊悲剧作家索福克勒斯于公元前442年创作的一部作品,被公认为是戏剧史上最伟大的作品之一。“人颂”是该作品中的第一合唱歌。——译者

人类智能之所以有趣，是因为它具有通用性，能够取得如此多样化的成就。人类智能可以在不理解和不确定的情况下进行学习和开展行动，如"穿越白海"。因此，任何试图模仿人类的系统都必须是一个学习系统。人类不仅一生都在(不同程度的)学习，而且也会犯错，因此，如果目标仅仅是数学上的正确行为，那么，我们很可能与大部分人类智能擦肩而过。①

或许，推动人们奔向类人人工智能而非理性/理想化人工智能最有力的动因便是"人类创造了理性"这个事实，我们因此可以期待更具灵活性、应用范围更广的类人人工智能，即便它可能不那么可靠，也不那么理想。这对于生成型人工智能(generative AI)尤为重要。在生成型人工智能中，人工智能很有可能获得进一步发展(van der Zant et al.，2013)。

正如我们今天所知，形式逻辑(formal logic)是一项西方发明，起源于古希腊。即使在现代西方，也不是每个人都能非常有逻辑地进行思考，甚至是那些有意识进行逻辑性思考的人也尝尝遭受挫败(Ariely，2009)。人类的逻辑思维能力并非与生俱来，充其量是后天培养的结果。人们通过逻辑进行逻辑能力的训练，因此一定存在某种潜在机制赋予我们逻辑思维能力。在出现谬误的情况下，该机制的存在可以找到逻辑错误的蛛丝马迹。在代数错误规则(algebraic mal-rules)实例中，我们将对此做进一步探索(Payne，Squibb，1990)。

6.2.3　与人相处

在某些领域，类人行为比理性优化行为表现更为优异，类人人工智能在这样的领域可能更具效用。这类工作在本质上就是与人相处，关键点在于计算机系统要能较好地理解人类的语言，以及人类的行为方式。其适用的领域包括：

(1) 汽车驾驶：近年来，计算机驾驶车辆取得了长足的进步，但在实用性方面仍然存在不足(Richtel，Dougherty，2015)。实用性往往取决于文化。例如，不同的文化对车道的规划是不同的。在巴西，由于政治上的原因，车道相对较窄，大卡车在高速公路上可以占道两至三条，这种情况是很正常的。而在曼谷，任何硬质的路肩处都可能形成车道，同样地，这样的车道也可能随时消失。

(2) 送货机器人：随着网上购物成为日常，人们越发渴望货物的快速配送，速递的需求也随之产生。为解决配送问题，亚马逊正在开发一款无人机，在30分钟内可将货品送达("Amazon Prime Air"，2016)。一个能将包裹投送到门口的

① 理性/理想化人工智能中的许多工作都是以统计学方式完成的，目的之一是"可能近似正确"(Russell，Norvig，2013)。这是理想化的人工智能，因为其目标是获得正确概率值(probabilities right)和最佳逼近值(approximations optimal)。

轻型机器人是极具价值的。这就要求机器人可以自主导航到目的地，可以在拥挤的人群中穿行，还要能理解人际沟通方式，诸如“如果我不在家，请把包裹放在6号公寓”这样的手写便条。

一个极为有趣的例子是护理机器人。快速老龄化社会对老年人护工的需求与日俱增。这些护工一方面可以陪伴老人，另一方面作为数字化技术接口，为老人提供身体上的护理(Broekens et al.,2009)。撇开伦理问题不谈(见6.9节)，这些技术对一些社会来说可能至关重要，尤其是在一些国家(以日本为典型)，出于政治的考虑，移民类护工并未获得满意的解决方案(The Economist,2013)。

人类倾向于将一切实体拟人化(即当作人类来对待)。请留意亚里士多德的观点：重物“想”(want)向下①。尽管教育者在努力与这种倾向作斗争，但人类仍然习惯于以这种方式思考。我们甚至还可以在科学中看到这种倾向，例如“系统遵循(obey)物理定律”或“光遵循(follow)麦克斯韦方程组”。然而，这里并不存在“服从”(obey)或“跟随”(follow)。这些只不过是人类眼中的世界，人类倾向于将自己的特征赋予无生命之事物。

随着机器人变得无所不在，它们很可能会由不太懂技术的人来操作。我们不能期望对操作机器人的病人或其他操作者进行持续的培训，因为老年人会越加健忘，更加容易犯糊涂。也因此，病人会假定机器人就像人类一样。

就机器人照顾的老年患者来说，情况会更加糟糕(Sharkey,Sharkey,2011)。患者会认为机器人可以“理智地”应用规则，而理性/理想化人工智能系统却不明白什么是“理智”。这很可能使得病人会相信机器人能够以人类所期望的方式行事，然而事实却超出了机器人的预编程能力，甚至可能更糟糕地违背已经明确的预编程禁令。病人的这种期望是不可难免的，有时甚至危及生命，因此，作为技术人员的我们，必须勇敢地迎接挑战，在硬性的外边界(outer boundaries)范围内尽可能使机器人能够像人类一样。

6.3　类人人工智能的特征

与基于规则的系统(如融合当地驾驶文化的无人驾驶汽车)不同，类人人工智能可允许机器人形成具有延展性的习惯，以类人方式进行思考并采取行动，同

① “想”(want)通常描述的是人类所进行的一种心理活动，亚里士多德在这里用“want”来描述重物的变化趋势，便是采用了一种拟人化的手法。下文中“遵循”所对应的“obey”以及“follow”这两个英文词也都是采用了这样的拟人手法。——译者

时根据文化进行调适,人类因此可以更好地理解机器人。此外,一旦这项技术足够先进,真正的类人技术将使机器人能够对周围环境中的人类行为者形成自己的推测性理解,推断人类的行为意图,并与这些行为者合作。

试想下计算机是如何下国际象棋或其他类似棋盘游戏的(见1.2节)。它们认为人类或多或少会根据机器自身的算法行事。计算机可以理解人类,反之亦然,因为他们玩的是同一个游戏,在某种意义上可以相互模仿:"如果我处在他的位置,我会这么做……"。

从桌游推广到其他涉及两个以上玩家的情况,理解另一个参与者的最好方法便是模拟他们,看看他们在不同的情况下会如何反应。由此来看,类人人工智能在理解人类方面所具有的优势,类似于计算机象棋算法理解人类玩家的能力。对于每个系统来说,模拟并理解与自身相似的系统更为容易。而使用一种思维方式去理解另一种完全不同的思维方式,对于系统来说是非常困难的。只要行动领域是像国际象棋这样的正式领域,理性/理想化人工智能就占据优势并可以战胜人类。而一旦进入人类舞台,我们需要的便是类人人工智能。但这并不排除不同技术的整合(Minsky,1991)。

这不是说一切基于逻辑理性原则的机器在原则上不能像人类一样理解行为。显然,如果我们对计算机进行编程,使其表现得像人类一样,那么计算机仍然可以像正式系统那样在硅片上顺利运行(见7.1.2节和10.3.5节)。

6.4　类人与人择

现在我们来考察一下,究竟是应该模拟较为成熟的、具有文化适应性的心智,还是模拟未接受过训练、不具备文化适应性的朴素心智。如果能较好地模拟受过文化熏陶的心智,我们就能使机器人在一种特定的文化中工作。如果我们再深入一些,以模拟不具有文化适应性的心智为目标,那么,我们就可能让人工智能系统融入任何一种文化中。到目前为止,大多数人工智能都选择了前者,即具有特定文化适应性的心智,而在人择人工智能中,我们将聚焦后者,即未受过文化熏陶的心智。

那么,我为什么不使用"类人人工智能"这一术语作为目标呢?因为,对于人类来说,以数字化或逻辑化的方式行事只是一种可能性,因而也只是类人概念的一部分。我尤为排斥那种受过高度训练的复杂想法:西方、现代、训练有素、成年人——这些都是当前文化背景下人们渴求的特质,但这些特质都不是人类与生俱来的,也没有一个西方现代训练有素的成年人生来就是这个样子的。他们是通过学习或是接受训练而变成那样的人。有人可能会说,拥有良好的文化素养不是件坏事,但在我看来,模拟人类的“最优做法”(best practice)并不是当前人工智能所需要的:

(1) 当“最优做法”清晰明确时,我们可以使用常规编程或理性人工智能。这一点我们已经做到了。

(2) 在事情不明朗的情况下,我们需要一个具备复杂性学习能力的系统。

(3) 系统如果依照人类学习复杂性的方式,那么就可以更好地学习复杂性。相较于“现代西方训练有素的成年人”系统,依照人类的方式学习将更具多样性和广泛性。

另一个值得注意的问题是,“现代西方训练有素的成年人”或“最优做法”的确切含义该由谁来定义。一个具备较少预判承诺(pre-judged commitment)的学习系统可以更好地适应各种情况。

将一个人从其文化或社会背景中区分出来并不容易,有时甚至是不可能的。但我们可以做这样的尝试。要问的一个主要问题便是:能够让“这种动物”参与某个社会或文化的关键要素是什么?当然这也涵盖了现代社会或现代文化。人们普遍认为,这些关键要素包括习得技能和习惯所需的智力或能力。

要达到这个水平,我们需要接受教育和培训,因为人员培训是特定社会的一种社会现象,而培训对象接受过这个特定社会的教育。这种超越教育本身的尝试可能永远都不可能实现,但仍应成为一种志向。至于如何实现这种志向将是第10章探讨的主题。

我建议使用希腊语“人类”(Anthropos)来表示未经训练的基础人类。这与人类学研究“人类”(包括原始人)的方式有着异曲同工之妙。

人择人工智能的目标是最低限度的人类智能,尽可能不预设人类文化遗产。人择人工智能可被定义为:一种能够理解人类文化又独立于人类文化的、最低限度的基础人类能力。

6.5 人类建模的视角和层级

接下来,我将要考察心智处理或模拟的不同层级,这既是为了进行心理探索,也是为了人工智能技术的发展。但首先,我们需要放慢脚步。

6.5.1　心智/大脑真的有层级(level)/层(layer)吗?

在讨论人类心智/大脑中的层级时,我们要谨慎小心。“事物分层整齐排列”这种想法有几处来源。在工程学中,考虑模块和层是有所裨益的;在软件设计中,不仅有多层,甚至还有不同类型层组成的分级结构,这当中,有些层更为重要,被称为“平台”,如微软的“Windows”“Java虚拟机”“IP”(如TCP或IP中的网络协议)等。在软件中,层级通常是被定义好的,不同层之间的接口称为“API”。以层级方式构建心智的想法极具诱惑力,但存在两个错误:首先,心智并非构建而得,而是人类动物进化而来的特征。其次,没有证据表明人类体内有类似层级的东西。

更有可能的是,人类的心智就像南非威特沃特斯兰德盆地的含金暗礁:黄金在原始湖泊底部沉淀了数百万年,然后湖床(可看作是最初的一层)干燥、变形,并被部分侵蚀。随后,大多数含金矿床被深埋于地下。再后来,一颗大陨石撞击地面,把300千米宽的地壳撕裂并抛向空中。随着大量物质杂乱无章地相互碰撞,一些形状普通的含金岩层裸露出来。碰巧,世界上一半的黄金就来自这些岩层。这里没有层级,只是饱含历史(Safonov,Prokof'ev,2006)。

回到人类心智的话题。大脑(“架构”)由多个器官组成,这些器官在不同时期进化形成。但这也可能产生一种误导,因为较老的大脑器官会继续进化,因此没有理由将其视为不同的模块或层——这些器官在解剖学意义上可能有所不同,但它们却共同发挥作用。甚至我们是否能够描绘出不同的机制也是值得怀疑的——因为既没有发现清晰可见的“层”或边界,也没有理由证实未来可能找到这些“层”或边界。人们之所以寻求这种过度简化的模型是因为如果能找到这样的层,模拟西方现代思维模式将会变得简便易行。再次强调,人类的境况远比理想/理性境况复杂得多。因为困难重重而忽视人类心智问题,这或许是创建几台初始人工智能系统的权宜之计,但最终,我们需要解决的是人类本身的问题,而不是我们自认为应该考虑的那种西方现代化的形式化方式。

层是我们对机器、问题等进行思考的一种方式。为了理解层的概念,我们将其附托在世界地图上,类似于地图上的网格(参见印度哲学术语“adhyasa”[①],13.4.5节)。

① adhyasa,佛教术语,意为“附托”,又译“增益”。商羯罗在《梵经注》中将“附托”定义为:将以前已经知觉的甲,以遐想的方式附着于乙并显现出来。——译者

6.5.2 多层级讨论

人择人工智能既已被定义为一种能够理解人类文化又独立于人类文化的、最低限度的基础人类能力,现在,我们可以转而考察类人人工智能的替代方案了。作为现代西方社会的一员,我们很难避免在这类元讨论中不触及某些差异的映射。但我们需谨记:任何一个层级都只是分析的一部分,而不是人类的一部分。我们可以识别几类"模式""层级"或"层",人们可依此对人类、人类行为或其智能进行观察、讨论并尝试模拟。每一层级形式各异,可采用特定的人工智能方法。下文的列举只是为了阐述明晰,并非提出什么诉求。

(1) 原子层、分子层或更低层级。

就科学纯粹性而言,对于那些不至于小到产生亚原子效应的事物,这或许是对其进行模拟的最佳层级。问题在于,我们既没有对人类进行原子级扫描的数据,也不具备相应的计算能力。尽管21世纪初"人类基因组计划"(Human Genome Project)引发了一波又一波的乐观主义浪潮,但就目前来看,这仍然是不具可行性的(Bower,Bolouri,2001)。

(2) 细胞层(参见2.3节德雷弗斯的"生物学假设")。

同样地,对每个细胞或每个神经元进行模拟至少也是未来几十年的目标(如果不需要上百年的话)(Markram,2012)。就目前而言,这种模拟仍缺乏可行性。此外,如果我们可以对全脑进行模拟,也并不能保证这个模拟全脑中的所有思维都是正常的,亦不能保证它们有能力或意愿与人类进行交流。

(3) 生物功能层(细胞结集)/神经网络。

这一层级可模拟少量的单个神经元或(更确切地说)类神经元抽象思维。通过这类建模,研究人员正试图对大脑的一小部分或整个系统进行模拟。这种模拟建立在一个强假设的基础上,即整个细胞结集行为与神经元相似。这项研究的另一个动因是探索神经网络功能。这些神经网络也可通过有异于此前的方式应用于技术领域。

(4) 认知理论层(参见2.3节德雷弗斯的"心理学假设")。

认知模型(如SOAR[①])和经典的符号人工智能提出了一种可用来解释人类个体活动各项能力的计算模型(Laird,Rosenbloom,1996;Sun,2008)。当作为科学工具而非技术工具使用时,这些模型可比较自身与人类执行类似任务时的表

① SOAR(State, Operator and Result)是当前人工智能领域内较为先进成熟的认知架构之一,被广为认可,是目前认知架构研究中的最高水平。起源于西蒙和纽厄尔两位大师对GPS(General Problem Solver)的研究。——译者

现,以此来进行验证。在技术方面,这类模型成为“出色老式人工智能”的基础,尤其是启发式算法和满意算法。

上述模型完成的大多数任务看起来似乎都是精心设计的结果,脱离了日常生活(Dreyfus,1979,2007)。认知模型本身非常简约,像一个小型计算机程序。这些系统在模仿人类方面也有失败案例,如,我们仍然没有为具有灵巧性的仿人手配备人工控制器。

在此,我对基于心理学理论的认知模型(分别以科学、数学、计算机模型等为基础)和基于主观描述的模型(见下文第6项)进行了区分。

(5) 个人行为主义层。

这一层级主要是对外部行为进行再创造。著名的案例如被动步行机器人(passive walking robots)(Collins,Ruina,2005)。

(6) 个人-主观(参见2.3节德雷弗斯的“认识论假设”)。

这一层级关注的是人类个体,即人类如何看待自己,而不是外部观察到的自然现象。在此,我们关注的焦点是主观性(见7.1节),不带年龄、性别、种族、文化和历史时间的偏见。这可能包括一切与现代智人(homo sapiens sapiens)相关的东西,同时不附加任何文化性质,如西方的、现代的、训练有素的或成年人。还可能包括学习某种语言、与他人合作、建造大厦和想象世界的能力。这一层级排除了一切特定于文化的东西,比如读写能力或特定的逻辑系统。正如下文所述,理性/理想化人工智能已经对人类最喜欢的文化产物、语言和数学进行了充分的探索。这一层级是本书的终极追求——人择人工智能。但由于我们尚未实现,因此,眼下我们必须朝着这一目标努力迈进。

(7) 社会-行为层。

这一层级将探索基本的文化产物,如语言。这是生成语法学家,如乔姆斯基(Chomsky)与其他语言学流派(如统计语言学)的分歧所在。

(8) 社会-规范性层(逻辑、贝叶斯)。

这一层级涉及规范性文化产物,如逻辑、法律、礼仪等。西方特有的是逻辑学、数学和科学。出色的老式人工智能大部分都处于这一层级,如西蒙的“逻辑理论家”[①](Logical Theorist)(Newell,Simon,1956)。

一直以来,这一层级兼具积极和消极面:从积极的方面来看,社会规范带给我们科学和技术,没有科学和技术就没有人工智能及其他诸多事物。此外,如果

① “逻辑理论家”是一款问题解决计算机模拟程序,1956年由西蒙和纽厄尔编制。该程序可对人类证明符号逻辑定理的思维活动进行模拟,并成功地证明了某些数学定理。“逻辑理论家”是第一个启发式的产生式系统和第一个成功的人工智能系统。——译者

没有西方的规范性传统,我就写不出这样的文字——我既没有拉丁字母表,没有电脑,没有网络或电子邮件,也没有读者。西方的科学传统还为我们提供了现代系统所追求的经验主义方法论,包括技术或人工智能。从消极的方面来看,正如威诺格拉德和弗洛雷斯所描述的,以及德雷弗斯所批判的那样,我们的传统带来了理性主义的弊端。如明斯基所言,人工智能被困住了——在我看来,它被困在了这一层级和生物层级(McHugh,Minsky,2003)。

上述所列举的每一层级都建立在前述层级的基础之上,但其存在又依前述层级的变化而变化。并非所有的功能生物体都有神经系统;我们也不想把成熟的认知能力归因于所有的神经系统;也并非每种认知思维都需要生成主观视角;我们可以合理地假设幼儿甚至在习得特定文化之前就已经有了非凡的体验;此外,并不是所有的文化都能将逻辑发展成为一种清晰的知识体系,还有一部分文化将其演变成了数学,而我们今天所认识的科学则是较近一段时期才在西方发展起来的。

作为某种视角,上述层级同时具有相关性(见5.2.3节)。然而,作为人工智能开发者,我们必须在不同层级间作出主次选择。到目前为止,人工智能技术主要集中在层级8(逻辑编程、贝叶斯法以及部分出色的老式人工智能)、层级4(出色的老式人工智能、认知模拟)和层级3(神经网络)。一些不大受欢迎的思想家(如德雷弗斯)可能会认为认知层级(层级4)本身并不存在,它只是当前科学思潮的人为产物(层级8)。这有待进一步讨论。

6.5.3 存疑的认知层级

文献资料中与人工智能相关的术语"思维"(mind)或"精神"(mental)具有两种不同的含义。第一种是外行人的直觉,就好像"我想"一样——是人们自我经验(或意识)的主观世界,可通过内省来获得。这便是我们通常所说的"现象思维"(phenomenal mind)。然而,在心理认知文献中,术语"思维"则通常是指为了达到经验所能获得的表现而在个体内部进行的估算过程(Nisbett,Wilson,1977)。例如,许多认知科学认为,"思维是大脑的行为"(Skinner,1987),"思维涉及自上而下的过程","思维有短期和长期记忆"。上述两种对于"思维"的理解中,第一种具有主观性,第二种虽具有客观性,但实际上仍是推测性的。二者背后有一定的相关性。我们称第二种概念为"认知思维",但我恳请大家将这种理解视为层级分析,而不是存在的某种机制。

还有一种方式,认知思维通常被定义为"可能导致某种效应的潜在机制,一种认知过程和结构"(Ericsson,Simon,1981)。人们只能假定它包括对存在的现象思维及其内容所做的看似普遍的描述行为。米勒(Miller)认为,“思维是思考的结果而非过程,会自发出现在意识中”。因此“思考”一词似乎又具有二元性——米勒在此将“思考”定义为我们不曾经历的潜意识过程,而在日常会话和自省中,我们通常用“思考”指称我们可以意识到的东西,如“我觉得这条路去咖啡馆更近一些”(Nisbett,Wilson,1977)。

请注意:心理学作为一门科学,其目的是建立认知模型,准确地反映大脑的工作状态,从而对外部可观察到的行为及主观经验进行准确预测(Seth,2010)。我对这样一种目标没有任何异议,但我必须指出的是,我们可能至少还需要几十年的时间,才能构建出这样一种模型,用以预测实验室约束环境之外的人类行为和经验。所以现在,有证据表明,心理学家所说的“认知思维”只不过是一套理论构念。将认知思维看作是人工智能可有效模仿的某类系统对象,这只是一种选择,而且从人工智能技术的角度来看,这一选择已经穷途末路(参见4.3节和4.5节)。本书主张通过内省来推动主观心智成为人工智能的思想源泉。

6.5.4　计算机的共时多层级

人类思维没有层级(见6.5.1节),与此不同,计算机是有层级的,因为计算机最初就是依此而设计的。然而,计算机具体在做些什么,这个问题并不清楚。如果处于开机状态,我们只能说它正在工作。还可以说,其全部供电都是为了区分0与1(B. C. Smith,2005)。我们可以将其看作是一台64位的处理机,正在对相应大小的数据块进行洗牌置乱。也可以认为它在运行MS-Windows或Linux或某个软件包,比如一个Oracle数据库。此外,它还可能在运行某些应用程序,如开票系统(billing system)或债务清收系统。不大乐观的是,人们可能还会认为正是这种机器使得社会不公正现象长期存在。在特定话语中,如询问“正在运行的是什么操作系统”,我们会得到特定的答案,这些答案可以明确地判定是真是假[①]。但一般来讲,我无法确定哪个是“正确”的描述,或许,我只能向特定时刻以特定方式配置系统的人询问其意向。甚至这个定义也可能是错误的,因为学习型人工智能系统不同于人类的任何意向。我的猫总是坐在电脑上面,把它当作取暖设备。同样,我们对电脑的看法并无所谓“正确”与否(见5.2.2节)。

因此,即使我们说一台计算机正在运行一些非理性的人工智能系统,但是同时我们也可以看到,这台计算机正在对0和1加以区分,在检查各种校验和,就像运行一台数字和逻辑计算机一样。计算机运行非理性系统所处的层级与人类运

① 但请注意由不同类型虚拟机及其嵌套配置引入的更深层次的复杂性。

行该系统的意向层级相当。我们可以称其为“概念层级”或丹尼特(1989)所称的“设计立场”①。每种算法都可以由任何一台通用机器来实现,通用机器又可以多种方式构建,所以我可能会反对贝叶斯统计或逻辑,但我仍然会在另一层级上使用贝叶斯统计(可能)和布尔逻辑(肯定)系统来运行人择算法(anthropic algorithm)。这一主题也与泛计算主义(pan-computationalism)密切相关(Muller,2009)(参见10.3.5.3节和10.3.5.4节)。

6.6 人择人工智能之当下

与其他技术相比,类人人工智能方面的投入要少的多,这一领域的教学工作也寥若晨星(见6.1节)。当前创造类人行为的相关工作主要投入于商用聊天机器人(Deryugina,2010)和图灵测试(Mladec,Bradeško,2012);这很像人类,但却不是人择。此外,我发现,尽管阿格雷曾尝试模拟海德格尔现象学(参见8.3.2节),但目前仍没有某种以技术为导向的工作可以用来创造那种能够对主观经验思维机制进行模拟的人工智能。在哲学和科学之间的无主之地,机器意识仍是一个生机勃勃的概念性工作领域(Gamez, 2008)。大部分类人技术的创造性工作都是采用经过检验的理性/理想化人工智能范式,如机器学习。这种方法与目的之间的错位招来了德雷弗斯(1979)的嘲讽:人工智能正在努力通过爬树登上月球。

有趣的是,从历史的角度来看,“认知人类学早在20世纪70年代初期就被扼杀在了萌芽状态”(Boden,2008)。玛格丽特·博登(Margaret Boden,1936—)动用了一整章篇幅(第8章“学科消失之谜”)来论述认知科学是如何无视人类学视角。人工智能中人类学视角的缺失很可能源自人们对原始人类的普遍厌恶。观察一下,不难发现,赫伯特·西蒙(见1.6节)对“每一门社会科学都作出了贡献,唯独少了人类学”(Augier,March,2001)。

人择人工智能假定,人类学习智能层与所学内容(文化)之间存在实际的差

---

① 丹尼尔·丹尼特(Daniel C. Dennett),当代美国哲学家、认知科学家。提出对事物进行解释的三种策略,分别是物理立场、设计立场和意向立场。物理立场认为用于解释世界的是物理学理论。设计立场认为解释世界的是关于某物是如何被设计的。如人们在设计闹钟时,就是为了让它发出闹铃。那么,要理解闹钟为什么如此工作,只需要理解闹钟的设计即可。意向立场主要用于解释行为,首先将对象视为一个理性行动者,然后根据其社会地位和目的在勾画其应具有的信念,再依此思路推测其愿望,最终根据其信念和愿望预测其行动。——译者

异。在我看来,目前只有两项以技术为导向的人工智能在开展人择人工智能相关研究工作,因为他们都持有相同的假设:

第一项是CYC[①](Lenat et al.,1985),它试图赋予计算机一些基于“常识”的规则或知识。这些规则依据专家系统而制定,其目标是利用这些常识来克服此类专家系统的脆弱性。然而,“雷纳特(Lenat)预测,在10年内,CYC可通过类比识别来应对新征,并通过阅读报纸来进行自学。期限已到,然而他似乎劳而无功”(Dreyfus,1996)。从某种意义上说,这里设想了三个层级:自然专家系统引擎(预编程)、待输入的规则,以及上述规则启动后所需累积的文化。

另一项与人择人工智能相似的尝试是COG(Brooks et al.,1999)。这一理念是基于布鲁克斯的老式类昆虫智能系统而建立,将内部较为复杂的系统负载到名为“COG”的只有上半身的类人机器人,并通过与环境的互动对其进行超时训练,就像人类婴儿的成长过程一样。德雷弗斯再次一针见血地指出:“‘长期项目’都是昙花一现。COG一事无成,最初的机器人已经入住博物馆”(Dreyfus,2007)。

上述工作存在着诸多差异,这些差异是调试排障的关键,通常也适用于人工智能:COG与神经网络一样,无法用特定长度、类似语言的交际形式来解释自己的行为。另一方面,作为专家系统的延伸,CYC可以还原出逻辑推理的路径。这种明确性和清晰性在以下两个方面是极为重要的:人类只有在经历数年的成长积累后才能清晰地阐述自己(部分)行为的缘由。正如9.2节中将要讨论的,这些并非“噪声”。此外,对产生某些结果的原因进行解释,这种能力对于调试排障也是至关重要的。(见7.1.1节和12.6.3节)

6.7　事实知识与技能知识:数据结构的启示

让我们先来看看不同的人工智能方法所涉及的数据结构种类。人工智能系统的主要数据类型通常反映了一种观点或视角,即知识类型是人工智能软件最基本的类型,且理应是一种原生数据类型。关于这一点以及心灵哲学中的其他一些争论,恰当地说:通常情况下,人们的这些争论实际上是在讨论如何正确科学地理解人类。然而,作为技术专家,尤其是作为探寻新思想的技术专家,我们需要的不是“正确性”,因为我们不是在研究科学。(见8.2.4节和8.2.5节)我们需

① 该系统由Cycorp设计,不仅可以接收指令并执行命令,同时还具备学习能力,并掌握了人类所知的一些基本常识。打造CYC的过程就像“教育一个孩子”。——译者

要的是某种视角，某种新的技术理念。因此，如果是进行科学或哲学论辩，学者们可以在两三个立场中坚持己见，而在作为技术的人工智能中，我们则可以挨个儿尝试每一种方法（有关技术的自由放任主义，见5.1.3节、5.2节、8.2.4节、8.2.5节和8.7节）。

我们可以区分三种知识：

(1) 知晓如何做，比如骑自行车。这叫"技能知识"（knowing how）。

(2) 了解一个人，比如说你最好的朋友。可称之为"熟悉知识"（familiarity）。

(3) 知晓某些确切的事实，比如，红袜队赢得了2004年"世界职业棒球大赛"。称之为"事实知识"（Fantl, 2014）。

范特（Fantl）忽略了上述第(2)种知识，这似乎仅仅是一种识别，表明显性知识和隐性知识的心理区别具有相似性，但不同于"事实知识"和"技能知识"之间的区别。考虑到我们开发新型类人人工智能的目的，我们来考察一下"技能知识"和"事实知识"之间的关系。

存在三种潜在的立场，对人工智能的设计具有不同的意义。就基本知识类型立场，我们还应考察一下人工智能系统的基本数据结构。

(1) 理智主义（Intellectualism）主张，一切"技能知识"以"事实知识"为基础，且可还原为"事实知识"。这是西蒙通用问题求解器（General Problem Solver, GPS）和其他诸多项目所秉持的立场，包括Prolog程式语言、专家系统以及绝大多数经典和统计人工智能（Dreyfus, 1986）。当人们设计一个人工智能系统时，他们经常讨论的是世界事态的外显知识，而不是技能。这种立场在符号人工智能（如专家系统）中最为明显，在学习系统的统计性知识中则更显微妙。

确切而言，经典人工智能中的数据结构通常是下列各项数据类型的组合：一阶谓词演算中的事实和/或规则陈述；贝叶斯和其他统计系统中的概率陈述。

这样的显性知识型专家系统（naked expert system）就像一个Prolog程式语言解释器、或是用于推理的基础结构，抑或是显性的"事实知识"仓库。人类"知识工程师"将人类知识转化为上述格式，有时甚至尝试着掌握"技能知识"。引入模糊逻辑（参见11.1节）可帮助解决形式化技能问题。

(2) 反智主义（Anti-intellectualism）承认这两类知识之间存在的差异性和有效性。明斯基呼吁对不同人工智能机制进行实际的整合（Minsky, 1991），这或许是人工智能中反智主义立场的最有力表达。

有人可能会说，"技能知识"和"事实知识"都是以第三术语作支撑的，但我们并不知道这第三术语是什么（除非对整个大脑进行模拟），它必定是纷繁复杂的。我们可以认为上述理智主义的底层融合机制是某种程度上的"事实知识"，而下文所述的激进反智主义(Radical anti-intellectualism)则将这一潜在机制认定为“技能知识”。处于二者之间的中间立场则并未详细阐述其底层机制。

从实用的角度来看,我们还没有这样一种潜在的底层概念,能够在可信类人人工智能程度上进行技术应用。最接近的尝试只是粗略地以大脑为基础,这或许是因为大脑是唯一具有两类知识底层机制的实体对象。

与该方法相关联的数据结构受大脑启发,主要包括神经网络,以及布鲁克斯对多种合作机制的仿真(Brooks,1991)。

(3) 激进的反智主义认为,所有“事实知识”都是以“技能知识”为基础。例如,知道2+2=4只是人们熟练掌握的一组行为,比如,说出“2加2的结果是4”,或是在特定时候“运用这一知识”的其他行为(Fantl,2014)。这一立场似乎符合现象学和德雷弗斯作品的思想,尤其是强调将技能作为现象学人工智能的基础(Dreyfus, 1986)。但人工智能领域尚未对这一立场进行探索。我们应该看到,这是人工智能领域中一条“少有人走的路”。这一立场值得我们赞扬(见12.6.4节和13.4.2节)。

与一阶谓词逻辑相比,实现“技能知识”的数据类型只需要少量的分类元素,便可在规范和明确的情况下,或是类似的情况下恰当地运行相关技能。以模糊逻辑作为开端(11.1节),第11章余下的篇幅以及第12章将展现更多高级示例。

赞扬以“技能知识”作为人工智能系统基础的另一个原因在于:人们发现,继莱尔(Ryle)之后,“事实知识”失去了生机,就像是书于纸上或存于电脑的语句。为了运用这些事实知识,人们必须知道如何做,更为重要的是,人们需要一种机制,不仅可以用来知晓如何运用这些“惰性知识”,而且还能进行实践操作——就像CPU不仅“知道”如何运行程序,而且还能进行实际的程序运行操作。因此,“事实知识”是无法独立运行于世的,它还需要一种包含正确“事实知识”的动态机制,以及一种行动的意愿。

既然我们在此心仪的是人择人工智能,一种不同于现代西方训练有素的成年人式的人工智能,那么,我们便可将“事实知识”留待文化熏陶和学习阶段。我们无需紧盯“事实知识”,而应把关注的重点放在“技能知识”上。

6.8　形而上学之问题

在这个问题上,人们的脑海中可能会浮现出某些论辩。这些论辩对技术并没有产生多大的影响，因此，我们最好对其保持不可知论的态度。上述论辩经常重叠交织，有时仅仅是一些计算机科学与哲学名称具有相似性，而实际上并非同源性问题。这些论辩可以归结为以下几个要点：

一些技术专家认为，聊天机器人并不是“真正的人工智能”，它们的运行机制不过是“一些小把戏”，无论怎样解读都构不成“真正的智能”或“心智”（Deryugina, 2010）。作为一名程序员，他很难读取到“伊莉莎”（一个模拟治疗师的经典人工智能程序）的源代码并得出其他任何结论。我不想因为“伊莉莎”的口袋空空没有花招就判断所有的小把戏都不属于“心智”。我们怎能断定人类与生俱来的智力不是一些更高级的“把戏”呢？从某种意义上说，在COG这样的人择系统中，我们正试图建立一个具有基础智能的系统，这种智能可以在学习和进化的过程中累积更多的技能——也就是说，在其发展的过程中“将口袋里装满小把戏”。最终，其行为会变得异常复杂，甚至有望与人类相媲美。

塞尔（1980）曾对“强”“弱”人工智能进行了定义。他反对强人工智能，主要是基于以下假设：人类和动物的意向性（intentionality）是大脑因果特性的产物。他接着用著名的“中文房间”思想实验[①]来进一步阐述：实例化计算机程序本身并不是意向性的充分条件。

塞尔对相关回应进行了讨论，其中之一便是“他者心智”。这一回应认为，只有依据人们的行为才能判断他们是否理解中文。因此，如果我们认为人类具有真正的理解力，那么，我们也必须认定表现出相似行为的机器也具有真正的理解力。塞尔表示：

针对这一异议，只需简要回答便可。这里讨论的问题并非我如何知晓他人的认知状态，而是当我赋予他们一种认知状态属性时，这种属性到底是什么……

但对于我们这类技术专家来说，我们最不关心的就是“我所赋予的属性是什么”，或认知状态真正的含义是什么。我们关心的是机器是否满足特定目的需求、其运转是否良好。这就是我们为人工智能系统所赋予的属性，而“是否满足特定目的需求”，其验证方法又是建立在经验基础之上的。

到底什么是“真正”的意向性或认知，这个哲学或科学问题可能还需要几十年的时间才能解决。作为技术人员，我们不需要等待那么长的时间。心智是否

---

① 让我们想象房间里有一个不懂中文的人。同时，这个人有一本规则手册，可以帮助他理解纸上的文字，并在纸上书写新的文字。房间里的人认真地遵守规则。奇迹发生了，规则手册使得房间里的人用中文以书面的形式回答了中文提问。尽管如此，塞尔在这里想说的是，“中文房间”（即一个人+规则手册的系统）实际上并不理解中文。

真实存在,这是一个哲学问题,而非技术问题——而在这里,我们兴之所在只是技术。

一旦我们拥有了更为先进的人择人工智能系统,人工智能心智程度便可经由人工智能与自然人类智能之间的相似度进行重新定义。而这一天,仍在遥远的未来。

6.9 伦理

如果有一天,我们真的拥有了类人人工智能,随之而来的便是一系列哲学问题。如上所述,强/弱人工智能的争论类似于“他者心智”问题,大多数思想家认为这一问题尚未解决(Hyslop,2014)。此外,类人人工智能还可能引发(至少)三类伦理问题:

(1) 我们是否应该将人工智能视为一种具有真实体验(如遭受痛苦)的实体?从而成为可以承担道德义务的实体?

(2) 这样的人工智能危险吗?因为它可能变得具有攻击性,或者会试图以某种有害于人类的方式操控世界(Bostrom,2016)?

(3) 人类以人类的方式与机器互动,并与之建立情感纽带,这样公平吗(Whitby,2011)?

由于类人人工智能目前处于如此可悲的境地,将伦理问题排除在本书的讨论之外,我认为这在道德上是比较稳妥的做法。但如果类人人工智能远比现在成功,那么,就必须重新考虑伦理问题了。

有关类人人工智能存在一个反对观点,认为创造人造人的目的是取代人类劳动。在某种意义上,如果可能的话,我们非常希望在不带来真实人类痛苦的情况下恢复奴隶制。奴隶理解我们的语言和习俗,并提供个性化的服务。然而,在我们的社会中,即使是提及奴隶制也几乎是一种禁忌。我们不再明目张胆地保留奴隶,但我们应该拓宽视野。类人人工智能极有可能缓解当前工作场所中的诸多单调与乏味,其中一些地方(特别是全球较为贫穷的地区)在未来的一代人看来,很可能会像今天我们看待奴隶制一样心生厌恶。

因此,类人人工智能存在伦理风险,但也可能带来好处。鉴于这一技术当前所处的糟糕境遇,我们对此暂且不做进一步讨论。

6.10 本章小结

当我使用“人择人工智能”这一术语时,我指的是类似人类的、未经文化熏陶的人工智能,并只就技术层面而言。我既不想让其成为西方现代训练有素的成人式人工智能,也不希望它像心理学那样以理解人类本身为目标。

类人人工智能要做的是模拟人类智能。一旦我们消除当前西方对人类智能构成的普遍偏见,我们便可能实现人择人工智能。

从某种意义上说,人择人工智能作为一种类人人工智能,理应受到重视。人类天生不够成熟,需要学习一般性和特殊性技能。一般性技能可以看作是基础能力的成熟阶段,但特定文化技能如其所定义的那样,是从属于特定个体环境的。如果我们想要获得类人智能,那么我们就需要具备适应能力。现有大多数学习系统都是理性/理想化的,而少数以类人行为为目标的人工智能系统(如COG或CYC)仍远未及这个目标。

第7章
主要术语:“内省”

本章旨在尽可能阐明“内省”的概念,为第8章的论述奠定基础。第8章提出内省可合理地应用于科技领域。第9章认为,内省作为人择人工智能的基础具有广阔前景。第10章则详细阐述了应用于人择人工智能的内省类型,并举例加以说明。

内省是一种自我观察。作为对个体的观察,内省具有主观性。此外,作为对自我心智状态或过程的观察,内省原则上无法被他人所触及,因此,具有双重主观性。与内省不同,现象学采取可操控的、同行评议的方式研究人类经验(Gallagher,Zahavi,2012)。从某种意义上说,这是一种基于人类主观性的主体间性文学创作活动,是一种对人类主观状态的“客观”描述。有时,现象学文献十分晦涩难懂,但幸运的是,就本书的技术目的而言,我们无需对其进行深入探索(参见2.1节)。

7.1 主观性研究

主观性不是一个受人欢迎的科学话题,其原因显而易见:科学的方法,如经验重复性、数学、归纳法、奥卡姆剃刀定律,很少应用于主观领域。科学家们对这一领域深感困扰,为了将主观性排除在科学讨论之外,他们已经做了诸多尝试,尤其是逻辑实证主义者和华生所作的努力,如以明文的形式规定要忽略存在于个人经验中的一切东西(Seth,2010)。

7.1.1 为什么是主观性?

正如6.5.2节中所述,我们可在诸多层级讨论和/或模拟人类。其中有些是不切实际的,如原子层。有些则已在人工智能领域得到反复尝试,如认知模拟、神经网络、数学、逻辑、概率论等。奇怪的是,我们作为个体最容易触及的层级,即我们自身的主观经验却被忽略了。我们之所以选择这一层级并非只是为了尝试新鲜而已。以下阐述几个原因。

既然我们的关注点在于以人类行为方式为特定目标的技术,那么,一个本能的偏好便是使用人们可以理解的术语和机制。人类能够很好地理解对彼此心智状态的主观叙述,如:很多交谈以“你好”开头,准确地发出叙事请求,有些人则会提出“我该怎么处理(某事物)……”,以此继续谈话内容,要求回应者基于自我内心理解提出建议指导(人类如何成功地使用内省引导他人,相关的拓展谈论参见9.2节)。此外,不同语言的人仍会假定陌生人拥有明显的心智状态,其措辞用语亦为自己的日常话语所熟悉。如果我们依照自己的日常主观经验来构建系统,那么这类系统将更易于获得理解,(最终)也将因此更为实用,如照顾老人的机器人护工(参见6.2.3节)。这种推断是合乎情理的。

人们总是喜欢将事物拟人化,如“树木渴望阳光”。为了与机器人更为顺利地进行交互,我们必须让机器人在某种程度上发挥与人类相似的功能,以便机器人可以对人类的行为方式进行解析,同时,人类也可以理解机器人的行为方式。(参见6.2节和6.3节)

主观性成为兴之所在的第二个原因是模拟主观过程比模拟较低层级过程更易于排障,因为我们对较低层级,如人的神经元或神经元集合并没有直观的了解。使用主观性以下的层级会使故障排除更加复杂化。

然而,更高、更正式的层级(文化假设始于此)又往往将我们引向笨拙且并非真正类人的方法。

7.1.2 定位主观性

大多数人工智能系统通过软件在计算机平台上加以实现。计算机平台设计的目的是运行正式的系统。尽管计算机作为一种物质实体存在于世,但都可能面临真实世界的突发状况,如停电(B.C. Smith,2005)。这个正式系统通常拥有一个操作系统及众多软件,这样的操作系统和软件都无意突破这个正式系统。事实上,要突破这个正式系统在原则上并无可能:这就是为什么要使用伪随机数字发生器(pseudo-random number generators)的原因,在正式系统中,不存在任何随机。[①]然而,通过使用软件,人们可以模拟非正式系统,如天气,以获得某种解决方案。这便是本书倡导的人工智能类型:使用软件模拟人类主观体验过程,即非正式的人类思维过程。然而,人类可以学会以正式的方式进行思维(如学校教育),因此,原则上而言,类人人工智能也可以学习逻辑和数学的运用,从而缔造一个三层级的“三明治”系统,即:底层和上层为正式系统,中间层为实际的人类混杂思维。(Goldie,2012)

让我们思考一下人类的这三个层次:底层是硬件,可被称为执行层,已获得计算机的充分理解,神经科学正在人类身上对其展开不懈探索。人类的这一层级无法通过意识抵达,因此也无法被人工智能研发者所利用(Nisbett,Wilson,1977)。中间层是非正式的“混杂层”,就人类而言,可通过主观性触及,也就是本书中所提出的计算机软件。上层的文化层是人类接受多年教育才能到达的(无法臻于完美,因为人类总是难免犯错(Ariely,2009))。我们可训练内省式人工智能系统执行正式的任务,但这很可能会是徒劳的苦差——我们完全可以使用现有的正式系统来完成那些任务。

反对人工智能的常见观点(Dreyfus,2007)试图绕过上述“三明治”系统,假定人类是绝对理智的,这在逻辑主义中最为明显(Bringsjord,2008),在西蒙的作品中,如“通用问题求解器”中也可见一斑(Newell,Simon,1961b)。认知科学中有人冒险地将“思维看作机器”(如博登(Boden,2008)的标题),忽略中间混杂层。认知科学界的其他学者,如3.1.1节中引用过的派珀特,承认中间混杂层的存在,但极少有人从技术上对其进行模拟(参见6.6节提到的最近几次尝试)。

7.1.3　何为主观性

那么,什么是主观性呢?主观性就是人们如何看待事物(Seth,2010),无论是作为集体的人类,还是作为个体的我们;当下如是,人类历史长河中亦复如是。主观世界有点类似于客观宇宙,看似复杂无边;但更糟的是,我们似乎永远无法就主观世界中的某一事物达成一致,因此,分工无法实现,数据收集无法完成,没有科学,甚至根本不可能进行系统的研究。主观世界并非由“大小适中的纺织品样本”组成,我们的心智并不擅长于此(Austin,Warnock,1964)。正是这些困难造就了主观世界的“难以言状”,只能留待诗人去探索发现。

① 真正的随机值可以从计算机外部获得,要么通过使用键击计时(如Linux系统所做的那样),要么从特殊设备输入一些量子值(quantum-value),以此获得真正的随机值。无论如何,随机性是从正式系统外部引入的(Isensee,2001)。

大多数以英语为语言的学术领域普遍认为,对主观性的研究举步维艰,甚至根本不可能进行。但奇怪的是,在科学无能为力的领域,其他行业人士却屡获成功:律师通过讨论犯罪意图、情感等因素判定罪犯的罪行或为人开脱,记者讨论政客、商人和其他新闻人物的情感状态,而小说家对讨论主观问题也驾轻就熟。科学家们可能会抗议说,他们的“发现”是不可重复、难以量化的,是由“民间心理学”(folk psychology)[①]组成的(Ravenscroft,2010),诸如此类,但这并不妨碍这些行业人士以自己的方式不断取得成功。此外,在英语世界之外,对主观性开展系统研究至少有过两次重要尝试。一次是在印度哲学中(Zimmer,1951),这不在本书讨论范围之内(但肯定应当在其他人工智能背景下加以讨论,见13.4.5节),另一次是现象学(Gallagher,Zahavi,2012)(见7.1.5节)。

请再次注意,在关于主观性的众多学术讨论中,人们一致认为,在描述环境时,要么使用“物理世界”(physical universe),要么使用“人类世界”(human world),分别指称客观和主观视角。本书也将遵循此道。

7.1.4　可探知的主观性

主观性的一个重要部分是它的视角特性,还有一部分显然是其感觉特性,或是作为一个情境中的主体所呈现出的状态(Nagel,1974)。在剖析主观性的过程中,我不秉持任何立场——只是做哲学探讨,不对技术产生任何影响(Mandik,2001)。本节认为,主观性是可以进行技术性探索的。

认知科学曾经对主观性进行了初步探索。主观性看似复杂异常,因此,人们需小心谨慎,不要轻易碰触标有“主观性”的“盒子”,也不要将任何实例视为权威。以下文字为研究提供了良好的开端:

(1) 一切感知主体,即便是相机,均有自己的几何视角,无须上帝般的客观视角。因此,人类无须为了接住抛来的球而计算客体目标的运动方程,但作为玩家,我们可依据自己的玩家视角优先执行某些方案,从而以最容易的方式接住抛来的球(McLeod et al.,2003)。

(2) 对于每一个试图理解(理性或非理性)情境的系统来说,其信息量、计算资源和可用时间都是有限的——这便是西蒙提出的“有限理性”,他因此获得了诺贝尔奖(Nobelprize.org,1978;Simon,1996a)。毕竟我们“只是人类”。

(3) 所有学习型人工智能系统都可被视为具有主观性,因为机器学习算法的每个运行样本都是其自身训练集的产物,从某种意义上说,是其自身生活经验

① 民间心理学是心灵哲学和认知科学的一个崭新研究方向,发端于20世纪60年代,是运用关于信念、愿望等命题态度对我们日常行为进行预测和解读的因果解释理论。

的产物。机器学习领域在训练集管理过程中已经敏锐地意识到了这种主观性。

正如我们所见,主观性并非某种事物,而是一个(可能永无止境的)探索目标。只要这种探索是卓有成效的,就应当持之以恒。

探索主观性的另一条路径是内省。在内省中,人们可以直接且相对不受阻碍地进入自己的主观世界(Hyslop,2014)。我们每一个人都是人类主观性的一个样本。研究主观性的另一种方法便是阅读他人的报告(这种做法可能来自现象学传统),但这些报告仍然是基于某人的内省。

7.1.5　现象学与异类现象学(hetero-phenomenology)

现象学已经尝试过对主观性的研究。正如在2.1节所见,“现象学以第一人称的经验视角对意识结构进行探究”,可以说是与佛教一样古老的学科,但(至少在西方)它“直到胡塞尔时期才走向繁盛”(D. W. Smith,2013)。胡塞尔的学生海德格尔彻底改变了现象学所蕴含的本体论——对于胡塞尔及其多数学生来说,存在问题,或本体论问题被“悬置”一旁,留给现象学家的本质上是唯心主义本体论。海德格尔(见2.4.2节和2.5节的详细阐述)认为,只有在人与世界的互动中,我们才能真正理解人类的境况,而这种人类互动就是海德格尔建立在本体论基础之上的新概念。海德格尔指出,人类与世界互动的本质是解释,当人们对情境进行解释时,便是置身其中了。

现象学是对经验的系统研究,同时还需经过同行评议(Gallagher,Zahavi,2012),但它也是一种文学传统,涉及胡塞尔、海德格尔等人。有人认为,它已经不像是一个接受过同行评议和论辩的学科,更像是一种教派,在这个教派里,海德格尔式沉思被当作了福音(Romano,2009)。顺便说一句,我们无须在这个问题上做出立场选择,因为我们并不是在向人工智能推销一种现象学式的方法论(如德雷弗斯那样),而只是人工智能实践者的个人反思。现象学对本书的探讨极为重要,因为它是认知主义在文学中的替代表达,同样强调主观性。就重要性而言,本书旨在为人工智能的现象学批评和经典人工智能架桥铺路——一方面,认同现象学家的观点,即理性主义是有限的,我们需要主观性;但另一方面,与现象学分道扬镳,转而支持经典人工智能对软件编写提出的要求,无论这会对我们的主观性模型产生多少不良影响。对于我们技术专家而言,那种结构雅致的模型,正如现象学所拥有的不可编程模型,都是百无一用的。

异类现象学是“以第二人称”的视角对主观性进行系统性尝试,主要通过访谈的方式探索主观感受,因此称为“异类”,即“他者”(Dennett,2003)。异类现象学一个有趣的案例是赫尔伯特(2011)采用有效的科学实践并以最大程度的审慎对“原始体验”展开探索(Hurlburt et al.,2013)。例如,在一些实验中,要求被试者随身携带一个蜂鸣器,并在蜂鸣器响起时立即报告自己的体验,以尽可能减少后续反思式输入所带来的影响。赫尔伯特工作的重点是对人们的真实体验——一种虚幻的事物作尽可能真实而精确的理解。

7.2 定义“内省”

本章剩余篇幅主要对内省的定义及其描述进行考察,并对其发展路径展开讨论。

本书对内省的探讨,只是将其作为人工智能开发的合理基础,因而在此背景下,无需就内省的本质展开辩论。

我们从内省的定义和特征入手:

奥弗加德(Overgaard,2008)将内省定义为

> 一种观察,有时是对自我意识内容的描述。

在后文对大量文献的讨论中,我假定意识确实是观察过程中所描述的内容,被称为内省。因此,当你进行内省时,你就是在审视自己的意识。这意味着,我们同时假定了不存在其他非内省式意识,也不存在其他非观察式内省(即没有对意识进行观察)。

史维茨格勃尔(Schwitzgebel,2012)考察了诸多内省的定义,并对内省的六种表征进行了描述。大部分有关内省的定义都包含以下要素(简要叙述):

(1) 有关心理事件、状态、过程等;

(2) 有关第一人称;

(3) 与心理事件、状态或过程同时发生,或时域近似(temporal proximity)(不是中长期记忆);

(4) 直接的,不涉及任何复杂的推论;

(5) 可探测早先存在的心理事件、状态、过程等;

(6) 需要付出努力,并非可持续进行或自动产生。

对于人工智能的构建而言,内省的初始目标是建立一个过程,这一过程能够对计算机中可复制信息的操作产生影响,与微妙情绪、警觉程度和其他可观察到的心理状态或过程的模糊变化截然不同。后面这些元素在未来或许有益

于人工智能,但未来尚远,眼下无须多虑。我们通过内省意识到自己感到寒冷,或相信某些奇怪的事实,这样的内省对人工智能设计而言不过是冬扇夏炉、毫无一用。“内省产品”应当是有关信息处理过程的报告,这对人工智能开发是大有裨益的(见10.2节)。7.4节阐述了内省的实例,更多案例见第11章和第12章。

对于大多数思考者而言,内省所需付出的“努力”(上文第6项),甚至是将内省表达为一个动词并付诸行动,都需要一个恰当的词来表示。从某种意义上说,内省是最为被动的行为之一,因为我们只需稍加留意,便可不费吹灰之力进入自己的意识世界。因此,“留意”是必须的,正如上文第6项所述。但在另一种意义上,我们在内省时也需要做出更多努力才能确保说出的是事情的真相,是真实可信的,而非我们的期望(依据我们自己的标准或社会标准,见3.3节和10.3.3节)。同样,如果要用语言来表达内省,那就得努力保持所述话语前后一致,比如,不要多语混杂。

7.3　打破内省与科学的界限

奇怪的是,尽管内省被主流认知科学视为谬误(Ericsson,Simon,1993;Nisbett,Wilson,1977;J. B.Watson,1913,1920),但华生和西蒙倡导的“出声思考”(thinking aloud,TA)与内省之间仍存在些许相似之处(Ericsson,Simon,1993;J. B. Watson,1920)。这种探讨十分重要,因为①出声思考是心理学的核心技巧;②它为内省提供了一个甚为有趣的边界性案例;③其中的主要人物之一赫伯特·西蒙同时也是人工智能界的中坚力量(见1.6节)。请注意,西蒙从未曾反对华生提倡的出声思考技巧,他认为自己实际上是在为华生添砖加瓦,进一步阐述出声思考。

出声思考和内省之间的区别在于:在有效的出声思考中,描述思维的人是没有经验的,而非心理学家,其报告的内容也是关于某个特定的主题,而非心理机制。

下文将进一步阐明,无论是主流心理学对内省的反感,还是新内省主义者对有效内省的关注,二者都出于科学的考虑,对一切系统研究数据中混杂的未经检验的推论感到厌恶。然而,进一步考察表明,这种好恶动机太过于天真幼稚、无根无据,因为所有的观察都是解释性的,所谓的“干净数据”(clean data)只是一种神话而已。

7.3.1 视为内省的“出声思考”

本节无意证明出声思考一定就是自省式的，而只是想展示，我们可以提供相关案例来说明出声思考具有自省性，或者说，出声思考的自省性是具有争议性的。稍后将就出声思考与内省的区别加以说明。

出声思考作为一种技术是由华生(1920)确立的，而埃里克森(Ericsson)和西蒙(1993)对其所作的探讨和拓展最为著名。我关注的重点是当前被广为接受的具体做法，而非作为历史人物的华生。

华生是行为主义革命的领袖，正是他在很大程度上废除了内省作为心理学的一种合理手段(J. B. Watson，1913)。但是，他的作品中却对类似于内省的出声思考做了正面描述，尤其是在他开展反内省运动的那几年。鉴于华生激烈地否认内省的一切合理作用，出现这样的情况是有些莫名其妙的(Costall，2006)。

然而，华生(1920)引进了“出声思考”的概念，相比于内省，并没有给出明确的定义和参照。[①]他指出，要开始出声思考的实验，“通常一个请求就足够了”(J. B. Watson，1920)。被试必须在“合适的精神状态下”进入实验，他补充道，但并未对此做出详细说明。他又表示：“科学人很乐意带着满腔热情参与实验”，然而，这个“科学”亚人种又是什么意思，他并未做出任何提示。尽管如此，他的确提供了几个出声思考的实例。

华生阐述最为翔实的案例是一位搬来与其共住一间公寓的同事。他要求同事使用出声思考的方式，弄清房东一些新奇玩意儿如何使用。以下是华生记录的完整思维过程(圆括号内是原始文本中华生所作的注释)：

> “这东西看起来有点像病人用的小桌，但并不重，呈弯曲状，有侧边，并连接着球窝接头(ball and socket joint)。但它承受不了装满菜肴的托盘(一条死胡同)。这东西(回到起点)看起来像是发明家的败笔。我不知道房东是不是发明家。他不是，你跟我说过他是城里一家大银行的门童。这家伙跟房子一般高，看上去不像是个机械师，倒更像个职业拳击手。他的手永远无法完成一个发明家所要做的工作”(又毫无进展)。这是第一天记录的内容。到第二天早晨，我们还是没有头绪。第二天晚上，我们聊了聊这位门童和他妻子的生活方式，这位被试很疑惑：一个每月收入不超过150美元的人怎么能像我们的房东那样生活。

① 这种写作风格在当时是很正常的。

我告诉他,他的妻子是一名美发师,她自己每天挣大约8美元。然后我问他进门时有没有看到门上挂着的"美发师"的牌子。第二天早上,他洗完澡后说,"我又看到了那个可恶的东西"(最初的出发点)。"这一定是用来给婴儿洗澡或称体重的,但他们没有孩子(又是一条死胡同)。这东西的一端是弯曲的,刚好可以卡在一个人的脖子上。啊!我想到了!这弧形确实很贴合脖子。你说那个女人是个美发师,这盘状东西抵着脖子,头发可以散铺在上面。"这就是正确的答案。得出这个结论时,他微笑着舒了口气,又立即转向了其他东西(好似经过搜寻发现食物一样)。

(J. B. Watson,1920)

注意,这里的"出声思考"并非"意识延展"(extended mind)(Clark,Chalmers,1998),即并非使用外部道具(如做算术、大声说话,或记下"carry 1")来帮助思考。更确切地说,这是一个人在弄清事情的日常过程中,"思绪脱口而出"。

对于我们试图理解内省的人来说,令人担忧的是这种技术近似于内省。但请注意,我们目前使用的定义都是近期才出现的,而华生成书于100年前,因此,目前使用的定义出现任何问题都不会对华生的过去造成不良影响,但这些问题对我们来说仍然都是问题。认为出声思考是一种内省,这种观点是在强调:出声思考口头描述了心智内容。让我们来回顾一下上文引用的内省定义(7.2节)。

根据这些定义,我认为可以初步判定出声思考是内省的某种变体形式。但华生却将其视为内省的替代——他说:"……通过被试的出声思考……而不是内省这种不科学的方式……我们还可以了解更多"(J. B. Watson,1920)。请注意,接续华生出声思考研究的西蒙(Ericsson,Simon,1993)认为,这里可能存在某种混淆:"对出声思考实验数据的使用,有时会被误以为内省的复兴"(Simon,1996a),所以,这并不是一种无谓的担忧。

7.3.2　出声思考与内省的区别

正如7.3.1节所述,华生对内省范围边界的看法是存疑的。赫伯特·西蒙的研究计划进一步阐述了出声思考。西蒙写道:"……**华生**并未提供明确的指导方案来区分不合理的内省与不同形式的口头陈述,这些口头陈述通常也被视为一类数据。"(Ericsson,Simon,1993)

让我们来考察一下华生和西蒙对于出声思考与内省的两极对比:他们不能接受的是心理学家安坐椅背般地宣告自己通过内省洞悉了自己的思维方式,然后再将其概括为通用的科学事实。人们认为,心理学家已经在心理学的某个研究中获得了先入经验,因此必然存在偏见;而另一方面,那些缺乏经验的人,无论是实验中的"被试",还是非心理学的科学家,则是中立的。如果这样一个中立的人给出中立的描述,只是客观地观察,那么他的"言语行为"就是合理的、不偏不倚的数据。

因此,其两大区别是:

(1) 在上文那个弄清奇妙装置功能的典型案例中,出声思考的内容就是思维过程的内容。这段文字这样写道:"这个东西看起来有点像病人用的小桌,但并不重……"。在"经典内省"(classical introspection)中,描述的内容可以是进行思考的某些机制,而非思维内容。

(2) 在遭禁的"经典内省"中,做出描述的是心理学家,一个受过专门研究训练的人,而在出声思考中,进行描述的却是实验环境中毫无经验的参与者。

华生和西蒙似乎也认同上述区别:

对于第一个区别,有关语言陈述的内容,埃里克森和西蒙是这样分析华生的:

> 需要注意的是,华生(1920)在高尔夫球手的故事中所展示的提问并非被试对特定事件的记忆,而是被试被问及时他对自己一般行为方式的看法。华生明确区分了分析型的经典内省、对被试的口头提问以及出声思考。他认为后一种口头陈述真实性与前两种截然不同。
>
> (Ericsson,Simon,1993)

因此,西蒙反对高尔夫球手所做的归纳,反对高尔夫球手笼统地对自己的行为做出非单纯的分析性评论。眼下,出声思考只允许他对手头的工作进行口头陈述,而不作任何详细阐述或猜测。

此后,埃里克森和西蒙(1993)对奥尔松(Ohlsson)先前的研究表达了赞赏:

> ……奥尔松对出声思考实验数据进行了编码,一方面辨别出"留意"产生的想法,另一方面,识别出内省、反思报告以及与实验者的交流……如果语法上的主语是说话者(如"我""我的头"),或是动词为认知型词汇("记住""感觉""知道"),抑或是描述性话语不包含相关问题的具体信息,那么这类陈述就属于内省。

因此,一切涉及“元”层级的评论或猜测,以及关于大脑如何思考的讨论,都是悬为厉禁的。

对西蒙立场的另一种理解,来自他引用的邓克(Duncker)的话语,他赞许地说:

> 当内省者在思考过程中将自己当作关注的客体,出声思考的主体便会立即指出问题,也就是,口头描述自己正在进行的活动。如果有人在思考时对自己说:“他应该看看是否……”,或“如果有人能证明……就好了”,这就很难被称为内省了。
>
> (Ericsson,Simon,1993)

因此,在这里,似乎区分的标准为是否“直接指出问题”,但这同时又是内容的区分了。

再来看看第二个区别:进行口头陈述的人是制定了研究计划的专业人士,还是不偏不倚的中立人?在这个问题上,大部分证据都直接来自华生。他说:

> ……让被试对明确的问题进行有声思考,要比相信不科学的内省之法更好地了解思维心理学(psychology of thinking)。
>
> (J. B. Watson,1920)

此处的“内省之法”显然指向“内省主义者”——那些还未转向行为主义的心理学家。此后他说道:

> 行为主义者……致力于观察他人的过程研究。在这个过程中,行为活动并不会因为内省而变得复杂……行为主义者是自然科学家,他的观察对象是他的同伴,而非他自己。
>
> (J. B. Watson,1920)

这里实际上涉及两个论点,或者说,有必要对数据源的作用进行区分主要源自下列两个因素:一来,对数据(科学家角色)的关注会使人忽略手头正在进行的任务;二来,对任务密集型科学家与实验对象加以区分是较为科学的做法,这样可以减少理论偏见(见10.3.3节)。

7.3.3 推论和困惑

但如果我们暂且将“内省”搁置一旁，便可以看到，在史维茨格勃尔（2012）所描述的第四项表征[①]（前文7.2节）与上文所述出声思考之间存在着共性。史维茨格勃尔所描述的第四项表征规定内省是直接的，而出声思考则要求所进行的描述必须由无事先计划、无经验的人来完成，其内容必须是有关当下的问题，而非思维机制。二者之间的共同点在于，他们都不希望在数据中提前嵌入任何推论。

让我们再次审视：对于新内省主义者史维茨格勃尔来说，内省的两个特征分别是即时性（3）和直接性（4）。如果不是直接性的，那么内省就变成了一种推测、哲学、心理学或其他某种事物，它不再是单纯的内省。内省一词实际上是史维茨格勃尔对“好的”非推论性描述的专业称呼。

对于华生、西蒙及其他心理学家来说，出声思考是不涉及推论的，是一种“原始数据”。他们把那些包含推论、推测、哲学或心理学理论的东西称为“内省”，并视之为糟粕。

由此看来，一切都是术语带来的困惑。他们二者都需要非推论性的、“单纯的”描述。看似我们使用的是同样的词语——“内省”，用于表达相同的事物，但涉及推论部分，这同样的一个词却表达了完全相反的意义。

目前，合理的做法是将华生式内省称为“内省*W*”，史维茨格勃尔式内省称为“内省*S*”，厘清二者的区别，然后和谐共存。然而，这样的和谐取决于某种表面的共识，即反对在内省中使用推论。我们在此必须提出的问题是：“这样的立场站得住脚吗？”很遗憾，答案是否定的。

7.3.4 非推论性观察之不可能

将观察与解释相分离，这种愿望在分析哲学和欧洲大陆哲学传统中都被认为是不可能的。就分析哲学而言，博根（Bogen，2014）引用了诺伍德·汉森（Norwood Hanson）、保罗·费耶阿本德（Paul Feyerabend），尤其是托马斯·库恩的观点，以此表明这种愿望普遍存在于科学观察中：

（1）一种情境下，哪些方面尤为突出并值得被记录下来，这会依观察者内定假设的不同而有所区别。

---

① 指前文7.2节中史维茨格勃尔对内省的表征所进行的描述。第四项表征是：内省是“直接的，不涉及任何复杂的推论”。——译者

(2) 观察者会依据自己偏好的概念框架来对其所见之事物进行概念化。举个常见的例子如不同人和不同文化对颜色的区分是不同的。

(3) 特定的感知可能受到"自上而下"思维模式的影响,而这种模式在真实世界中是不存在的。布鲁纳(Bruner)和波兹曼(Postman)的黑桃扑克牌实验[①]已经证明了这一点。

所有这些担忧都来自自然科学对外部观察的讨论。在更为复杂的内省情境下,这种担忧会成倍增加,因为内省的过程完全是主观的,相较于对外部事物的观察,观察过程本身对观察内容的影响可能要比之大得多。

区分观察与解释并去除推论还面临着另外一个问题,类似于上文第(2)点但又有所不同:当一个精通多种语言的人进行内省或出声思考时,其心理内容往往会以多种语言形式出现。当他试图与另一个人进行有效交流时,都必须将自己的想法翻译成某一种特定的语言并加以组织。这个对语言进行规则化处理的过程是推论性的。可以说,即使是单语者也须以类似的方式规范自己的语言。

就大陆哲学而言,解释学的一个主要观点是所有的观察都包含某种解释。要快速地理解大陆哲学派的观点,只需要回顾一下解释学循环:我们理解一个整体,是因为我们理解了其各个部分,而我们之所以理解部分,是因为我们已经理解了其整体(第2.5节)。

与史维茨格勃尔(2012)式内省和华生/西蒙式"出声思考"一样,异类现象学(7.1.5节)也是对"原始数据"的主观性进行探究的另一种尝试。

7.3.5　打破内省与科学的界限:结论

尽管认知主义者和新内省主义者来自全然不同的思想流派,但他们都认为自己属于科学,并渴望获得"原始数据"。得到这些"数据"是为了以同行评议的开放方式对"机制"进行研究,最终是为了追求某种科学真理。然而,对于人工智能而言,我们不需要有关智能的这类客观、单一真理,也不想为此而等待。对智能的科学/认知理解还有很长的路要走,欧洲大陆学派的这种"客观"或普遍"真理"是海德格尔式现象学(见7.1.5节),而我们已经意识到,海德格尔式现象学是无法进行编程的(Dreyfus,2007)。作为一种技术,人工智能不可能等到这些争论获得解决,实际上也没有等待的必要。

如上所述(7.3.3节),对心理状态的观察有"好""坏"之分,试图将两种观察

① 该实验由布鲁纳和波兹曼于1949年发表,是关于选择性知觉的最早且最著名实验之一。实验结果表明,人们的知觉在很大程度上会收到预期的影响,而这些预期又是建立在过去和特定情境的基础之上。——译者

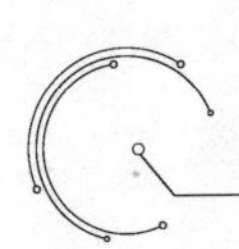

区别开来也陷入僵局。就此方向上人们所做的工作而言，我并无偏见（Gallagher，Zahavi，2012；Jack，Roepstorff，2003，2004），但出于当前技术人工智能目的，我们必须停止这样的努力，为此，不惜以最直白的方式表明如下观点：本书极力推崇内省，那种所谓的“糟粕”，无论被禁止的是什么，也不管以什么样的形式。我们所倡导的正是反思性内省，一种机制，由满腹经纶之人实施的、推论式的内省。甚至还可以考虑让一些具有强烈自我觉知能力的江湖术士来充当内省者——这种可能性还有待进一步考察。不管怎样，我将在第8章中阐明，就我们当前的旨趣而言，哪怕是“糟糕的”内省也是思想的一种合理来源。第9章将进一步论述，作为人工智能的基础，大部分内省都是值得信赖的。在第10章中，我将继续讨论内省的优劣之分。

7.4 推崇何种内省

这一节在很大程度上是对第10章的概述，而第10章则对此作出详细论证。下面展示一个内省的相关案例。

正如我们所见，本书并非固执己见地认为内省是优雅的、正确的或精确的，因为对其可能性，我们还一无所知。但就技术而言，并没有这种必要性。

撇开“正确的”或“未经解释的”内省不谈，在人工智能领域，我们必须对计算机编程所需的具体而明确的细节做出规定，这一点不像哲学和心理学领域各类思想家对内省的看法。我们必须从实用的角度用可编程的术语来描述心智状态和过程。这些描述当然会是片面的，我们永远不应该假装这种描述已经详尽无遗，或接近完美。我们也可以放弃对快速高效识别“优劣”内省的探索，但并不是因为这种区分无法实现，而是因为过分强调正确性和精确性已经使得先前诸多人工智能主观性的尝试徒劳无功，没有生产出任何实际可测试的系统（Dreyfus，2007）。我们期待的内省应为中等深度：大致介于西蒙和现象学家之间。前者积极致力于可编程性，而后者努力对主观性的本来面目进行观察，而非理应如何。还要注意的是，在8.5节和9.3节中，假定所有的编程都是内省式的。在这种特定的情况下，内省会受到编程环境的限制（例如python、i386机器），被限定为小型结构。在人工智能的内省过程中，我们首先对思维的自由运行进行观察，然后再对其进行形式化。

对于人工智能而言，有效用的“内省”可描述其与环境的交互，并可实现最终的编程。任何内省式观察如若对外部交互不产生影响或不可编程，这种观察不过是一种"附带现象"(epi-phenomenal)[①],没有任何技术意义可言。

我们来考察一下下面这份内省式描述:

> 长除法应该怎么做?真遗憾——学完已经有一段时间了——是那个高个子老师教的,对吧?好吧,让我们想想——你把被除数写在页面顶端,然后还有你画的那个像一个角的符号……我以前很喜欢这个符号!(……对这个"喜爱之物"展开非言语式的美好回忆……)现在我们把另一个数字放在哪儿呢?除数是di-vi-sor还是di-vi-dor呢?放这儿吗?看起来不对……那个老师叫什么来着?我真的得把这个做完,在吉姆进来之前……

上述描述表明,不相干的思绪和非言语式回忆,如"我以前很喜欢……",是怎么突然出现的。它展示了恐惧和回忆是如何在意识中时隐时现,以及在合乎逻辑的伪装下,一个人对问题的真正把握往往是多么不可靠。在所有这些方面,这个例子比西蒙所说的"数学思维"更加现实。在这里,我认为西蒙也有人类的关切,就像上述例子一样。但也要注意,这个例子并不像海德格尔所描述的"用锤子砸钉子"那样简洁精炼。以上内容向我们展示了我们做事情的实际方式,在我们看来,正如派珀特在采访中所描述的那样(参见3.1节和7.1.2节)。

人类可以从多维视角看待同一种情境(参见5.2.2节)。我们能将这些视角进行编程吗?能对它们的多样性进行编程吗?如果是一个信誓旦旦讲真话的科学家,答案应该是否定的,因为人的主观性太过复杂。但作为技术专家,这不是一个问题,而是一个挑战,需要用行动来回答,而非进行哲学论述。当然,德雷弗斯(2007)要求对海德格尔作品中的模糊现象进行编程。相较于这样的学究式挑战,多元视角所带来的挑战以及对主观性作切实可行的探索要容易得多。我们可以循序渐进。现象学家可能会抗议说,"这还不够海德格尔式"(Heideggerian)(Dreyfus,2007),但罗马不是一天建成的,"优秀"(good)最大的敌人是对"完美"(perfect)的模糊概念。如何精确地开展此类研究将是第10章的主题。

① 在心智/身体的问题中,有些人会说身体是完全物质的,可以解释所有的行为,然而,还有心智的存在,只有心智具有因果力。没有任何因果力的存在被称为"附带现象"。

7.5 本章小结

在第5章中,我们已经就本书的总体论点进行了阐述,即“在人择人工智能开发中推崇内省”。在第6章中,我们将人择人工智能定义为技术型类人人工智能的一种子类型。在本章中,我们讨论了另一个术语“内省”及其复杂性。我们看到,“单纯”或“优秀”的内省很可能无法达成,所以只好¬使用“粗鄙”(poor)或“糟糕”(bad)的内省。许多读者可能会感到震惊:如此过分地忽视质量,就必须有理有据。

现在我们来看看问题的症结所在:在人工智能开发中推崇内省。第9章将会展示,这种内省的运用很可能是个好主意。但在此之前,还有一个问题需要详细讨论:认知科学所达成的共识是“内省不具有合理性”。我们有必要对此进行彻底的批判,尤其是因为我所倡导的是一种“糟糕”的内省。

第8章 内省之合理性

本书提出将内省作为人择人工智能开发的基础。前文第6章和第7章对相关术语进行了界定，本章将在此基础上进一步论证内省是人工智能设计的合理来源。那些持主流观点的人认为，这是一种非科学的方法，他们误解了科学、技术与真理相互之间的不同关系；那些认为内省已应用于人工智能的人实际上是在夸大其现有成果；而那些朝着内省"迈开大步"的人却尚未研发出具体的人工智能系统。

考察人们对人工智能内省发展现状所持的不同态度，包括如下几类：

(1) 认为内省是不可实现的(Impossible)：孔德及其他一些思想家认为，内省不可能成为人工智能开发的基础。这一观点在当前并不常见，我们将在8.1节中进行简要论述并随之摒弃。

(2) 认为内省应予以禁止(Forbidden)：赫伯特·西蒙和认知科学界主流以华生(1913)论文提出的观点为基础，极为教条地反对内省。我将阐明，在"发现与证明"(discovery vs justification)的现代分析背景下，他们的这种反对并不成立，尤其是在现代技术背景下(8.2节)。

(3) 认为内省已司空见惯(Commonplace)：所罗门诺夫(Solomonoff，1968)相关人等认为，大多数人工智能都是以内省为基础完成的。因此，他们可能会认为我提出的观点平淡无奇。但我会证明，迄今为止，人工智能研究者对内省的实践都是肤浅且谨小慎微的，好似内省是某种不正当的事情(8.3节)。

(4) 认为内省是可圈可点的(Desirable)：德雷弗斯(1977，2007)等人(至少在现象学背景下)赞同对内省的实践，但他们通常都不会进行编程。这是人工智能领域主要的"唱反调(dissident)"群体(8.4节)。

(5) 认为内省是无法避免的(Unavoidable)：最初面临的问题可能是：开发没有内省的人工智能是不可能的，因为编程需要特定角色进行内省(8.5节)。这一创新讨论将在9.3节中进一步展开。

(6) 复合式立场(Hybrid position):内省在“发现”背景下已是老生常谈,而在“证明”背景下“应予以禁止”,下文将就此做进一步阐释。可以说,到目前为止,我并未提出什么创新观点。如果这一描述正确,那么我的任务便是检验这种所谓的既定做法会产生什么样的后果(8.6节)。

8.7节通过内省视角,就真理类型的相关立场进行考察。

本章仅旨在表明作者立场,提倡将内省作为人工智能系统设计的基础,这一观点是具有创新性和合理性的。第9章将论述为什么人们应乐观地期待内省成为人择人工智能的有益基础。随后的章节将展示一些具体细节与相关实例,并就结果进行讨论。

在回顾学者们对人工智能内省所持不同立场并对其进行剖析时,本章还将在第1章的基础上做更为深入、明晰的考察。虽然本章旨在批驳那些反对内省的人,但同时也会对其他学者展开批判,包括德雷弗斯和阿格雷等支持内省的学者,以此对比作者在这一领域内所持的立场。

需要强调的是,本章从头至尾并未就内省用于人工智能的好处或收益性进行争辩。本章的主旨是驳斥那些反对内省的人,那些视内省为不合理、不科学之物,或以其他形式排斥内省的人。本章还将由此阐明,鉴于当前人工智能研究者无人能够毫无顾忌地实践内省,因此,重塑内省在人工智能中的地位是极为必要的。

8.1 “不可实现的”内省

正如奥弗加德所说:

> 布伦塔诺(Brentano)认为,在内省中,对“内在”精神状态的观察与“外在”物体之间存在一个悖论。例如,为了观察并了解红苹果带来的体验,观察者必须把注意力从引起某种感觉的外部对象转移到感觉上来。这在逻辑上会终止与之相关联的外部观察体验,从而终止与之相关联的内省……孔德提出的第一个反对意见便是:在科学中,观察者和观察对象之间不能存在同一性(identity)。他认为,观察者不可能“一分为二”,让其中一部分观察另一部分,因此,观察自身的内在体验是不可能完成的任务。
>
> (Overgaard,2006)

后来的思想家,如冯特(Wundt),解决了上述问题。他说,内省的基本点是从外部到内部的“焦点转移”(“change of focus”),内省所展开的想象在很大程度上是一种记忆,一种对心智体验的回忆,而非直接的报告。

这些反对意见成为哲学界经久不衰的旨趣所在(Schwitzgebel,2012),但下面的论述可巧妙地回避这一问题:我们可与冯特一起,假设内省只是一种记忆;在这里,我们感兴趣的只是技术投入问题,而非某些绝对或科学真理(参见5.1.3节和5.2.2节)。无论当前人们对内省在哲学、科学和技术中的地位或可接受性存在何种疑虑,内省的内容都是作为事实而存在的。在技术运用过程中,内省可处理尤为精确的信息,这一观点在7.3.4节中已经有了结论。下一节要探讨的论点是:内省是不可接受的。

8.2 “应予禁止的”内省

对内省的反对早在20世纪以前便有记载。如孔德认为,内省“将产生不可靠的、相互冲突的数据”(Overgaard,2006)。然而,就其对当前思想的影响而言,迄今为止,最具影响力的内省“禁用令”来自华生。

8.2.1　华生

约翰·B·华生(1878—1958)是被引最高的内省反对者,其对内省的反对最为激烈(详情参见1.5节)。在批评自己的对手时,他从不拐弯抹角,将之统称为“内省主义者”:“将经由语言获得的数据作为行为的全部……这是极端本末倒置的做法”(J. B. Watson,1913),“我不指望能得到他的内省陈述报告”。华生革命性的言论极为强势,他威胁称,如果心理学界不接受自己的世界观,他便与心理学分道扬镳:“……心理学必须改变其看法,接纳行为事实(facts of behavior),无论这些事实是否关乎‘意识’;否则,行为学必须作为一门完全独立的科学独行于世”(J. B. Watson,1913)。

华生认为自己是在推动心理学开展更优质的科学实验,即“控制实验”(J. B. Watson,1913)。他将“行为主义者”(他给自己取的绰号)与老派的心理学家进行了对比:

> ……问题出现了,可以用两种方式来表达。我可以选择心理学方

> 式,说:"动物看到的这两种光和我看到的一样吗?它们看到的是两种截然不同的颜色,还是两种亮度不同的灰色?就像全色盲人士看到的那样?"如果采取行为主义者的视角,应该阐述为:"动物的反应是基于两种刺激的强度差异,还是波长差异?"他们(行为主义者)从不会依据自己对颜色和灰度的经验来考虑动物的反应。
>
> (J. B. Watson,1913)

请注意这里的"颜色"被"波长"取代了。"波长"的概念不仅更为科学,而且更为接近科学中最负盛名的物理学。

为保持心理学的统一性和科学规程的一致性(以一种与当时所理解的整体科学规程相兼容的方式):"行为主义者……试图做这样一件事,即将应用于低人之动物研究的程序和语言以同样的方式应用到对人类的实验研究中去"(J. B. Watson,1931)。此外,"行为主义者试图得出动物反应的统一方案。他们认为,人与野兽之间不存在分界线"(J. B. Watson,1914)。由于动物没有可获取的意识(哪怕依照内省主义者的观点),因此,我们也不应该对人类进行同样的实验。

在心理学科学认证改进项目中,华生最直接的攻击对象就是内省,认为内省的内容"晦涩难懂"(J. B. Watson,1931),内省技术不够明确,且相关要求自相矛盾,甚至在简单的感知区分上连术语的使用都不一致,(开始人身攻击)其从业者既软弱无能(Costall,2006)又"啰嗦到令人不堪忍受"(J. B. Watson,1920)。

像许多思想家一样,华生常常因其简单化的口号而被人们所熟记,如"内省是不科学的"。他实际的立场比这更为微妙,也更为尖锐,但这丝毫不影响他对人工智能以及其他学科所产生的影响。最具影响力的是他那略显扁平的记忆,而非那个活生生的、会呼吸的、复杂的人。

8.2.4节和8.2.5节中将对上述观点及其他反对内省式人工智能的观点进行回应。

8.2.2 认知心理学对内省的态度

"意识研究近代史"(Johansson et al.,2006)中引用最多的论文便是"超越所知:心理过程的口头陈述("*Telling more than we can know: Verbal reports on mental process*")"(Nisbett,Wilson,1977)。尼斯贝特和威尔逊抱怨称"……很难甚至根本无法直接对认知过程……进行内省"。他们将认知过程定义为"调节刺激反应效应的过程”，并将“真实”[①]的认知与内省内容进行了对比，其中，内省“是思维的结果，而非意识中自发产生的思维过程”。尼斯贝特和威尔逊整理的证据量如此惊人，从而奠定了该论文的权威地位。

只要人们认同他们的假说，这篇论文便无懈可击。然而，当人们试着检验其中的一些基本假设时，它就显得不那么权威了。请注意：论文作者是以心理学家的身份在撰写心理学论文，他们视自己为科学家，正如他们在结论中所述，这篇论文的确“葬送”了内省在心理学话语中的前途：

> 主观性陈述的准确性如此之差，由此表明，任何将要进行的内省都不足以产生大体准确或可靠的陈述。

从科学的角度来看，这足以否定内省成为真理之源。但是，这是否也足以否定内省成为技术模型的来源呢？请注意，他们要求的是“大体正确”的报告。这是否是开发人工智能所需的真理层级呢？8.2.4节将对这一问题进行探讨。

他们抱怨，主观性陈述往往只是由先验理论生成，而非来自某些真实的观察。为保持科学的纯粹性，他们不再讨论主观性描述数据是否融合了真实观察与文化负载理论。最终得出了一个严肃的结论：应当忽略这样的陈述。

与德雷弗斯（1979）一样（见2.2节和2.3节），人们同样担心认知层级是虚构出来的（见6.5.3节），因此尼斯贝特和威尔逊（1977）将认知层级定义为“真实”（“real”）层级着实令人忧心。但我们可以暂时搁置这个问题，接受多元观点：“真实”层级或许是认知层面的，或许是神经层面的，抑或是现象层面的。对此，我唯一想说的是，这些持不同观点的人似乎都一致认为，只有“一个真正的真理”存在，除此以外皆是谬论（有关这一信条见4.2.2节）。这一立场在科学领域或许是合理的，但在我看来（5.1.3节），这种观点在技术领域会适得其反。人们对内省技术上的有效性抱有疑虑，下文将对此做进一步论证。

与8.3.3节相关的一个颇为有趣的事情：尼斯贝特和威尔逊以充分的证据证明了内省在“实际”认知过程中几乎没有任何价值，对自身思维过程进行内省式阐释，这是人们的一种盲目自信。尼斯贝特和威尔逊进一步推测了这当中的原因。他们讨论了“产生内省确定性的条件……即当原因条件①数量不足时，②……③……信任程度相对较高。事实上，我们呼吁使用内省来支持这一观点”（Nisbett，Wilson，1977）。这里的有趣之处在于，他们竟然呼吁将内省作为其证据的来源，由此看来，他们或许并不像他们自己所声称的那样反对内省。

---

① 尼斯贝特和威尔逊（1977）在此使用了“真实”一词，但还请回想一下5.2.3节中“真实”一词的使用。

作者阐述了"中间输出信息"("intermediate output")与实际认知过程之间的区别,前者可供内省使用,后者则不行。为了阐明中间结果如何成为内省的内容,他们举了这样一个例子:要求某个人通过回忆舅舅的姓氏来回忆自己母亲的娘家姓,并对此过程进行描述(Nisbett, Wison, 1977)。这一点与10.3.5.1节内容具有相关性。我们可以在此提前预习后文的主要观点,了解如何从科学和技术的差别中获得关键的"现金价值(cash value)"(5.1.3节):在人工智能编程中,如果我们仅是了解事情的概况,而不清楚其实现的方式(正如作者所抱怨的),那么作为程序员,我们便可替换掉现有的一切技术手段来实现计算机中类似的功能。人工智能不是科学,而是一种技术,我们大可不必采用与大脑或认知系统相同的技巧。

人们为什么如此相信自己的内省,尼斯贝特和威尔逊对此做了推测。作者在结论中论述的最后一个原因:人们一想到对自己的心智一无所知,便会"惊恐万分"。我想反驳的是,继华生之后(主要是1913年),对一切主观性洗垢求瘢已成为心理学界的时尚(Costall, 2006)。科学心理学直至最近才从这种偏见中恢复过来(Seth, 2010)。

另请参阅我对"出声思考"的分析,以及7.3节所论述的"出声思考"与内省的关系。

8.2.3 其他异议

赫伯特·西蒙在其人工智能研究以及其他主题的论文,尤其是心理学论文中,延续了华生对内省的反对。当然,他的问题要更为复杂些(见1.6节和8.3.3节)。

我与苏塞克斯大学学者的探讨或许能够说明,认知科学界反对内省的主要原因,实际上都反映了人们对内省的客观性抱有各种疑虑。我们无法判明争论中孰是孰非,甚至其内部也缺乏一致性,同一个人可能做出自相矛盾的陈述。下面我就这些问题和上述(8.2.1节和8.2.2节)反对意见进行论述。

本章旨在提醒并说服读者,将内省作为人工智能开发的基础是合理的,或者说,没有必要禁止内省。下一章将论述:人择人工智能应积极探索内省的应用。

8.2.4 发现与证明

在科学哲学中,"发现"和"证明"有所不同,科学家们通过"发现"获得思想,而"证明"则为科学家们提供证据,以支撑其主张(Schickore, 2014)。在"发现"背景下，牛顿从掉落的苹果中获得了灵感，从而发现了万有引力定律；凯库勒(Kekulé)在打盹时梦见了蛇在咬自己的尾巴，这让他产生了环形分子的想法(Rothenberg，1995)。科学家必须在随后的证明中为自己的方程式或模型提供证据，而在发现的灵感下，他们可以天马行空。那么，为什么人工智能领域的研究者在进行新的人工智能设计时不能自由地应用内省呢？我们在公布新的优良设计前，必须以软件的形式对其进行测试，这样才能保证实验的完整性不会受到破坏。我并不想让内省踏入科学事实(scientific fact)的神圣之地，否则，华生和西蒙一定会暴跳如雷。我不过是想将内省引至科学思想的“门厅”。此外，就人工智能而言，我们所求更少，只不过是让内省提供一些技术思想灵感而已。

因此，原则上，在发现的背景下，所有的灵感和思想来源都是被允许的。但这里似乎有个问题，一个需要注意的细微之处：上述观点使得内省成为一件“琐碎之事”，人们很可能会说，就像建议人们散长步或喝果汁一样，推崇内省可以提高人工智能的创造力。对此，简单粗暴的回应或许是“那就这样吧”。本节中，我只是在与“禁止内省”的观念作斗争。如果我可以证明内省和散步一样合理，那么我的任务就完成了。第9章将就内省对人工智能的积极作用作有力的论证，此处暂且搁笔。

然而，请注意上述三个例子：牛顿的天降苹果、凯库勒梦中的咬尾蛇，以及人工智能与散步。在发现的背景下，这些例子原则上虽均可行，但却截然不同。牛顿当时正在探索重力，所以，掉落的苹果与其研究内容直接相关。人们可以推测，当看到苹果掉落时，牛顿或许正在思考行星的运动，因此，他将二者结合起来，提出同时适用于天地的、统一的重力理论。在这个例子中，新的思想来自相关物——重力。凯库勒梦见的咬尾蛇启示了环状结构。在凯库勒之前，尚无人考察过分子整体结构可为环形的可能性，因此，苯分子的结构一直是个谜题。于是，有关蛇的梦境为他启示了分子的形态。散步与人工智能本身并无关联。但正如第9章，尤其是9.2节所示，内省与人工智能却是息息相关、脉脉相通的。

对上述“琐碎之事”，以及人工智能界的理解，请参阅8.6节。

8.2.5　科学与技术中的真理

对主观性和内省颇有微词的文献主要集中于心理学领域，其焦点在于人类行为自然事实相关知识与模型的发展评估问题。最为著名的是约翰·华生(1913，1920)。作为技术的人工智能则情况有所不同(Franssen et al.，2013；Simon，1981)：成型的人工智能机器其最终标准并不是“这是真的吗？”“它预测得准吗？”，而是“它能正常运行吗？”“它有用吗？”，甚至是“该产品卖得好吗？”(见

5.1.3节)。

在科学领域,人们关注的是将不准确或错误的“事实”排除在已有知识体系之外。这出于下列动机:

(1) 一个错误会引发错误的预测。

(2) 不一致可能意味着一切可能性。

(3) 原则上,任何问题一旦进入“知识体系”,就很难从逻辑上对其精确定位。典型事例参见逻辑整体论(logical holism)思想(Quine,1976)。

(4) 在实践中,要找到并根除一切错误的“事实”可能需要很长时间——例如,地心说在天文学中存续了上千年。对此类模型的修正在科学教学中扮演了重要角色(Matthews,1994),也因此成为科学界恐惧错误的主要源头。

在技术领域,对“错误事实”的忧虑远没有那么深重。如果我们的假设或模型是错误的、有偏差的或不准确的,那么应用该技术的产品很可能无法工作,或至少比其他替代产品表现更糟,很可能在几周内(如果不是几分钟内的话)便遭到抛弃,不用等几年、几十年或几百年。这一切都是因为技术的生命周期短、实用性强,且是经过精心设计的。

当面对一个无法理解的自然现象时,我们对其进行探究的能力可能受到各种复杂因素的制约:系统内部可能存在微妙的交互作用,无法隔绝于世(Reutlinger et al.,2014),也可能尚未发现运行其中的物理原理。此外,在科学中,无法解释的现象本身可能具有整体性,无法屈从于我们惯常的模块化分析。另一方面,在技术上,我们有预期设计,通常是模块化的,且包含易于理解的预期因果链。因此,当出现问题时,我们至少可以从这个预期因果链中定位被切断的环节。但这并不意味着技术上的所有问题都能轻易获得解决,只不过是更易于识别故障、定位故障,并隔离“可疑”模块,同时再一次假设一个带有明确预期因果方案的模块化结构。

在高度复杂的系统中,如一台满负荷的现代个人电脑,可能涉及数千万或数亿行源代码,没有一个人或是齐聚一堂的整个团队能够理解系统正在运行什么。此外,有些软件太过老旧,无人知晓它的工作原理。这种复杂性可能带来一种表面的神秘感,因为在实践中,预期因果链(可能发生故障)甚至都不为人所知。但这并不影响这样一个事实:技术在原则上是易于调试的。

理论与实践之间的区别可能牵扯数千程序员多年的时间,但投入一定的资源进行真正的系统调试也只不过是一个管理决策。

有人可能会反驳,一切真实的人造物都超越了其初始设计,这本身就是一种现象,可能会像自然现象一样产生诸多奇怪的影响,如镭对胶片的影响(Mould,

1998)。对此存在两种可能的回答:第一种是接受批评,并称之为惯例,这表明,技术性人造物发展出真正无法解释的行为,相比自然现象的情况要罕见得多;第二种回答在本例中具有决定性,认为在这一讨论的主题中,我们拥有不同品质的想法,这些想法最终将以软件的形式来表达。软件需要计算机运行,作为一种成熟的技术,计算机专门被设计成以数字和确定的方式运行(B. C. Smith,2005)。因此,只要硬件平台不出现严重故障,软件行为就是确定的、清晰的,或至少在理论上是明确的,正如上文所述。

此外,如果技术行得通,人们对于任何固有真理价值的典型态度是“谁在乎(who cares)”。实用是技术的要义。至于技术出现了“有意思”的故障,另一个深刻的观点是,这种技术会将对话转移到科学上来。上述两类观点的示例便是安慰剂效应(placebo effect)。安慰剂“本不应”起什么作用,但却效用显著。只要医疗从业者充当工程师的角色来治疗病人,他们就会使用效果显著的安慰剂疗法。与此同时,安慰剂效应也是科学研究的一个活跃领域。从本质上说,工程学专业似乎对极为困难的问题不感兴趣,通常将其留待科学解决。再比如,动物克隆往往是成功的,也可以被看作是一种技术。然而,文献中描述的克隆动物往往不如自然繁殖动物寿命长。这一异常现象成为了科学研究的课题(Klotzko,2001)。①

因此,相比科学,我们在技术上保护真理免受谎言污染的焦虑要小得多(另见5.1.3节)。

8.2.6 “禁止内省”示例及总结

关于真理如何发挥其在人工智能中的作用,以及真理缺乏时该如何解决,“神经活动中固有观念的逻辑演算”一文(McCulloch,Pitts,1943)对上述问题产生了巨大影响。随着时间的推移,它启发了有限自动控制机(finite automata)和集成逻辑设计(integrated logic design,计算机电子技术的核心)的概念,并对人工智能¬的神经网络概念做出了重要贡献(Piccinini,2004)。所有这些都已实现,尽管论文做了如下假设:

> ……精神状态(mental states)可通过赋予命题内容的精神原子(mental atoms)(心灵粒子(psychons))进行分析,精神现象的神经关联(neural correlates)与神经元脉冲(neuronal pulses)的精确结构相对应:

① 特别感谢乔什·温斯坦(Josh Weinstein)对这些想法的探讨。

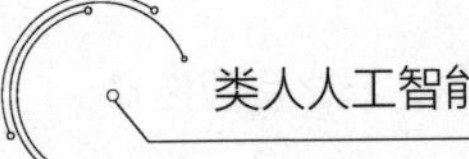

单个脉冲对应单个心灵粒子,脉冲之间的因果关系对应心灵粒子间的推理关系(inferential relations)。

(Piccinini,2004)

现在回想起来,虽然这些假设是错误的,但仍推动了计算机和人工智能技术的巨大进步。

内省作为人工智能设计的基础是合理的,因为它只是应用于发现的背景之下,而这正是创意诞生的地方。依此形成的任何想法均须在后期接受经验的检验。此外,即使某些"错误"在某种程度上经由内省渗入到了技术研究的最终"发现"中,它也很快会被淘汰,因为技术(尤其是计算机技术)中概念的生命周期比科学中要短得多。对于人工智能,我们的确不需要"大体正确且可靠的陈述"。回想一下,这正是尼斯贝特和威尔逊(1977)的抱怨之辞(见8.2.2节)。

8.3 "司空见惯的"内省

到目前为止,已讨论了认知科学的主流偏见——内省是"错误的",因此必须禁止。现在,我们转向两个非主流的群体。首先是"承认者(admitters)"。尽管抱有偏见,这些人仍然承认内省的使用。令人惊讶的是,一些极度反对内省的人也应用了内省(如赫伯特·西蒙,见8.3.3节和1.6节);他们偶尔也或多或少地公开承认这一点。在8.4节中,将讨论对于内省的拥趸,主要是德雷弗斯。在8.5节、9.3节和10.1.4节,我们将讨论除了内省,人工智能研究者是否还有其他的选择。

本节就内省的使用或反对进行了正反两方面的证据调查。反对意见认为我的论证空洞乏力,上文对此做了至关重要的回应:人工智能研究者已然在自由、充分地应用内省(这一点将在8.6节中进行论述)。

8.3.1 最具影响力的证据

关于内省的使用,最具影响力的证据既不那么具体,也不那么个性:

我在人工智能领域找到的第一个,也是唯一一个直接证据来自雷·索罗门诺夫(Ray Solomonoff,1926—2009),人工智能的奠基者。他是算法信息论(algorithmic information theory)的创始人,也是1956年达特茅斯人工智能会议与会者之

一(McCorduck,2004)。他(在一篇不幸被忽视的论文中[①])写道:

> 几乎所有的人工智能都致力于复杂性问题……因不断取得成功而不断尝试,……这些成功通常都是通过内省而获得;实验者正在机器中建模自己的部分思维。
>
> (R. J. Solomonoff,1968)

正如本节所示,相关证据并未具体说明使用了何种内省。这表明,内省在人工智能界并不受欢迎——因为那些学者在其他问题上并不会吹毛求疵。例如,人工智能到底是基于某种机制的直接感知,还是基于这种机制的推断,我们在此看不到任何解释(见7.3.2节)。

社会学家雪莉·特克尔(Sherry Turkle,1948—)转述了她采访的一些人工智能主要从业人员的证据:案例推理(Case-Based Reasoning,CBR)之父罗杰·尚克(Roger Schank,1946—)说:"只有一个地方可以获得关于智能的此类想法,那就是思考自己。"我们可以肯定地认为,这种思考建立在自我观察的基础之上——否则,他为什么会想到自己而非其他具体的例子呢?尚克是一个应用了内省却又极力否认的极端例子。案例推理(将在11.2节中进行详细讨论)似乎源自内省,但我在尚克发表的人工智能著述中并未发现任何关于内省的内容。在特克尔的一次个人采访中,他承认了自己有所隐瞒——参见上文引文。

特克尔也转述了唐纳德·诺曼(Donald Norman,1935—)曾说过的话:"最终我只是观察自己,如果感觉正确,那我就必须相信。"马文·明斯基(Marvin Minsky,1927—2016)参与了众多项目,其中之一便是构建即兴创作爵士乐的人工智能,因为他自己也是爵士乐的爱好者。明斯基明确禁止在他的实验室里使用任何"心理数据"(psychological data),因此他们使用了内省。明斯基解释道:"你要做的就像弗洛伊德所做的那样。汤姆·埃文斯(Tom Evans)和我都对自己进行了深入的问询,我们怎样做来解决这样的问题,这种方式似乎十分奏效"(Turkle,1984)。

特克尔解释道,上述做法并未被视为可怕的"内省",原因有二:"首先,他们说,试图以程序的形式捕捉一个人的思维过程,会迫使你客观地面对自己最初的想法:你认为你是如何思考的……你可以朝着越来越接近的方向努力。"研究人员要寻找的是"既'感觉正确'又能'运行'的方法,这样才能产生正确的结果"。

---

① 就我所知,这篇文章之前只被我自己引用过(Freed,2013,2017),在一篇所罗门诺夫作品的回顾性综述中也出现过(Dowe,2013)。

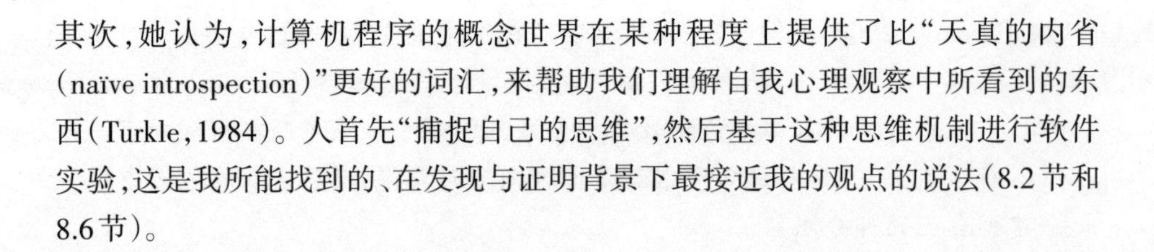

其次，她认为，计算机程序的概念世界在某种程度上提供了比“天真的内省(naïve introspection)”更好的词汇，来帮助我们理解自我心理观察中所看到的东西(Turkle，1984)。人首先“捕捉自己的思维”，然后基于这种思维机制进行软件实验，这是我所能找到的、在发现与证明背景下最接近我的观点的说法(8.2节和8.6节)。

8.3.2 显见的特定案例

本节讨论人工智能领域中应用内省的显见案例，但“显见”一词在这里扮演了两个不同角色：人工智能研究人员承认在特定案例中明确地使用了内省，因此“显见”一词是“清晰”的意思。然而，在其他情况下，是否应用内省只是一种推断，甚至是推测，因为当下盛行的忧虑阻止了研究者承认内省的使用。在这种对内省的使用持“可能”或“怀疑”态度的情况下，一些特定的案例就是“显见”的。本节的目的有二：展示人工智能中内省应用的具体案例，以及研究人员如何与内省保持距离。

作为一种弥合性案例，菲尔·阿格雷(Phil Agre)既应用内省审视了他人，又对自己做了具体的论证，他说：

> ……一开始，我在笔记本里记满了自己日常生活中极为详尽之事。当时，我已经开始专注于规划自己的研究，于是我决定搜集一些现实生活中的例子。在此过程中，我丝毫不留情面地遵循了(上文8.3.1节引文中)特克尔所描述的人工智能内省传统。许多早期的人工智能研究者显然在某种程度上试图利用电脑再现自己的心理过程，其中，许多人利用内省来推动程序的编写。当然，内省作为心理学一种正式的研究方法，早在几十年前就已经不足为信了。但人工智能研究者并未将内省视为证据，而是将其视为一种灵感；因为计算机系统功能为研究的成功提供了充分的标准。他们认为，是何种经验激发了系统的设计并不重要。而内省触手可及。可我自己的实践与内省有一个重要的不同：内省试图观察和描述特定控制条件下的心理过程，而我则试图回忆和叙述发生在自己日常生活中的具体活动。
>
> (Agre，1997)

阿格雷对内省的理解非常有限——他认为内省通常是在受控条件下完成的——作为一种心理学技术，这在华生之前的时代是基本正确的。但内省的定义中并未对此做出要求(见7.2节)。阿格雷将内省描述为"灵感",从某种意义上来说,这是在发现与证明背景下与我的分析最为接近的思想,在这个意义上,他是离我"最近的邻居"。阿格雷最终编写出了"Pengi"程序。该程序并非基于他自己的内省,而是基于海德格尔哲学(Dreyfus,2007)。因此,阿格雷研究的基础有三:①对自我日常生活的自述;②华生之前心理学家所采取的内省;③海德格尔式信条。即便是阿格雷,我们也看到了他在极力保持与内省的距离——"我自己所进行的实践与内省之间存在一个重要的不同点……"本书建议,应有意识地、毫无顾忌地将内省作为人工智能开发的基础。请注意,阿格雷对"规划研究"("planning research")感兴趣,这一态度有些复杂,而我在这里感兴趣的是发现潜在的人类机制并对其进行编程,而非大多数人工智能所追求的那种"西方现代训练有素的成人"或"正确的"思维(见第6章)。

通过个人研究并记录日常生活的"点滴故事",阿格雷最终依据海德格尔哲学,基于一个简化的版本编写了他的软件(Dreyfus,2007)。以下内容可以说并非一种推测:相比于备受非议、遭受禁止的个人内省,阿格雷更喜欢"受人尊敬的""正确的"学术数据来源。我曾经提到,研究人员"逃避"内省、拒绝全身心地投入相关研究,这种偏好在发现的背景下是不必要的——但就明确使用内省这件事情,阿格雷是我所遇见的最勇敢的研究者。

我们再来看看艾伦·图灵(1912—1954)在20世纪40~50年代对国际象棋的研究:

> 如果让我用几个词来总结上述系统的不足(weakness),我会将其描述为自导自演的讽刺漫画(caricature of my own play)。事实上,它是对我玩乐时思维过程的内省分析,并进行了大量简化。其存在的疏漏与我本人的疏漏非常相似,且在两种情况下,这些疏漏都可归因于选择不当的一系列行动。
>
> (Turing,1953)

注意,图灵认为自己将内省作为模型的基础,这是一个"不足"。他在这里是否受到华生的影响值得怀疑,因为他不像其他人工智能开发者那样是一名心理学家,但他对内省持保留态度,这一点是明确的。值得注意的是,他也的确指出,类似的错误很可能是基于自然思维模式而产生的。

还有两个案例,我们也有理由相信内省在其中的应用,尽管这一点并未得到承认。罗杰·尚克删除了其公开发表的研究成果中一切关于内省的内容,但在一次采访中却承认了这一点。这一情况已在8.3.1节中进行了讨论。模糊逻辑(fuzzy logic)的案例可做更好地推测。

模糊逻辑起源于罗特夫·扎德(Lotfi Zadeh,1921—2017)的论文《模糊集》("Fuzzy sets",1965)。该论文并未表明扎德最初是如何获得这些想法的,只提及他所思考的是人的思维方式,而非计算机。有一种合理的可能性是,扎德当时正在思考如何让概念(concepts)、类别(categories)和集合(set membership)为自己或他人所用。第一个案例是一种内省,即以自己的思维作为设计的基础,而第二个案例是以第三人称视角研究人们如何进行操作或做出猜测。麦克尼尔和弗雷伯格(McNeill,Freiberger,1994)为我们提供了最接近扎德传记或"模糊"概念历史记述的文本。他们说:

> ……他曾答应当月晚些时候到兰德公司工作,但当时尚未选定研究主题。于是,他躺在床上,用他最喜欢的思考姿势思考着复杂系统。然后,模糊集合(fuzzy sets)的概念灵光一现……

据我们了解,自1964年7月躺在床上灵光一现的经历之后,他再未参与任何有关人类心理学的研究交流活动。我们假设他在发明模糊集概念、继而建立模糊逻辑的时候是在内省,这可能并非是一个多大的错误表述(参见11.1节和10.1.4节,第4部分)。

请注意,无论我们是否接受"扎德在进行内省"这样的推测,他基于"人类如何思考"这一问题所产生的主观性的、新颖而不寻常的概念立即成为了数学语言的表达式,无论是"集合理论(set theory)"还是"逻辑",都被人们所接受。即便是在发现的背景下,研究人员在保持"科学性"这一问题上所面临的压力似乎也不允许他们对内省敞开心扉。这是一个哲学层面的错误,但不应对上述任何学者造成不良影响,因为他们并非哲学家。然而,此处哲学的作用在于,明确指出在发现背景下逃避内省是一种无稽之谈,且很可能阻碍对新思想的探索。

8.3.3 主流认知科学对内省的应用

赫伯特·西蒙继承了华生对内省的反对,并致力于将行为主义的诸多传承纳入认知范畴(Costall,2006)。然而,当他1955年在兰德公司开发"逻辑理论家"(Logical Theorist)人工智能程序时,他阐述道:"我在解决问题的过程中进行了大量内省,所以我试图从原理上解决一些问题……我边走边琢磨人们是如何解决几何问题的……突然我有了一个明确的信念……"(McCorduck,2004)。

正如7.3节所述,西蒙显然进一步延续了华生的"出声思考",并广泛撰写了有关"出声思考协议"(thinking aloud protocols)的使用原则,最终,他完成了自己的专著《协议分析》("*Protocol Analysis*")(Ericsson,Simon,1993)。我此前已经阐明,华生-西蒙正统学派所倡导的出声思考与他们所禁止的内省之间是存在差别的:

(1) 出声思考的内容是思维过程的内容。在"经典内省(classical introspection)"中,陈述的内容是思维机制,而非思维内容。

(2) 在被禁止的"经典内省"中,进行陈述的是心理学家,是受过训练、有研究议程的人,而在出声思考中,则是实验中无经验的参与者。

西蒙使用了出声思考协议来开发人工智能。在开发通用问题求解器(GPS)时,他不得不对规则稍加改动:

> 然而,"仅靠观察"("just looking")这种基于实验策略的案例集只能在人类解决问题的过程中找到。数据密度(density of data)是游戏名称,而协议分析则是游戏方式。艾尔·纽厄尔(Al Newell)和我都认为,通用问题求解器的核心是从我们可识别的特定协议中直接提取的……通用问题求解器理论是在没有实验和控制条件的不利情况下,从单个实验对象的出声思考协议中直接归纳得出。
>
> (Simon,1996)

在使用单个实验对象的单一协议时,他放弃了一些科学公正性原则。此外,在使用特定协议时,他似乎打破了上述受禁内省与出声思考之间的界限——他的确启用了无经验的实验对象,但他启用被试并不是为了获取他的思维内容,而是为了收集思维机制的有关信息。这可以说是在以代理的方式进行内省。

尼斯贝特和威尔逊尽管并未直接参与人工智能,但他们在一篇认知科学领域高被引的论文中也提出了反对内省(见8.2.2节)。然而,他们仍无法全然避免内省,当然也不能轻易地承认内省。正如我们在上文所见,在收集了大量数据证明内省是一种错误之后,他们转而继续推测人们为什么会对自我内省抱有一种主观确定性,并提出了自己的理论:"当原因条件①数量不足时,②……,信任程度相对较高。事实上,我们呼吁使用内省来支持这一观点"(Nisbett,Wilson,1977)。

8.3.4　"司空见惯"的内省:总结

由此可见,尽管人工智能界对内省有一种根深蒂固的、发自内心的反对(8.2

节),内省(至少有些时候)在某种程度上仍是被允许的,且"经常"取得成功(8.3.1节),此前也已被广泛使用。这一声明并非要将不同思想家的观点融合成所谓的"奇美拉式"[①](chimera-like)观点,而是想明示人工智能研究领域广为接受的行为。

内省常常受到数学偏见的影响(见10.3.3节),研究人员在描述其解决问题(如国际象棋)的方法时,并没有采取中立、类人的方式,而是以理想化的方式进行;就像人类对棋盘的各个区域给予同等关注(如图灵),且(在搜索深度的限制内)从不出错(如西蒙);就好像人类所有的思想都是理性的(见4.5.4节)。

此外,尽管许多认知科学家和人工智能研究者都使用了内省,一些人甚至承认了这一点,但他们仍然感到羞怯,并为此深感内疚。在本章中,我主张内省是可被允许的(这下他们可以稍稍放轻松了)。在第9章中,我坚持认为,内省实际上是人择人工智能极好的、可信赖的基础,同时暗示这同样适用于认知科学的其他领域。我认为,上述学者应用内省时的问题便在于:他们太过胆怯。第10章将详细论述如何更加卓有成效地应用内省。

8.4 "可圈可点的"内省

回顾一下:本章内容主要是讨论先前人工智能学者是如何理解内省的。大多数学者反对内省,几乎都引用了华生的理论(1913)。我们已经看到,既然我们在这里讨论的是技术发现问题,那么,这些反对意见就站不住脚了。此外,我们甚至还发现,那些诋毁内省的人也在以非正式的方式应用内省。为了完整起见,在这里还要讨论一下德雷弗斯的观点(Dreyfus, 1979,1986,2007),他以间接的方式热情地支持着内省的使用(见2.3节)。

8.4.1 内省与现象学

现象学是哲学的一个分支(主要是德文著述),它试图通过内省来完成同行评议的经验陈述。这一传统研究领域的主要人物包括胡塞尔、海德格尔、梅洛-庞蒂、伽达默尔、哈贝马斯(Habermas)以及德雷弗斯等人。德雷弗斯是人工智能领域现象学的坚定拥护者,但他并没有做出任何技术性贡献,因此被许多人认为

① 奇美拉是古希腊神话中的怪物,拥有狮子的头,山羊的身躯,蟒蛇的尾巴。现在,人们还用"奇美拉"一词指代一切杂交的动物或合成兽,也可指代"一种不可能的想法""不切实际的梦",或一切人们想象出来却无法实现的事情。——译者

是人工智能领域的边缘人(outside)。惠勒(2005)试图运用动态系统(dynamical systems)、行动-导向表征(action-oriented representations)及其他概念将现象学融入主流认知科学。

正如人工智能的历史与认知科学的历史相互交织一样,德雷弗斯对人工智能的批判与他对认知主义的批判也相互纠缠(Boden,2008)。但是请注意,德雷弗斯并未将类人人工智能与理性人工智能区分开来,同时,也未将技术人工智能与科学人工智能加以区分(见6.1节和6.4节)。

8.4.2 奈瑟尔与德雷弗斯之争

让我们回忆一下2.2节中德雷弗斯与(认知心理学创始人之一)奈瑟尔之间的争论。

从表面上看,德雷弗斯与奈瑟尔相互对立——前者是唯心主义者,后者是还原论物理主义者(reductionist physicalist);前者对主观性感兴趣,后者则更青睐于客观性。可以说,他们完全不是一路人,二者毫无共性可言。但他们也确有相同的特点:二者都认为自己的视角是真实的,能够构成现实,应该将其他立场排除在外。这种将"单一真理"或"现实"凌驾于其他一切真理之上的想法是教条的,完全没有必要(见4.2.2节和5.2.2节)。科学的目的或许是得出一个特定的真理(尽管波普尔、库恩和我记得的其他一些科学哲学家并不认同这一点),但技术的目的绝不是得出某一特定的真理(见8.2.5节),而是制造并销售人们视为有用且可能再次购买的产品。因此,务实地采纳不同的视角,这不仅是一种选择,在技术和经济上也是一种当务之急。

8.4.3 内省与现象学的对决

将现象学作为人工智能的基础存在一个主要问题:以现象学家那种精雕细琢却有些含糊的华丽语言来编写软件,这是非常困难的一件事情,甚至不可能实现(参见4.4节埃德·费根鲍姆对现象学的回应,以及麦考德克相关论述(2004))。现象学家在人类起源的研究上如此先进,以至于我们没理由回到100年前要求他们用数据结构和算法建立起更为简单的模型。将这种限制强加于他们的研究领域也是不公平的。因此,我建议将内省(而非现象学)作为类人人工智能的基础:以人工智能从业人员个体所进行的内省作为新型人工智能设计的基础。

为使现象学和内省更为准确、科学、受人尊敬(Jack,Roepstorff,2003,2004),人们近期已经做过几次尝试。这些方法,就像赫尔伯特的异类现象学(见7.1.5

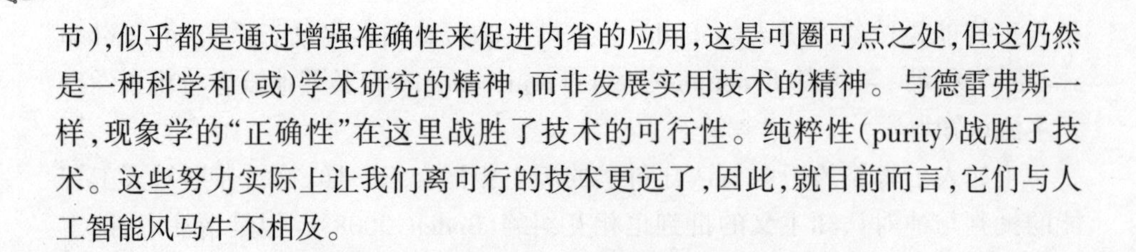

节)，似乎都是通过增强准确性来促进内省的应用，这是可圈可点之处，但这仍然是一种科学和(或)学术研究的精神，而非发展实用技术的精神。与德雷弗斯一样，现象学的“正确性”在这里战胜了技术的可行性。纯粹性(purity)战胜了技术。这些努力实际上让我们离可行的技术更远了，因此，就目前而言，它们与人工智能风马牛不相及。

8.5 “无法避免的”内省

这里只提出一个大致的想法，在9.3节将做进一步阐释，届时将引入更多概念。这个想法很新颖，但未必它就是正确的(这是一个开放性的项目)。在此处只是陈述一种立场，就内省在人工智能中的作用进行另一种立场的辩护。

依据定义，绝大多数(并非全部)人工智能都可以软件的形式呈现出来。在开发软件时，人们有两种选择(或是二者的组合)，即使用已有的代码或算法。在这种情况下，要么没有新的东西出现，要么产生某些新的东西。那程序员又是如何想出某种新方法来完成任务呢？这就要求他们牢记所要解决的问题，并在某种意义上想象自己是(或身处其中)一个python解释器，或英特尔处理器，或类似的软件环境，并反问自己如何完成手头的任务。然后，程序员将代码想象成自己完成任务所要执行的指令日志。所以从这个意义上说，所有的原始编程都要求程序员像舞台演员一样，将自己投射到软件环境的世界中。为了完成手头的任务，他需要编写日志，记录下他在这个世界里要执行的所有指令。更多细节将在第9.3.2节中进行探讨。

如果这一论证成立，那么，禁止或诋毁内省成为人工智能软件开发基础的立场将会大打折扣。如果内省是所有编程的内在特性，那么要求我们编写软件却不进行内省便是一种自相矛盾。

可能的一种驳斥是，编程需要内省，这与接下来要讨论的“在定义程序员需求时将内省作为一种思想源泉”，二者是毫不相关的。就这一特定论点的主体内容而言，我仍是不可知论者，但我认为，这一观点将有助于完整地探讨人工智能研究中内省的合理性问题。

8.6 复合式立场

在讨论完上述全部立场后，另一种复合式立场便可能顺势而显现。或许上述几项研究与我的观点有几分相似(虽然没有明确表述):内省在发现背景下是合理的,而在证明背景下则没有合理性。这可能就是一些研究者的名字既出现在8.2节("应予禁止的"内省),也出现在8.3节("司空见惯的"内省)的原因。这种观点是推测性的,因为我在人工智能相关文献中并未发现这些概念。但正如8.3.1节中引文所述,特克尔给出了相应的解释,在人工智能领域的研究中使用内省是合理的,其原因有二:"首先,他们说,试图以程序的形式捕捉一个人的思维过程,会迫使你客观地面对自己最初的想法:你认为你是如何思考的……你可以越来越接近那些既'感觉正确'又能'运行'的东西——这样才能产生正确的结果。"其次,她认为,计算机程序的概念世界在某种程度上提供了比"天真的内省"更好的词汇,来帮助我们理解自我心理观察中所看到的东西(Turkle,1984)。

现在,我们可以进一步深入分析思想家头脑中考虑的科学方法类型问题——但那需要作更高层次的推测。事实依然是,人工智能研究者一边接纳内省作为思想源泉,同时又拒以内省为证据来源,对于这一情况,没有任何研究者做出合理解释。我们也根本无法获得相应的文本来进一步澄清情况。所以,让我们(本着慈善的精神)进行假设,这些人工智能研究者早已经预见了我们目前基于发现和证明所做的分析,因此,(本章到目前为止)我们最多只是重述了公认的观点而已。不幸的是,这种分析并不成立,因为如果他们真的认为可在发现的背景下自由使用内省,那么,他们一定会这么做。然而,正如我们在8.3节中所见,后文10.1节也可略见一斑,迄今为止,内省在其存在范围内的使用已经被缩减到了最低程度。例如,扎德(见8.3.2节和第11.1节)提出了关于概念的模糊边界,然后便尽可能地避免一切进一步的"可疑行为",继而退回到数学的安全地带中。在此当中,他对内省的使用始终保持着最大的节制,就像厨师在使用着某种强有效却遭人反对的配料一样:节制、胆怯、尽可能低调,即使知道没有该配料的菜会索然无味,但仍尽可能地隐瞒顾客。至于为什么会出现这样的情况,我们只能做些推测(我在第3章和第4章中为这种推测提供了一些背景知识)。社会学家特克尔的观点与我不谋而合:人工智能研究者视自己为科学家,他们期待人们看到自己使用的是良好的科学方法。这一点在西蒙的抗议声明中表现尤为突出,他认为自己偏离科学的方法是可接受的(见8.3.3节),华生在论及"科学人"(J. B. Watson,1920)时也暗示了这一点。此外,科斯塔尔(Costall)的著述中亦可见端倪(2006)。再回想一下派珀特的观点:我们否认自己的自然思维过程,假装在有逻辑地思考着(3.1.1节)。

唯一心无挂碍地应用内省的是德雷弗斯及其追随者(暂时忽略个人内省与系统现象学的差别)。但是在这些自由内省者中,几乎没有人编写出任何代码。

阿格雷确实进行了内省，并试图编写一些海德格尔式的概念，但他仍被指责为“不够海德格尔式”(Dreyfus，2007)。为什么德雷弗斯没有称赞阿格雷向正确的方向迈进了“第一步”呢？这可能与德雷弗斯自己的清教主义思想及其对“第一步谬论(first-step fallacy)”[①]的嘲笑有关(Bar-Hillel，2003；Dreyfus，2012)。正因为如此，我们便有了那些很少进行内省的人工智能研究者，他们并未真正体会到内省的诸多好处；我们同样还有了“不可一世”的严肃的内省者/现象学家，他们没有编写出任何实际可用的软件，却引发了一场听障者的对话——德雷弗斯在人工智能领域几乎找不到知音(McCorduck，2004)。阿格雷是唯一一位有意识地、公开使用内省的人，就像本书所倡导的那样，但他却被争辩双方驱离到了专业领域之外。

就此为止，我们可以得出结论：在发现背景下应允许自由地使用内省，但内省过程切不可失控，不能为了内省而内省，或是因过于精细导致模型编程无法实现。然而，还是会有人忧心，因为内省会产生什么样的信息，我们仍一无所知。

8.7　内省中的真理类型

内省到底给我们带来了什么？如果我们能直达确定的真理，或至少能像我们在处理客观世界日常事务时那样拥有清晰的观察，那便再好不过了。但事实并非如此。让我们调查一下其中的疑虑和立场。我们应该在何种意义上期待内省陈述是真实的？与其他关于内省的讨论一样，这项调查并未得出令人满意的结论(见7.3.4节)。不过，正如第9章所示，我们仍有了一个前进的方向。

(1) 内省不可能是科学的。在认知科学领域，我们沉浸在理性主义传统之中(见2.4节)。其主要原则之一是，我们“用具有明确属性的可识别物体来描述情境所具有的特征”(Winograd，Flores，1986)。我们发现这种态度在科学、技术、法律、贸易和许多其他公共(或外部)性质的描述中极为自然。然而，一旦进入主观领域，我们的主观经验就很少会有这样“清晰明确的”(Descartes，1952)可识别之“物体”。甚至“事件”(“events”)、“物体”和“过程”(“processes”)这种分类也未必适用(史维茨格勃尔(2012)使用了上述分类来描述内省的特征)。在我们的思

① 依据德雷弗斯的描述，第一步谬论是指：人们总是认为，自从人类开启计算机智能工作以来，人们就一直在朝着通用人工智能缓慢前进着，并最终能够实现终极态的人工智能。人们还盲目相信，对代码和程序的任何改进，无论多么微不足道，都可算作一种人工智能的进步。德雷弗斯认为，这就好比说第一只爬上树的猴子正在朝着登陆月球的伟大事业前进，同样荒诞不经。——译者

维中,很少有某个“事件”或“过程”具有明确可识别的开端,有清晰结束点的情况就更少了(我什么时候不再害怕×了?)。心理过程并非“大小适中的纺织品样本”(Austin,Warnock,1964)。

(2) 内省是好的信息源吗?内省可以反映(或不反映)某些客观现实。许多持分析哲学立场的人们(受实证主义影响,见4.1节)认为,现实是一体的、外在的、客观的。从定义上讲,内省并不能给我们提供任何正确的观察,因为它所观察的事物既非是外部的,也非公开的,甚至不可被他人直接证实。然而,像伯克利(Berkeley)这样的唯心主义立场可能会说,除了我们对某种现实抱有的印象之外,不存在任何外在的现实,而外在的客观现实也仅仅是由主体间性构成。然而,即便是这样一种唯心主义立场,也很难表明一个人的内省可以建立起某种公共的“真理”或“正确性”。对于客观事物而言,内省常常是错误的(唯我论(solipsism)除外。在唯我论中,不存在与个人主观性相分离的客观性)。

(3) 内在的“内省视觉(introspective vision)”可以帮助我们正确或错误地看到正在发生的事情。记住,“视觉”这个词是一种隐喻。因此,当我们说出现了“错误视觉(wrong vision)”时,这是值得怀疑的。视觉就是它本来的样子——它是个体的经历,是对事件的内省或陈述。由此我们可以说,从客观上讲,内省陈述是不可修正的(incorrigible)(Schwitzgebel,2012)。这并非意味着内省陈述绝对可靠——绝对可靠是基于客观世界的定义,而内省则关乎某个特定人类的主观世界。那么,我们能够在何种基础上、以何种方式去质疑他人的主观经验呢?我们无法进入他人的主观经验!对于主观性问题,内省是不可修正的。这里无法保证内省者不会(有意或无意地)伪造自己的陈述。

(4) 在描述某种视觉时,拥有相关经验或技巧是极为有利的。储备了广泛的颜色和形状词汇,便可更好地对日落进行文字描述,我们也没有理由认为,内省的口头陈述不会从类似的技能中有所受益。同样的,与日落的描述类似,一旦视觉中更为广泛的“笔触(strokes)”得以描述,那么,如果耐心足够的话,便可以对更多细节进行描述。因此,尽管我们无法对内省的内容做外部判断,更不可能对这些判断做客观的辩护,但在上述层面上,内省仍有优劣之分。我们仍然可以对细节程度进行评估和鉴别。内省常常是可以改进的(见第10章)。内省的这种技巧是否改变了经验本身,抑或仅仅是一种描述,这或许是一个无法回答的问题。对科学来说,这又是一个大问题,而于技术而言,这一问题无伤大雅(参见7.3.5节)。

(5) 然而,当一个人看到某种场景时,其(从内在)“洞见”事物的能力很可能受到其价值体系(value systems)的影响(另参见7.3.4节中对中立观察所面临的困难进行的讨论)。这是下述关切的一种内在化形式(也可称之为“认知的”,自上而下的)。

(6) 在陈述内省视觉的内容时,人们或许不会说出全部的真相,因为那可能让人陷入尴尬之地,或是暴露出他们违背了某些价值体系。承认经常产生性想法或其他被社会所反感的内容,这很可能对其产生不利影响,因此,其陈述很可能有所偏差(Byers et al.,1998)。此外,内省陈述也可能因固守理论而遭到扭曲,例如,一个受过良好训练的科学家可能会声称自己在进行逻辑和数学思考,而事实可能并非如此。内省常常会受到其他因素的负面影响(10.3.3节将探讨如何避免这种负面影响)。

(7) 但是,这里存在一个显而易见的矛盾:我怎么能既说内省是“不可修正的”,同时又说它会“受到负面影响”呢?理论上,内省是不可修正的,任何一个在人工智能中实践内省的人,都可以尝试根据自己的内省经验进行设计,看看自己能做出什么贡献——这便是百花齐放、百家争鸣。然而,如果有人称其所有的想法看起来就像火烈鸟一样,或声称自己的一切想法都是数学式的(如西蒙(1996a)及人工智能领域其他许多人所做的那样),或断言其思想绝对可靠,那么,人们便有权质疑这些内省及其对人工智能的效用。这些质疑以这样一个假设为基础:作为人类,我们分享部分主观世界,就像使用双腿走路一样。有些人会有所不同,但也没那么不同。但那仅仅是一种看法。

加拉格尔和扎哈维(Gallagher,Zahavi,2012)将现象学定义为:被现象学界共识改进了的内省。我们可以打赌,作为人工智能算法,符合既定现象学的内省要比异常值(火烈鸟)好得多。截至目前,我们要解决的问题并不是要获得良好的内省或现象学(Gadamer,1979;Heidegger,1962)。不过,如果要为上述“洞见”编写程序,请参阅8.4.3节以及德雷弗斯的失败经历,他未能实现对任何事物的编码,并且不断抱怨没有什么人工智能是“足够海德格尔式的”(Dreyfus,2007)。

然而,仍会有人担心,内省难道不是一种混乱状态吗?诸多观点认为,内省作为一个过程,必然会对正在观察的现象产生干扰(Schwitzgebel,2012),内省可能不是一个自我观察的过程,而是自我定义的过程(Byrne,2005),内省如同其他观察一样,都负载着某种理论(Bogen,2014)。此外,如果我试图表明,内省(就客观而言)大体上是正确的,那么,这对上述每一种立场而言都将是一个重大的打击——综上所述,我们就明白了,为什么大多数研究人员会简单地否定内省,参见华生(1913)的观点。在此,我们并不主张某种真理,而是要求人工智能的合理效用。本章旨在展示内省的合理性,而非可信性。可信性是第9章的内容。本节内容也殊途同归,以另一种方式表明内省的合理性。

8.8　本章小结

内省在哲学界被视为可疑之事(8.1节),科学界又认为其当悬为厉禁(8.2节)。然而,在发现背景下,思想不应当受到限制。此外,担心错误可能以真理的形式介入其中,技术中的这种忧虑远小于科学。因此,我们可以看到,内省作为一种思想源泉是合理的,一些人工智能开发者也(半心半意地)认同了这一点(8.3节)。对于那些进行内省实践的研究人员而言,其问题恰恰在于,他们一边半心半意地实践着内省,一边却又吝于承认。正是这种羞于内省的态度,使得他们很难充分享有内省可能带来的好处。

德雷弗斯等人认为现象学(内省的近亲)是人工智能研究中一个极富前景的领域(8.4节),但并未产生切实可行的设计实例。这提供了一个推测性论点,即没有内省的人工智能是行不通的(8.5节),9.3节将就此展开进一步讨论。假设人工智能界已经接受了有关发现/证明背景下的观点,通过对复合式方法的进一步探讨,我们建议:允许在发现背景下自由地应用内省,同时将内省限制在可编程模型范围内。

人们忧虑内省能够产生什么样的真理,对此,8.7节就内省的逻辑状态进行了论证。这最终引出了内省的双重视点:在理论上,内省是不可修正的,一切内省都有机会成为人工智能设计的基础。而在实践上,人们承认内省可能有优劣之分,从而对人工智能的结果产生影响。顺便说一句,就技术而言,让“百花齐放”并没有什么坏处。

本书主张:全心全意地实践内省,但也不要无视对代码编写的需求(关于如何编写代码,相关细节将在第10章进行探讨)。

如果内省是合理的,我们还需要弄清楚的问题是:我们真的想使用内省吗?真的有迹象表明,内省是创新思想的源泉吗?这是第9章要探讨的话题。

第9章 内省之益

本书推崇在人择人工智能开发中应用内省。第8章在前文相关背景阐述的基础上论证了内省是人工智能系统开发的合理之法。但仅仅具有合理性和可接受性仍不足为荐。本章将进一步论证:内省作为人择人工智能的良好基础,人们应当对此保持积极乐观的态度。需谨记,推介并非担保,这里只是要阐明:内省作为人工智能开发的良好基础是合理的。

本章将对下列问题展开探讨:

(1) 意识是所有智力正常的人类与生俱来的能力,在探索人工智能的过程中放弃对意识的审视是不正常的,就好像在发明无马马车(对汽车最初的命名)过程中放弃对有马马车的考察一样。

(2) 如果教师可以应用内省向学生教授心理技能,那么代代相传的文明便是内省有效性的最好见证。

(3) 有例可证一切软件编程都是以内省为基础的,因此,我们有大量证据表明,内省是常有所为的。

第10章将详细阐述如何开发此类人工智能,以及如何避免弯路。此外,第11章和第12章中将就具体的工作实例进行展示。

9.1 概念论证

人们可以就人工智能设计中的内省应用摆出一些先验性论据,但纯粹的概念性论证并不能以“理”服人,软件工程师是出了名的挑剔,甚至对自己编写的代码都半信半疑。此外,我所提出的最具说服力的概念论证要求以理想主义为假设,这是无法为大众所接受的。为此,我将在9.2节展开深入且令人信服的论证,本节仅就概念作以阐述。

我们的主要智能模型属于自然人类智能。显然,这是我们期待在类人人工智能中进行模仿的智能。就本书而言,我们所探寻的是人择人工智能,一种未受文化熏陶的智能,亦未经特定环境或社会的特定心智所塑造。这与西方现代训练有素的成人式心智形成了鲜明对比,后者正是当前诸多人工智能之期盼。人工智能是复制智力功能的一种尝试,正如人造革替代了皮革的功能、假肢实现了真肢的作用。在开发某种人造物*X*时,我们期望工程师完成的最基本工作之一便是根据需要,最大限度地对自然物*X*进行考察,从中汲取创意灵感。

人类思想均带有主观性(Seth,2010),因此,主观性是人类思维的固有属性,也是可供我们考察的主要智力样本。但大多数人工智能从业者却要求我们构建出没有主观性的智能。我们并没有这类智能的自然样本,因此,构建没有主观性的人工智能就有如在创建人造物*X*时从理论上消除其最为显著的特征——这实际上有点像德雷弗斯(Dreyfus,1979)所描述的爬树登月。我怀疑,这便是人工智能在过去几十年里裹足不前的原因——为什么最初的乐观主义却酿出了这样的苦果(Langley,2006;McHugh,Minsky,2003)。

9.2　教育视角的论证[①]

本节将探讨一种具体而十分普遍的教育类型——有意识的技能教授和学习。我们无意贬低其他类型的教育,也无意轻视人类存在和发展的诸多其他方面,如情感、情绪、动机,诸如此类。

本节的论证大致如下:在传授技能时,教师需要进行自我观察,以此了解自己是如何完成*X*的,这样便可教授他人。如果*X*是一种心智技能,那么就需要对自我心智进行观察。这种心智的自我观察便是内省。人类文明成功地将心智技能代代相传,这便证明了内省既不是一种噪声,也非某种谬论,它足以使下一代获得该文化所特有的技能。如果经历内省的教师能够通过言传帮助年轻人习得技能,而这种技能又非人类与生俱来,那么,我们便可毫不迟疑地假设,内省过程中衍生出来的话语包含着诸多有利于技能再现的有效信息(仅限于健全人群中)。如果内省文本中包含了对人类技能习得有用的信息,那么:①内省既不是

①与乔什亚·温斯坦(Joshua Weinstein)和西蒙·麦格雷戈(Simon Mcgregor)分别进行讨论后,这一论证变得更为尖锐。

噪声也不是谬论；②内省是该技能的合理信息源。本节后文将就该论点展开详细论述。

9.2.1 技能问题

该论点聚焦技能的传授，而非规范知识的教授，即聚焦“技能知识”而非“事实知识”。这是基于前文所得出的结论（见6.7节），即我们应更为关注“技能知识”而非“事实知识”。某种程度上，这一话题领域能极佳地证明内省包含着有用信息。即便该论点在“技能传授”之外不成立，但其结论也能表明，内省在这一话题领域是大有可为的——这一发现便将论证的重担抛给了另一方，在他们看来，内省仅限于该话题领域。请注意，激进的反智主义认为，世界上除了技能，别无知识。

现在我们便来考察一下人类如何传播“技能知识”，尤其是如何解答技能知识的相关问题。“事实知识”相关问题的解答已在人工智能领域获得了相当深入的研究，如SHRLDU[①]（Winograd，1971）。同时，我们就“事实知识”是否具有表征展开了激烈的理论辩论（Dreyfus，2007；Shanon，2008；Wheeler，2005）。但“技能知识”及其相关问题的解答仍有待探讨。

请注意，当某人向另一个人提出诸如“你知道怎样骑自行车吗?”这类看似简单的问题时，听者可能产生以下三种不同的理解：

(1) 大多数人会理解为：“你会骑自行车吗?”也就是“你是否认为自己的骑车技术娴熟?”

(2) 教师会将这串文字理解为“您能教我骑自行车吗?”，反过来，这既可以理解为一个要求作肯定或否定回答的请求，也可视为一种技能传授请求。

(3) 科学家（或许是科学心理学家所做的夸张描述）则可能理解为：“你是否熟知人们骑自行车的策略呢?”

上述理解是完全不同的问题，但是对第(3)种理解的回答涵盖了理解(2)的答案。想想这样一个稍有不同的技能问题：“我怎么坐火车去伦敦?”包括教师在内的大多数人会认为这是在问路，于是便会告诉你去火车站该从哪里转弯，并从车站列车方案中为你推荐一条火车线路，或许还包含几次换乘。科学家对这一问题的夸张解读虽然有些冗长，但却涵盖了教师的理解。当问及人们如何乘坐火车前往伦敦时，科学家在解答完所有的科学问题后，最终还需要获取车站位置、火车路线和列车时刻表等相关信息。因此，这两种答案都包含了车站、路线

---

① SHRLDU是特里·威诺格拉德于1968年开发的一种早期自然语言理解程序，允许用户使用英语术语进行互动。——译者

和时刻表。

就某种意义而言，为了保持科学的严谨性，科学家们会暂时将自己已知的知识搁置一旁，以扮演好自己的科学家角色（关于角色问题，请参阅9.3.1节）。因为科学家认为自己的职责便是提出本质性问题并做出详细客观的解答。对于技术而言，这或许不是最佳态度：这会让那些更加完善而详实的信息阻碍某种切实可行之技术的发展。在技术中，人类日常的行事方式才是完成手头任务的良好开端。如何填补简单解释中粗略细节之间的空白，10.3.5.1节将对此进行探讨。科学家们想要的是完整而全然客观的事实，而技术人员只想拥有超越前人的更优技术：就运载货物而言，车辆远胜于驮兽，但相比人类以己之力负重运输，驮兽载物便是一次巨大的技术变革。日常生活中的人们，以及技术人员，他们考虑的是完成任务，而不是完成任务可能的最佳方式。

9.2.2　技能教授

我发现了三种（可能还有更多）教授技能的方法：显性教学法（explicit instruction）、模拟教学法和"逆向模拟（reverse imitation）"教学法。技能可以通过自学习得（见9.2.6节），但这里我们要讨论的是教授。不同的学习方法可以相互组合：

（1）显性教学法是指教师明确地使用语言来描述做事情的方式。菜谱就是个很好的示例。

（2）模拟教学法是指教师进行示范，学生通过观察进行模仿。观察模仿可能要求学生反复试验，教师则多次示范。这无需刻意安排，因为模拟式学习（尤其是孩子模仿父母）就发生在日常生活中。例如，厨师将自己制作某道菜肴的视频放至互联网，相比于参考速记菜谱，观看者/学生能够更详细地模仿制作方法。即便没有菜谱，通过（多次）观看视频也可以让一个好学的学生学到足够多的菜肴制作方法，甚至自己写出菜谱。

（3）"逆向模拟"是指教师（比如说）站在学生身后，抓住学生手臂，通过学生自己的肢体来展示动作的正确做法。该方法适用于手工艺、音乐演奏和网球等运动的初学者。从某种意义上说，教师以此将一名新手雕琢成一个技能娴熟之人。

第一种方法中，"教学"是完全显性的，因为技能是通过语言传授的，而后两种方法较为隐性，至少是部分隐性。然而，可能有人会反对，认为文本需要解释，而身体演示更为显性。这一异议纠结于对"显性"一词的不同理解，但这并不影响本节的主要观点。

并非所有的技能都能通过显性言传式教学获得。例如,在婴儿期,人的肢体控制能力是通过反复试错发展而来的(O'Regan,2011)。甚至像"加一汤匙油"这样明确的指令也依赖于这些基本的运动技能,而这些技能是无法教授的。这一点对人工智能的影响将在10.3.5.1节中进行讨论。

尽管上面某些方面极为吸人眼球,但我们必须专注于显性言传式教学,因为最终需要编写极为显式的人工智能软件。在使用明确语言进行教学时,我们须聚焦于教学活动的开启方式。教师如何使用指示用语,这是我们首要之关切。

9.2.3 自我观察

在显性言传式教学中(如上述第1点中菜谱的例子),教师须说出(或写出)所授技能的一些学习文本。这些文本从何而来?教师或许可从书中获取准确的文本——但问题又来了:该书作者又是如何撰写出传授技能×的文本的呢?

(1) 当教师/作者自己学习这项技能时,一字不落地记住了该文本。但这不太可能,原因有二:首先,它需要数十年过目成诵的能力;其次,这可能陷入无限回归[①],即所有指令一定来自某处,除非我们相信有某个上帝般的存在于某个时候(从西奈山?)向人类下达了所有指令,否则,我们就必须承认,技能×的操作指令是由某些人类发展而来或提出。

类似问题还体现在教科书的规范教学上。

(2) 教师/作者可能在摸着石头过河,提出了各种非理性的指令,并检测其效用,然后加以利用。这与达尔文的进化论有几分相似。但这种可能性也不大,原因在于我们鲜少看到"经受住检验的"非理性指令。

(3) 教师/作者可能出于某种自身的需要(实际的或想象的),尝试着完成×,同时就自己所做之事进行自我观察。有证据表明(如上例所示),学生经常会向教师询问诸如"你会怎样做×"的问题。这里的"你"指的是教师。学生请求教师进行自我观察,并告知他们是如何完成×的。边自我观察,边完成×,这还包括想象着做某事以及想象着以不同方式完成某事;或是对某一过程进行回顾,"用意念完成",并对其进行观察,同时用语言表述出来,诸如此类。只要教师的某种行为被观察到并表述出来,无论该行为是真实的、记忆中的还是想象出来的,都会

---

① 无限回归(infinite regress)是古代哲学中怀疑论者的一个重要论据。依据其观点,一切事物都是相关元素的合集,从某种意义上说,每一元素都指向或生成下一元素。当我们问及原因本身的理由时,便出现了无限回归现象,若原因本身是一种知识,那么就必须加以论证,以此类推,直至无穷无尽。——译者

涉及某种形式的自我观察。[①]

有一个简单的自我观察案例：当教授骑车技能时，[②]教师通过自我观察发现，为了顺利登上自行车并踩上踏板，他需要将自行车向自己身体一侧倾斜，以便第一脚踩下对侧踏板时不会导致自行车倒向对侧。这位教师也会观察自己在其他方面的习惯，比如身体重心的移动方向、车把的指向方位等。所有这些都是对蹬车预备动作的观察——观察越清晰，教师对学生的指导优势就越明显。当然，学习蹬自行车也可以仅靠模仿来完成——但是，如果有人指导的话，学起来会更快更轻松。

9.2.4 自我心理观察即内省

文明所拥有的代代相传的技能包括心智技能，比如使用名词来指称事物，又如解读字母（正如你现在所做的那样，我们通常称其为"阅读"），或是破译象形符号、进行心算，不一而足。正如我们上文所见，教授某种技能×需要教师对自我进行观察，并传述自己完成这一技能的过程。如果这种技能是纯粹的心智技能，没有任何可以观察到的外部行为，那么便会出现两种重要的结果：

（1）任何通过示范和模仿来进行的学习方式都是不可能完成的，因为学生几乎什么也观察不到。可能存在的两种例外情况是：基本技能（如肢体活动）的自主习得（O'Regan，2011），以及语言这种被乔姆斯基视为特殊技能的自主习得（Cowie，2010）。

（2）教师在使用某种心智技能时，没有任何可供其观察的外部行为（不会有"倾斜自行车"一说）。

因此，为了传授心智技能，教师必须通过自我的心理观察来收集自己完成×时的过程信息。现在来回顾一下内省的定义：

> 内省是一种观察，有时是对自我意识内容的描述。
>
> （Overgaard，2008）
>
> 内省是现代心智哲学中的术语，是一种用以了解自己当前正在经历的、或是当下心理状态或过程的方式。
>
> （Schwitzgebel，2014）

① "认知模拟理论"认为，一切与环境的互动，或是想象、记忆中与环境的互动，都是基于同一种机制。这一理论得到了神经科学数据的支持（Hesslow，2012）。

② 有关教授如何骑自行车的讨论有点自传式意味。在此感谢加布里埃尔·艾利泽德克（Gabriel Elizedek）在我20多岁的时候教会了我骑自行车。

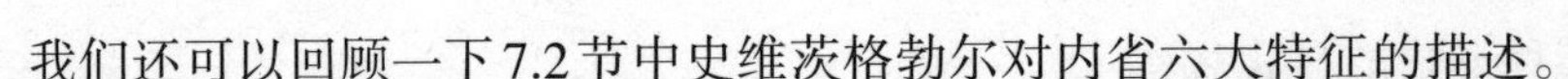

我们还可以回顾一下7.2节中史维茨格勃尔对内省六大特征的描述。

有人可能提出异议，认为教师或许是在想象或回忆完成这项任务的过程，而不是真的在实践。所以，他们实际上并未进行实时的心智上的自我观察（内省），因而违反了史维茨格勃尔提出的3号特征，即“时域近似”。即使使用神经成像也很难区分“想象”“回忆”以及心智技能实践之间的差异（Hesslow，2012）。然而，这些未解之谜并不会影响我的主要论点，即向他人传授心智技能的唯一方法便是对自我实践的观察——无论史维茨格勃尔“时域近似”这一3号特征得到何种程度的满足，也无需考虑这一技能的实践是“真实”发生的还是想象的。

9.2.5 内省传递心智技能：示例

（1）思考一下外语单词的记忆技巧：希伯来语中用“Bayit”来表示房屋。因此，布洛伊尔（Breuer）和沙维特（Shavit）（2014）等人发明了一些帮助人们记忆单词的诀窍，例如“多么可爱的房子（house），我想我要买下它（buy it）。”（这里，“buy it”听起来像“Bayit”）。如果他们没有在自己的脑海中演练过此事，他们如何会想到如此绝妙的助记语句，亲眼见识其（内省！）威力呢？

（2）想想“心智象棋”比赛。像正常的国际象棋一样，心智象棋只是没有棋盘。因此，玩家必须记住棋盘并用语言将自己落子的位置告知对手。这项比赛难度相当大，因而人们会采用一些技巧来记住棋盘布局，比如组块聚类。再次强调：若发明者要与他人分享这一小窍门，他必须自己进行内省。

（3）再考虑一下序列信息，如电话号码的记忆问题。我们知道，短期记忆只能处理7±2[①]个单位信息（Miller，1956）。然而，通过采用“组块（chunking）”，人们便可记住更长的序列。例如，早在科学心理学诞生之前，人们就能拼写很长的单词。任何提出使用组块记忆的人都在自己的脑海中看到了其效用，然后才将其传授给他人。与此类似，其他记忆诀窍也都是首先现于人脑，然后再使用文字阐释于众。想象一下当您被介绍给一位叫本（Ben）的人，并身临其境地想象他们与其他熟识的人在一起玩得很开心，你希望对这一景象历久不忘，以便帮助你回忆起新朋友的名字。

---

① 即短期记忆的“7±2效应”。这是19世纪中叶由爱尔兰哲学家米尔顿最先观察到的一种神奇现象。将一把弹子撒在地板上，观察者很难一下子看到7个弹子。雅各布斯（Jacobs）后来也发现，对于无序数字，人们最多能够回忆出7个。遗忘曲线的发现者艾宾浩斯（Ebbinghaus）也称，人在一次阅读后，最多可记住约7个字母、音节或单词等。事实上，20世纪50年代期间，心理学家进行了大量实验，其结果都为7。于是美国心理学家米勒（Miller）便在1956年发文阐述了这一理论现象：短期记忆的容量为7±2，即一般为7，并在5~9之间波动。——译者

(4) 思考一下常见的应对焦虑的小窍门:人们会想象可能出现的最坏情况,以及在此情况下该如何应对。罗列出最坏情况下的应对之策后,由此产生的危机感和焦虑感便会随之消退。

这里可能会出现反对的声音,称上文所述都是文化产物,而我们所探寻的"人择人工智能"是一种理解文化的底层结构,不包含其他任何或有文化[1](contingent culture)。对此有两种回应:一种保守,一种大胆。

(1) 保守一方认为,这种观察是正确的,但此处要说明的是,内省包含了整个心智过程的有用信息。如何提取出未受文化熏陶的人择层,这一问题留待第10章探讨,具体示例见第11章和第12章。简而言之,如果想要克服这一困难,就应尽可能地在低层级中实践内省并反复使用,以完善可供人工智能使用的各种模型。这里不是在研究科学,如果我们没有得出完全正确的结果,那也不预示着一场灾难,因为到目前为止,相比于科学,技术对误差的容忍度要高得多(见5.1.3节和5.2节)。

(2) 大胆的一方则补充道,正如内省所暴露出来的那样,心智技能是非常接近人择界限的。想想看,上述示例既包含了"心智象棋"这样的高层级技能[2],也包含了应对焦虑情绪(见上述示例4)这样的低层级技能。人择人工智能的目标是一种内在机制,正是这种内在机制确保了我们的文化没有成为一种或有文化。所以,着眼于基本技能,尽可能基础、初始的技能,可以带领我们不断靠近教养与未开化之间那捉摸不定的边界。我们可以大胆地使用一些暗示和推测来获得更为接近的逼近值(请回阅7.4节)——就让百花齐放吧。再次提醒,我们无需抵达"真正的""精确的"边界,因为我们寻找的不是科学或哲学上的绝对真理,而是技术上的逼近。

10.3.4节将就此做更为务实的探讨。

9.2.6　显性教学之功半

如果对技能习得作更细致的考察,如德雷弗斯那样(Dreyfus,1986),我们就会发现,技能习得是分阶段的,例如阅读技能的习得(鉴于当前研究目的,这里的讨论仅限于英语)。在教师的显性教学中,学生只能掌握最为基础的技能,且提升缓慢。简单可言传的"基本"技能(包括逐字讲解)可以以显性的方式传授,目的在于让学生最终自己发现更高级的技能。这种高级技能虽更胜一筹,但却难

① 或有文化(contingent culture)是一种依条件而变化的文化。——译者

② 请注意,这里使用"高层级(high level)"和"低层级(low level)"来描述人类所做的不同事情。这一传统可追溯至柏拉图时期,但并不一定站得住脚。作者在这里有所保留地使用了其公认的"直觉"含义。

以口口相授，部分原因可能是词汇量有限，也可能是因为我们必须体验了“基本”技能后方能探索到高级技能。我们只有通过大量的实践，才能流利地读出整篇文档（通常不再留意有意打乱的文本（Rayner et al.，2006））。

这会影响我们对人工智能的论证吗？

首先，9.2节的主旨是，教师通过自我观察实践来设计讲稿，并用以教授技能。作者认为并不是所有的技能都可以被教授。这里要讨论的是，部分技能是可以教授的，且这种教授要求教师进行自我观察，而心智上的自我观察即为内省，因此，内省是心智技能得以代代相传的关键所在。

其次，这一问题表明，部分技能可在没有指导的情况下习得，因此，也许人类技能习得的“真正”密钥并非内省。这一可能的批判并未切中本书要害，即“在人择人工智能开发中推崇内省”。本书并未宣称内省将成为未来一切人工智能发展的关键——这不过是“单一真理”的教条主义，与本书所持的视角主义态度截然相反，参见5.2节。

9.2.7 教育视角的论证：小结

如果A发现了某种心智技能并将其传授给了B，那么他们必定会使用内省来描述其内心活动。由于教师既不知道自身所处的“科学”状态，也无法告知学生必须遵循哪种正确的“科学”过程（他们的大脑或“金属触控面板”或许有所不同），因此教师无法对无意识的神经或认知过程进行直接描述。后来，当B教C，C教D，依此类推，他们都会使用内省来告知他人如何实施这项技能。更具说服力的是，即使人们通过逐字回忆来进行教学，他们也必须使用内省来描述自己对某种心智技能的创新和改进。

这些技能（在现实世界中通过神经元湿件完成）就这样代代相传、不断演进，除了内省基础上的陈述，别无他法。

在教学中，“将一个数与另一个数相加”，这样的文本描述了教师对自己所做之事的思考（反思）。这不可能是单纯的重复，因为重复算不上创新。如果内省是噪声，那么任何学生都无法通过这种常规的教学方法习得技能，但事实上我们却做到了，因此，内省这一说法或许不够精确，或许无法描述性地反映真实的神经活动，但它仍足以反映部分现实，使得各种技能及文化世代传承，我们也可赖之以阅读千年前的文字。

因此，从实用主义（“奏效”）的角度来看，（至少某些形式的）内省是具有一定效用的。

9.3 无内省,不编程

这一观点已在8.5节中进行了概述,本节详细探讨旨在阐明:内省不仅在人工智能领域具有合理性且值得推崇,对一切编程来说,内省都是不可或缺的。但这里存在一个隐患:有人可能会认为,如果所有的软件都具有内省性,那么,一切的探讨还有什么新意呢?对此,我将在本章剩余的部分中进行阐述。

这是一种推测性立场,[①]在此,我只能说这一观点是合乎情理的,但不一定真实。对这一立场做适当的论证,这超越了当前项目的研究范围,且本书的主旨也不依赖于此。

9.3.1 角色扮演

请品读下列著名引文:

> 人生不过是一个行走的影子,
> 一个在舞台上指手画脚的拙劣的伶人,
> 登场片刻,
> 就在无声无息中悄然退下:
> 它是一个愚人所讲的故事,
> 充满着喧哗和骚动,
> 却找不到一点儿意义。[②]
>
> (Shakespeare)

在行动和交流时,人类通常会依据社交情景来分饰不同角色(或采取不同的"心智架构")。典型的例子如人们日出而作时便会切换至"上班族"角色。这一角色状态像极了公司在招聘广告中对这一职位的描述。

> 管理与演戏并无二致。虽然角色因内容而异,但一个优秀的演员其职责便是熟悉并扮演好自己的角色。演出效果则取决于剧本及其呈现方式。管理效果会因机构的运营效度及其团队成员所发挥的作用而有所不同。
>
> (Simon,1976,1996b)

① 这一论点单独成文进行阐述(Freed,2018)。

② 译文摘自:威廉·莎士比亚.麦克白[M].朱生豪,译.南京:译林出版社,2018.

人类半机械化地扮演社会角色还有另一个例子：双语者通常一次只使用一种语言。

似乎没有哪一种心智可以脱离文化环境而存在，哪怕是一种横行无阻、胡作非为的环境（Carr，1985；Wittengstein，2001a）。社会公认角色塑造个人行为，尽管这一事实在日常生活中显而易见，但它仍然成为诸多研究的对象，如备受赞誉的著作《日常生活中的自我呈现（*"The presentation of the self in everyday life"*）》（Goffman，1971）。

人类可扮演的角色之一便是作为被试者参与科学研究项目，如华生式（及此后的西蒙式）"出声思考"（见7.3.1节），它要求"科学人（scientific man）"以饱满的情绪出声思考，甚至带着一丝"狂热"（J. B. Watson，1920）。

在解释周围环境时，我们所扮演的角色总是带着一定的偏见。再次以双语人为例，同样的话语（一连串相同的音素）在不同语言环境下可能有完全不同的解释："me"在英语中是第一人称代词宾格形式，而在希伯来语中，与此发音相同的字母（מ）却是人称疑问代词"谁？"。同样，同一个人对同一事件可能作出不同解释，比如刺客开枪，这取决于其扮演的角色是某一政体的公民还是科学家。前者会将此事件看作是暗杀，而后者则会对火药的化学成分和左轮手枪的机械原理进行解释。

人类总是在特定的角色背景中行事，人工智能领域对这一观察结论并不陌生。请注意，上文引文出自赫伯特·西蒙（尽管引自其公共管理而非人工智能领域的作品）。同时，还要注意其与解释学之间的联系（见2.5节）。

9.3.2 编程的内省性

在编写新代码（而非调试或复用现有代码）时，从现象学角度来看，如同演员舍身忘我地投入角色表演一样，程序员会将自己置身于想象的世界中，这个世界可能由（例如）python指令集或"Intel"架构组成，为了完成增值税[①]（VAT）的计算或其他编程任务，必须自行思考如何使用手头的工具，包括变量、数组、循环、函数库等。这种情况下会出现许多"第一人称式思考"，诸如"我该如何做？""这样做可以让我达到一定的目的"，诸如此类。程序员的输出，即可完成任务的代码，是由程序员在"python世界"里通过内省正式形成的python（或"Intel"）指令。还可以从哪里获取代码？除了像GOFAI[②]那样的概率树搜索，我找不到任何证据（或证词）来证明还有其他的选择。还要注意程序员为调用python功能所使用的

① 欧洲常见的一种销售税。

② 出色的老式人工智能。

编码语言:它是一种“命令(command)”或“指令(instruction)”。除计算机领域外,以上词汇也用于管理教育,即通过简单的语言来描述分任务的详细信息,以此告知人们如何执行某项更大的任务(见9.2节)。

此外,在调试过程中也会发生类似的情况。在被称为“空运行(dry run)”的操作中,程序员就像演员一样,将自己投射于python解释器的角色中,并像python解释器那样对代码和数据进行处理(这一过程可以是心算,也可以借助铅笔和纸来进行),并时刻注意预期结果,看看实际结果对预期结果的偏离。当发现偏离时,程序员会宣称发现了一个bug(请回顾5.1.3节中的“预期因果链”)。

反之,程序员复制书本中的算法则不具有内省性。

9.3.3　本书意归何处?

9.3节开篇展现了这样一种担忧:如果所有编程都具有内省性,那本书论证的意义何在?此处作三种回答:

(1) 二者的差异既微妙又明确:在编程中,程序员将自己置身于一个规范的系统(python或Intel指令)中,并试图在这一形式化世界中完成某项任务(如计算增值税)。相反,本书所倡导的类人人工智能设计之法要求人们以自然的非正式形式(natural informal form)来观察自己的思维过程,并尽可能地对其进行描述(见10.2节),然后才将其形式化为代码。二者的区别在于:我们的内省行为位于程式化世界之外还是之内。

(2) 回应二:如果内省确实已经被广为接受,那它为什么还会经常受到否定和质疑?这可能还与下面的第三点有关。

(3) 本体上的创新(如某个创新的实体)与概念上的创新,二者之间存有差异。尽管这种差异早已存在,但我们却从未留心过。至少,人工智能的内省思想在概念上是一种创新(Chrisley,2003)。

9.4　本章小结

内省成为人工智能开发的良好基础,人们对此应抱有积极的期望。本章就此进行了论述。

在开发人造物×时,人们应对×展开全面考察,不应有所畏惧。同理,在开发人工智能系统时,明智的做法是对自然人类智能进行全面审视,包括主观性的内省。9.1节对上述问题进行了概念上的论证。

9.2节认为,内省既不是谬论也不是噪声,即便是最糟糕的内省概念(见7.4节)。确切地说,正是内省使得技能知识人人相授、代代相传。或许,人类的内省能力是专门为了传承技能知识而发展出来的,如此才使得文明在智慧的累积中得以延续。

9.3节尝试性地论述了所有编程都具有内省性,同时也表明了这一试探性论述并不会弱化整体的论证。鉴于其试探性,本节的论述对于整体论证来说并非必需,只是为了完整起见而将其包含在内。

正如我们所见,在人工智能内省中寻找“真值”,本身是没有意义的。本书提倡将内省作为人择人工智能技术的思想来源,并通过以下三点论证:

(1) 相比于对实用性的需求,技术对“真理”的需求是次要的,技术中事实性错误的代价远小于其在科学中的代价,至少就软件而言如此(见5.1.3节和5.2节)。

(2) “发现背景”的论证考虑了一切思想之源,因而,内省与其他思想来源一样,是合情合理的(见8.2.4节和8.2.5节)。这看上去或许不具说服力,因为人们同样可以说在探索人工智能前去公园漫步[①],但理论上,鉴于下面第三点论述,这一切已经足够了。

(3) 内省对教育的有效性论证表明(9.2节),内省不仅胜过噪声,而且可以说是诸多人类文化取得成功的基础。因此,它有望成为人工智能思想的灵感之源。

历史为证,那些思想更为开放的人工智能从业者承认了自己将内省作为人工智能的基础(见8.3节),即便是他们非常清醒地看到了内省在心理学界的“声名狼藉”。只是,他们从未像本书所倡导的那样,全心全意地实践内省。

本书认为,基于内省的人工智能将产生更好的人择人工智能。并无严密的逻辑可以保证内省总是能产生优秀的设计,但它至少能生成西蒙那样的“图中图”(McCorduck,2004),即设计灵感之基础(见第11章和第12章示例)。最终的设计必须经过随后的实验评估,并通过不断迭代的内省和编码加以改进。

这一切如何实现,现在,我们便来探其理,见其微。

① 此处作者意思是,有些人会认为在公园漫步也可能成为人工智能灵感之源,以此反驳作者上文的观点。——译者

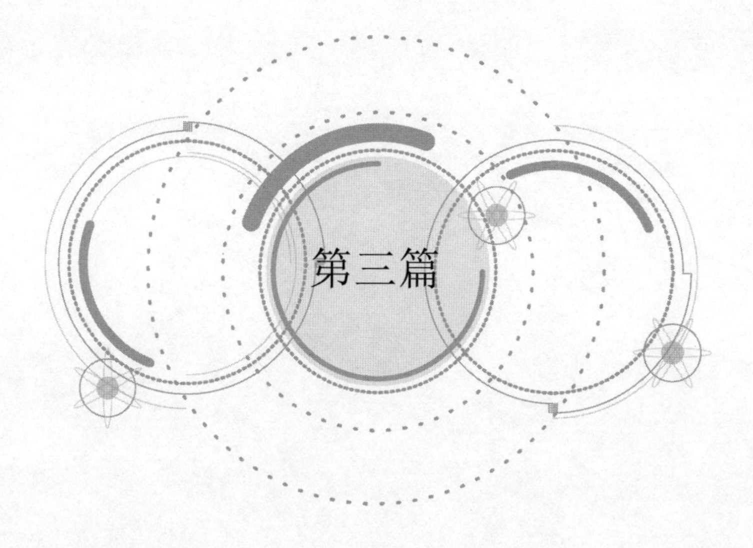

开启实践

第10章 人工智能中内省的应用及相关细节

本章将阐述如何开发基于内省的人工智能(AI),并就本书力荐之法的几个突出问题进行阐述,同时,阐明如何在前人的基础上更“恰当地”实践内省。本章及后文的案例将使用新的标记符号,即用下划线标注内省过程中所陈述的内容。

就目前来看,相关论辩日趋激烈。一方面,作者提倡人工智能设计在探索可能的基础或灵感源泉时应采取开放的态度,允许“百花齐放”(8.7节,第7点);另一方面,本章将对实践内省的“恰当”方法进行规约。作者的观点是,一切类型的内省都是人工智能合理的思想源泉,其中一些类型尤为值得推介。本章力推一种更具可信性、更为“恰当”的路径,并就此进行论证,所述内容并不会偏离前文相关论点。

还有几点需要再次强调:

(1) 类人人工智能并不比理性人工智能优越,只是不同类型而已,亦是本书所要讨论的内容,因此,本章便聚焦于此(有关动机的话题,请参阅6.2节)。

(2) 一切灵感或基础都可用于开发不同类型的人工智能。在极端情况下,这就类似于给定猴子以无限时间进行随机打字,便能敲出大英博物馆所有的藏书[①](Borges,2001)。因此,从一种算法着眼,我们永远无法从灵感或基础(或设计者类型)的角度确切地推断其起源。本章其余部分将使用简略表达法,例如用“神经网络以生物学为基础”这一简略说法来表达“人工智能中的神经网络很可能受到了真实生命中生物神经元有机湿件(real life, wet, biological neurons)的启发。”

① 即“无限猴子定理”,又称“猴子和打印机实验”,出自埃米尔·博雷尔(Émile Borel)于1909年出版的一本概率学书籍,当中讲述了“打字的猴子”:在无限时间内,即使是随机打字的猴子也可以输出一些有意义的单词,依此类推,会有一个足够幸运的猴子以连续或不连续的方式打出一本书。尽管其发生的概率极低,但在足够长的时间内,其发生是必然的。——译者

(3) 迄今为止,似乎绝大多数人工智能都是以(广义的)数学、生物灵感或认知模型为基础(Langley,2006)。这些方法成就斐然,以至于在开发新的人工智能时,许多研究人员往往会倾向于从这三个领域寻求解决方案。本书旨在拓展思路、引领方向,在更多无人问津的可能性中筚路蓝缕,以启山林。

10.1 定义与描述

本节将阐明内省式人工智能的内涵,并就所荐之法与现行人工智能方法进行对比。这种对比将凸显本书的倡导,展现其新颖性及振奋人心之处。

在对迄今为止的人工智能领域相关工作进行描绘时,我们应着眼于以下几个方面:

(1) 针对什么类型的人工智能(类人型/昆虫型/理性人工智能)?

(2) 这项技术的主要灵感或基础是什么?

(3) 就经验而论,前期努力取得了多大成功?

(4) 在失败的情况下,结果是否会引发对整体方法或灵感的质疑,抑或是仅对特定实验环境的质疑?

第一节将就所荐之法相关内容进行界定。后续内容将其与其他方法进行对比和比较。

通过详细对比前人所用之法与本书所荐的人工智能开发路径,本章还将全面回应相关的反对意见,那些异见认为将内省应用于人工智能毫无新意可言(见8.6节)。后文所进行的调查尽管不够完善,但仍广泛地展示了如何基于各类模型开发人工智能系统。

10.1.1 “内省式人工智能”的定义

鉴于“内省式人工智能”理念是本书的关键论点,我们必须对其进行界定,并以案例阐明其内涵与外延(关于内省的定义,参见7.2节)。

*Y*基于*X*。在此背景下,人工智能系统设计*Y*以观察*X*(可以是一种内省观察)为基础,当且仅当:

(1) *X*与*Y*之间存在因果关系。

(2) *X*是作用于*Y*的主要因素,即在实际可行的范围内,几乎没有任何其他因素(如先前的理论)会对其产生影响。在本书基于内省的人工智能案例中,要求将内省(X)视为合理因素,不被混淆或否定;尽可能不依附任何理论框架,或受其影响,包括数学、逻辑学,或认知科学、心理学、宗教及现象学理论。

(3) 相应的功能以类似方式(包括数据处理、数据流、数据结构、时序等)加以实现。

作为人工智能的基础,内省进一步要求:

(4) 所谓内省,即"观察"或"倾听"自己未经训练的心理过程(参见6.4节有关"未经训练思维"的论述)。

(5) 熟练地以文本、图表、算法等形式对内省的"视觉"内容进行概念化和表达。

(6) 准确性(fidelity),即事后可被判断为可信的(可能是一种外部判断)。内省是一种见证者的陈述。其准确性/可信性(credibility)在历史编纂学(historiography)中进行了总体讨论(见10.3.1节)。例如,作为类人模型,从不出错的设计是不可信的,因为人类会犯错。又如:某种设计过于契合某种理论,很可能是受到理论污染的结果,见上文(2)。

让我们来考察一下失败案例,或是换个角度审视一下人工智能的开发现状,包括其方案与上述描述的不同之处。

10.1.2 非类人灵感

一些算法的灵感来源非常清晰,它们并非来自人类,更不用说内省了。因此,我们没有特定的理由相信这些算法会擅长产生类人行为。

10.1.2.1 遗传算法(二次)

遗传算法理念本身具有明确的灵感来源——朴素的生物遗传与进化科学模型(scientific model of biological inheritance and evolution),通常存在于有性繁殖种群中。这是以生物学为基础的(且满足条件(1)~(3)),但生物学并非内省(且不满足条件(4)~(6))。

遗传算法可用于生成输出,即拥有"目标函数"("objective function")的一切信息实体。在特定情况下,针对目标函数隐含的目的,可使用遗传算法来优化软件。因其具有非人为性,我们可以说,这种成功实现优化的设计不依赖于任何基础。这并不是否定了其在某种程度上以目标函数为基础(的确是基于目标函数),但遗传算法在准随机过程(quasi-random processes)中产生的代码,其所固有的循环(loops)和变量(variables)完全未经人类设计,或源自人类灵感。这显然无法满足(1)~(6)中的任一条件。

10.1.2.2 神经网络

与遗传算法情况类似，神经网络同样基于生物学，因此只就生物学而非内省而言，它同样满足条件(1)~(3)。

有人可能会争辩，就内省而言，那"感觉"就好似我们的大脑在以类似神经网络的方式运行，同样存在混乱和稳定状态的交替，正如我们所体验的内省那样，因此满足了条件(4)~(6)，然而：

(1) 神经网络的数据结构和数据流对人类的内在是不可见的。因此，它不是内省，而是源自科学的外部观察和对神经元的简化，并非是内省的输出——这违反了条件(3)(Piccinini，2004)。

(2) 两个过程的最终结果具有相似性，但对这种相似性结果的观察不同于对产生结果的过程的观察，前一种观察是内省式的，但神经网络却缺少了这种观察(关于"相似结果"的更多信息，参见10.3.5节)。

同样的，神经网络以生物学为基础(且满足条件(1)~(3))，但生物学并非内省(无法满足条件(4)，至于条件(5)(6)则仍存有争议)。

10.1.3 类人灵感(非内省)[①]

行为(Behavior)：基于外部可观察的人类行为构建人工智能系统或机器人，通常是原始机器人(hominid robots)，更典型的例子是双足行走机器人(bipedal walking robots)。这种方法在科学上无懈可击，因为它是基于硬核的可观察事实(人类有两条腿、膝盖等)，这让人联想到行为主义。但其缺点在于：遵循这种灵感所产生的行为不够复杂精密。任何程度的复杂性都需要某种心智加工(mental processing)，这是乔姆斯基(Chomsky，1959)对行为主义进行批判时提出的认知主义观点。心智加工打破了行为主义框架，必须基于行为本身以外的其他事物。

此例满足了行为条件(1)~(3)，但并非内省，因此，不满足条件(4)~(6)。

人类行为的外部分析：我们可以创建更为复杂的模型，如自然语言中的语法，同时试图将机器行为建立在此模型上。这实际上仅等同于底层模型。就目前而言，我们模拟人类行为的能力还很有限。另一种方法是，我们可以建立(甚至是整个)人类大脑的工作模型或理论，就像研究人员在认知模拟中所尝试的那样(Sun，2008)。对于抽象模型，条件(1)~(3)成立，而(4)~(6)不成立。

---

① 参见6.5节。

子结构(Substructure):有人尝试在细胞或原子层级模拟完整大脑。这一方法目前尚不可行。同样,我们可以获得更为抽象的理论或思维构成模型,如逻辑、统计推理及其他数学理论,或某种形式的符号处理(如经典人工智能)。条件(1)~(3)适用于理想化模型(或整个大脑),而(4)~(6)则不适用。纽厄尔和西蒙(1961a)坚称他们的研究对象是在按照"规则"思考,这可被视为此种情况的一个例证(见10.3.3节)。一个更为大胆的案例是基于逻辑的人工智能(logic-based AI)。

10.1.4　人工智能的内省类型

在人工智能领域,可供使用的内省存在几种变体(包括现有的内省类型以及本书力荐的内省类型等)。

(1)从类型的字面意思来看,同时,采取一种唯心主义形而上学的立场,我们可以将人类每一次有意识的观察都视为内省。如"我看到红色",或"测量结果显示为97",这些说法皆是一种内省。这样琐碎的内省(trivial introspection)不会促成软件的开发,因此不存在"基础性"关系(无条件(1)~(3))。

(2)内省式的编程:正如9.3节所述,可以说,所有的编程都是内省式的——它要求程序员想象自己生活在(比如说)具有python语言特性的世界里,并自问"我会怎么做"等。

这种"站在计算机角度换位思考"的内省是对人类已掌握的技能、像计算机一样思考的技能以及基本编程技能的内省。除非我们知道如何用代码进行思考,否则无法进行这样的内省。这尤其违反了条件(4)对"未经训练"的心理过程提出的要求,它根本不是在有意识地以内省为基础((1)~(3),(4)~(6))。

作者所倡导的内省与该编程模型之间存在着微妙的差异,但这种差异也是很明确的:程序员首先要担负"身处计算机内部"的技术角色,然后自问"如果我是一个程序,我将如何解决这个问题",而我会问的问题是:"如果是我,我将如何解决这个问题",而后才把人类内省完全转换成技术代码。

(3)更为常见的情况是对文化产物(artefacts of culture)进行内省——"我在有逻辑地思考问题""我用语言思考问题",甚至"我用Python语言思考问题"(如上所述)。一般情况是"我使用*P*来思考问题",其中*P*是特定文化背景下的构念。尽管这种方法在人工智能中经常使用,但却不是本书所要探讨的对象——这类内省可能是西方现代训练有素的成人式内省,而非人择式内省。

案例推理(见11.2节)可被视为内省式人工智能的范例,因为它能够像一个西方训练有素的管理者一样运行,为一切给定问题提出最佳解决方案。这再次违反了条件(4)中提出的内省必须是未经训练的心理过程。经过训练的心理过程其问题在于,它提供的信息是有关我们文化的思维方式(或我们的文化认为一个人应当如何思维),而非人类实际的思维方式。

(4)作者主张对自然心智过程、而非文化适应性心智过程进行内省(见6.4节)。我们可提取特定的思维元素,如概念外延的模糊边缘(fuzzy edges of concepts),并围绕其构建相关的人工智能概念,最低限度地实现对自然心智过程的内省。这种做法就其本身而言甚好,但却经常被用于某些为人所熟知的数学方案中,如模糊逻辑。这里的新理念(模糊概念)满足了条件(1)~(3)和(4)~(6),但它随后却被嵌入到了一个具有非人择特性的逻辑-数学框架中(有关模糊逻辑优势的具体阐述,参见11.1节)。

(5)下文(10.3.6节)中,作者将进一步论证包含多种新奇元素的内省,以便获得有关人类主观思维运作方式的更为完整的模型。这些元素可以逐步添加,并穿插实验,以获取人工智能设计开发各个运行步骤的反馈信息,同时在每一个阶段做进一步内省,以此了解人类思维过程与模型之间的差异。

(6)请注意,作者的目标并非是"海德格尔式的正确性(Heideggerian correctness)"。与德雷弗斯不同,人们可以对现象学文献中的正确性(或对人工智能的效用)持不可知论态度。作者认为,人工智能从业者必须坚持实用主义和可编程性,这一点不同于德雷弗斯。因此,这里要阐明两点:一是本书所荐之技术并没有融入"正确性""精确性(precision)"或一般意义上的"真理",二是作者对现象学文献中的真理或真理的缺失仍持不可知论态度。

因此,主观性不仅是一切有意识的人类活动所必需的,正如上述第1点所述,同样也是所有编程所必需的。尽管并非所有的人工智能程序员都使用过内省,但仍有一些人实践过内省。然而到目前为止,人工智能研究人员虽已具有了主观性,但却仍在以一种羞怯的"隐蔽(under cover)"方式应用内省(见8.3节和8.6节)。现在是时候有意识、光明正大地去做这件事了,而不是羞怯到好似要躲避华生或西蒙的愤怒。我们当然不指望自己能够精通于开发类人人工智能,同时又故意假装成非类人人工智能,就像那些设计灵感或基础来自非人类或理想化人类的人工智能一样。

10.2 人工智能的内省过程

在探讨人工智能的内省过程时,人们应有意识地以这样的一种态度来实践内省:不拘泥于理论,探寻过程而非某种信念,诸如此类。相关细节和示例如下。首先我们来看看人工智能内省的结构流程。

参见图10.1。从顶部开始,正文中粗体字对应插图中的术语。从主观上看,人类心智活动(human mental activity)是一个过程,图中以螺旋符号表示。它决定了人类行为(human behaviour)(粗线箭头表示因果关系)。

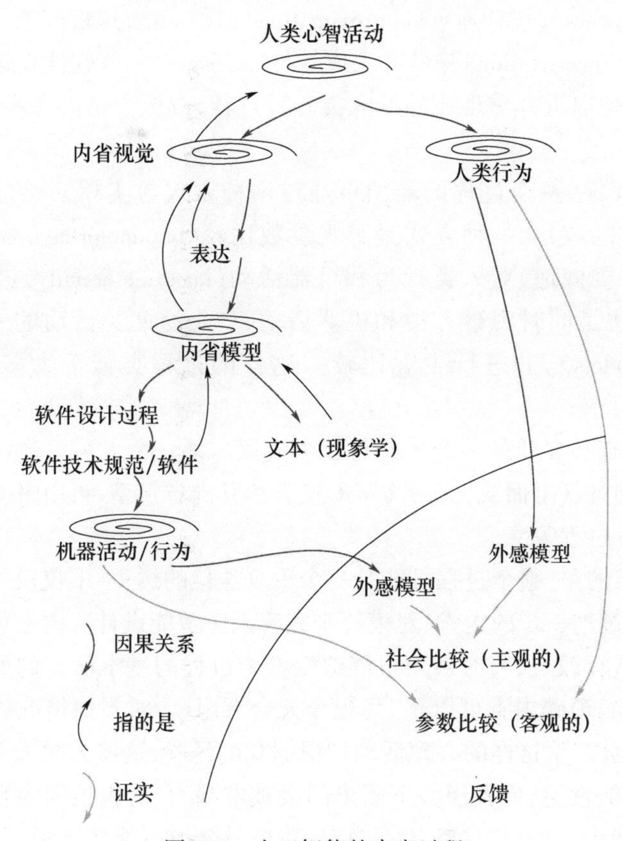

图10.1　人工智能的内省过程

人类心智活动可经由内省视觉(introspective vision)进行观察(请记住:这里的"视觉"一词是一种隐喻)。这种视觉至少部分地反映了人类心智活动的过程(因此以螺旋符号表示)。在这一阶段,所要"探寻(looking for)"的问题开始显现在"视觉"中。

随后,出现了一个表达(articulation)的过程,从某种意义上说,这种表达并不反映最原始的心智过程,反倒渐行渐远——迫使视觉转换成一种更易于传递的形式。这便是"拘泥于理论"的危险所在。表达过程可能不断重复,通过不断地表达尝试,视觉进一步得到更好的理解。内省视觉指向(细线箭头)人类心智活动。表达产生内省模型(introspective model),即有关人类心智活动过程的某些具体想法。这种模型可借由文本(text)进行解释或表达,是关于人类心智活动的现象式陈述。我们应谨记这种现象式陈述与现象学哲学传统的区别。请注意,文本只不过是一串字母——并不是可以执行某个过程的一台机器、一种心智或一个大脑(因此,此处没有螺旋符号)。内省模型也可应用于软件设计过程(software design process),包括逼近(approximating)和数字化,这将产生一个软件技术规范(software specification)并最终生成软件(software)。该软件在运行时会产生机器行为,有望逼近并重现原始的人类心智过程,或至少是内省视觉(因此呈螺旋状)。

为获得反馈,整个过程的输出可通过两种方式与实际人类行为进行比较(见弧线下方区域)。一种方式是客观参数比较(parameter comparison)——直接(甚至有些机械地)对人类行为和机器活动(machine activity)进行观察。第二种反馈方法是同时观察人类和机器活动,产生这两类活动的外感模型(exteroceptive models),并进行主观比较。这样的过程类似于大多数图灵测试建构。

注意,没有必要让某一个人参与整个流程。某一个人可以产生内省视觉并进行表达,同时以(书面或口头)文字形式表达其内省模型,再由另一人(或几人)负责软件设计过程等。

还要注意的是,整个过程可能是一个重复迭代的过程(不仅仅是表达),在此过程中,需通过进一步的内省、建模等来完善人工智能设计。内省可以通过不断增加细节来进行改进,有时甚至可能改变整个过程的基本面。例如,一个(与人工智能无关的)琐碎内省可以是“我想今天会下雨”。对类似情况进行更深入的观察,就可能会产生这样的心理活动:“根据我的经验,这些云对天气没有什么影响,所以我不能肯定,但我担心下雨出门会被淋湿,我更害怕因为自己没说会下雨而被朋友指责。所以,尽管我不确定,我还是会说可能要下雨。”注意,底层的主导性影响已经从思考(“会下雨”)转变为社交恐惧。

改进内省的另一种方法是开发术语。一旦精通某个领域的术语(包括所有领域,我看不出内省会是个例外),人们就可以用更少的词语来描述更多的内容。这种精简和提高语言精确度的能力,对任何语言描述都是有用的,在内省中尤为重要,因为观察所发生的地方与被观察现象发生的地方位于同一心智内,这两个过程之间相互干扰的风险始终存在,且在某种程度上是避无可避的(Schwitzgebel,2012)。

10.3　对人工智能内省过程的述评

10.3.1　内省是对见证的陈述

当一个人对其内省过程进行阐述，即是为其所“见”之事提供证词。我们有充分理由相信，任何已知的证据可靠性问题都会显现在内省中。因此，不得不提的是历史书写技巧的权威来源之一——《历史学家的技艺（*“The Historian's Craft”*）》（Bloch，1953）。布洛赫（Bloch）通过观察发现，笃信证据所提供的说辞是一种幼稚的行为，但仅仅因为该来源所提供的某些证据可疑，就不管不顾地猜疑该来源的所有证据，这同样也是无知之举。通常情况下，那些不准确的流行元素会被接受为真理。我们必须尤其留心所谓的“常识（common sense）”，因为最初的常识不过是特定社会流行的某种偏见，且常识会随着时间的推移而改变，且这种改变通常不会大张旗鼓。那些不胫而走的谣言通常不会有人去否定，因为它们正“切合时宜”。

“真诚（sincerity）”的概念蕴含着广泛而充满风险的意义，它可以包含上述诸多偏见——“许多证人会满含善意地欺骗自己”（同上）。人们往往对身边的简单之物毫无意识，如一个熟悉的房间里有多少扇窗户。在我们的案例中，由于内省者对自己的思维已经了如指掌，因此，为了看清自己实际的思维过程，内省者可能需要反复练习。

在历史问题上，确定某个事件的确切起因是极其困难的，化学中的情况亦复如是：我们对于混合物中哪个分子会导致整个物体爆炸无从所知。我们只能描述其前提条件，而无法描述确切的原因。同样，没有哪个证人的证词能够在所有问题上保持同样的可靠性，但在我们的内省案例中，就技术而言，严格的真理其实没那么重要。

见证人的陈述会因社会背景的不同而有所差异。但即使是错误或伪造，一旦被发现，也能让我们有机会去了解其产生的社会环境。一个社会中盛行的思想有着巨大的影响力，就像一战中法国人相信德国人的狡诈，因而过高地估计了他们的情报能力。同样，如果我们审视一下人工智能先驱者们稚嫩的内省（见8.3.1节），就会看到，他们在努力证明自己是用数学方式进行思考的。这种虚构症（confabulation）本身就证明了当时科学界抱有的数学偏见，这种偏见至今依然存在。同样，在认知心理学的直觉（intuitions）中，证词告诉我们的往往不是目击者之所见，而是他所处的社会认为其本然应该看到的东西（Nisbett，Wilson，

1977)。

下文总结了历史编纂学中适用于技术型类人人工智能内省的某些智慧之言：

(1) 对证词的批判性审视不存在机械式的逻辑。在技术领域，我们也无需机械地为真理制定明确的标准。我们需要的只是“效用(utility)”的社会(或许是经济)标准，我们也的确拥有了某些实证检验和市场经济学(见第10.5节)。

(2) 抛弃一切非科学的主观性，面对这种诱惑，我们可采纳布洛赫的建议：“‘我不知道，我无从所知’，这样的话总是不为人喜的。除非经过积极、甚至孤注一掷的探索，否则绝不该说这样的话”(Bloch，1953)。但即使当我们对获得精准答案感到无望时，我们仍有一张“脱狱”卡牌(“get out of jail”card)——因为我们研究的是一种不断逼近的技术，可以插补(interpolate)自己知识的空白(见10.3.5节)。

10.3.2 探寻与倾听

在扮演不同身份或角色时，我们会探寻或倾听不同事物。“探寻”有不同类型，例如：在地板上寻找掉落的硬币，亦或是检查地板上的结构性损坏。检查地板的行为可从外部进行观察，是完全相同的，但其意图、心智活动和注意力却可能大相径庭。内省过程中的内在探寻与倾听也是这样的情况。正如史维茨格勃尔(2012)所指出的，我们既可以对诸如信念、欲望之类的态度进行内省，也可以对情绪和意象等意识经验展开内省。对倾听内容的选择全凭我们的意志，我们可以像经典人工智能人员(尤其是知识工程师)那样，选择倾听信念和规则应用，有如通用问题求解器一样(Newll，Simon，1961b)，我们也可聚焦于较低层级的机制。

(不仅仅是内省陈述)，一切陈述除了对相关主题进行描述外，还会针对特定的受众。显然，双语者每一次只会采用一种语言，即听众的语言来进行陈述。同时，所有陈述都会采用听众能够理解的术语进行表达，意识流、数据和算法，或信仰和怀疑，陈述者认为听众所期待的一切内容。西蒙和德雷弗斯相互推诿之处在于：西蒙是一个固守华生传统的客观主义科学家，而德雷弗斯是一个奉行主观性的现象学家。他们在各自的研究中倾听的是不同的内容，面对的是不同的群体。

因此，当我们观察自己的心智过程或倾听自己的思考时，我们总在探寻着什么，留心该陈述些什么(哪怕是为了自己)——中立无倾向性的观察是不存在的。那么，我们应该探寻什么？又该以什么样的语言进行陈述？注意，我们所追求的是人工智能设计。在这一背景下,所谓的设计就是数据处理过程的一种形式化,因此我们在头脑中探寻的是信息处理过程(information-processing processes),这正是我们所求之物。但是,这种方式也存在诸多陷阱:我们青睐的理论(如人类是理性的)会介入我们的观察。因此,重要的是,我们要把那些信念"悬置(bracket)"起来,试着看清心智过程的本质(Gallagher,Zahavi,2012)。最为重要的是,在可能的范围内"凝神贯注"于人类思维,即我们真实体验的人类思维,而非我们的文化所认定的思维。这正是该方法与经典人工智能的不同之处。尽管如此,我们也需对可编程性"多加关注"——否则我们将陷入与德雷弗斯及其现象学一样的陷阱,虽生成了精彩的陈述报告,却无技术应用可言(Dreyfus,1965)。

还可能出现一个问题:受过文化熏陶的心智如何探寻或看待未经文化洗礼的心智呢?这里提供两个回答:

首先,这个问题存在一个范畴错误(category error),似乎"受过文化熏陶的"和"未经文化洗礼"的心智是"人类大脑中"两个不同的实体,其中一个很难进入另一个。但现实是,是否受到文化熏陶只是一个程度或水平问题。从某种意义上说,我们所拥有的心智都处于未经文化洗礼的层次——我们在竭尽全力地"做自己",即产生能被社会接受的、文化涵化的行为。所以,二者是一体的,同属一个思维,只不过分属两个层次而已——不存在彼此进入的问题。

其次,我们应该"仔细"观察未受文化洗礼的心智,使用一切技能、教养、耐心、开放心态等,这类我们期待拥有的文化属性,以便尽可能倾听未经文化洗礼的真实心智,同时,利用我们所希冀的对语言和写作的统驭能力生成准确而忠实的陈述报告。

10.3.3 污染

正如10.3.2节所述,我们的倾听决定了我们的内省方式(信念、过程、感知)。它同样也影响着我们在内省中可能发现的内容。一边倾听一边固守前人的理论或模型,这可能会使我们的内省受到前人理论的污染。

纽厄尔和西蒙(1961a)完美地记录了一个极端的例子,展现了作者所描述的(在实验环境下)内省受到前人理论的"污染"。该论文呈现了这样一个实验:论文作者要求学生用给定的符号和操作规则解决一个正式问题(同时进行"出声思维",请参见7.3.1节)。他们"要求被试者说出自己在做什么——'他在想什么'",然后记录下整个过程。当实验协议执行了一小部分时,实验人员会询问被试者"你应用了什么规则?",而不是问"你现在正在想什么?"这类中性指令。假设被试者在依据规则进行思考,此时,这一假设便会污染证据,即便是有明确的指令要求他们陈述所有的思考过程。

然而,污染可能更加不易察觉,更具自发性。当有人说:“对我而言,数学一直是思维的语言。我也不知道我这么说到底是什么意思……数学——这种非言语思维——是我用于发现的语言”(Simon,1996a),这种说辞对他自己以及作为听众的我们而言,都是不诚实的。数学一直是他的“思维的语言”吗?哪怕在他五岁的时候?我对此表示怀疑。所以我想再次强调,在人择人工智能应用内省时,我们要深入“西方现代训练有素成人式”心智的背后,着眼于底层机制——所有这些都不可能是明确的数学形式。

我们该如何抵御这种污染呢?首先,我们可以努力避免将理论或其他文化产物投射到内省中。除此之外,还可采取以下方式:对理论“浮现于脑海”的过程保持觉知,要么平静地将其悄无声息地搁置一旁,要么将自己的注意力转向思维过程,去觉知自己的思维如何摆脱某种理论的预期。

接下来,我们可以对内省展开事后批判:这一机制是否能够产生我们所观察的结果?举例来说,如果“数学”的确是某人的整个思维体系,那它就不会产生错误,但事实是,我们每一个人都会犯错。归根究底,我们无需坚定的杜绝这样的污染。不同的内省,无论好与坏,纯净或受到污染,都会产生不同类型的软件设计。这些设计并不会提出真理假说,只不过是一种技术方案。如上所述,我们应该允许百花齐放。

一些人仍觉得质量有待提升。对他们而言,在内省退出历史聚光灯之前,他们仍有来自这个时代的详细参考(Schwitzgebel,2004),仍有一个现代研究的完整领域(Froese,2011;Jack,Roepstorff,2003)。再次声明,这些可能都是大有裨益的,但没必要太过较真。错误是可接受的——幸运的是,我们是在发现的背景下进行技术操作的。

内省或许是人择人工智能设计的良好灵感来源,其原因阐释请参见第9章。原始无污染的内省更胜一筹,因为污染来自文化产物,而我们的目标是人择人工智能。

同样,受到一定污染的证据也并非灾难性的,因为我们正在探索人工智能设计新的可能领域。但在追求新颖的人性化设计时,我们至少应着力避免过于乐观的理性主义理论所带来的不必要干扰。在辨别和规避过去那些久经考验、老生常谈的理论时,实用之举便是对“技能知识”和“事实知识”进行区分(见6.7节)。“事实知识”是思维的基本组成部分,这种想法本身就是西方现代成人式的观念。

10.3.4　内省之于文化界线

还存在另外一个问题,或显而易见的矛盾:我们在进行内省时往往会想到一些文化产物,如“我使用数学”(来阐释西蒙等人的思想)。然而,为了构建人择人工智能,我们应寻找“文化界线”之下的机制,即支撑某种文化的基本人类能力和技能(参见6.5.1节,作者对心智中的“层”或“层级”概念提出了质疑)。

正如尼斯贝特和威尔逊所言,内省向我们展示了某些无意识、固有过程的产物,因此,在某种意义上,我们可以“看到”自己在思考什么,但却无法“看到”自己是如何思考的。在这里,我必须再次声明,在“观”想的过程中,随着内省实践过程的不断优化,我们会不断“看到”更多,从而获得当下图景的足够多的信息,以满足(下文)插值的需求。从技术上来看,这完全不是问题。

那么,我们究竟是在文化层面还是亚文化层面进行内省呢?只要有可能,我们就尽量在“边界(boundary)”处实践内省。但需要再次强调的是,过于执着于精确性(exactness)不过是一件徒劳的事情:我们的终极追求不是界限差异,而是技术。

10.3.5　插值与逼近

10.3.5.1　内省的漏洞

认知科学有一种共识,认为内省可以告诉我们正在思考的内容,但无法让我们知晓思考的方式(Nisbett,Wilson,1977)。

这似乎是内省的软肋之所在,但这个问题只存在于心理学对内省的应用,内省的技术应用丝毫不受影响。假如我们只是对所完成之事“知其为‘何’而不知其‘何为’”,我们便可用程序员所掌握的一切技巧在计算机上实现相同的目标。例如,我们并不完全了解人类长期记忆的工作机制,“我突然想起了我上学的第一天,那天天气糟糕透了!”——这样的内省并不能帮助我们解释大脑如何存储记忆。但在技术上,我们可以轻松得多——如果需要长期的信息存储,我们可以使用SQL数据库。在这里,我们看到了,技术与科学相对于真理具有不同的标准,坚持这一观点是极具“现金价值”的。我们无需和认知心理学家一道执着于记忆的真正机制——我们大可以继续前行,编写代码。不同时刻的内省存在差异(如“正在试图回忆……刚刚回忆了!”),这是一个科学问题,而非技术问题;一个心理学问题,而非人工智能问题。

提倡在人工智能设计中应用内省,这并不是要提出一种新的“全能(do-all)”技术,如专家系统或“深度学习”般,这些技术通常只是作为一个完整的解决方案进行部署。我的建议是应用内省,设计一个能够实践并超越以往一切技术的系统。这很像明斯基的“芜杂”人工智能(“scruffy”AI)(Minsky,1991)。因此,我们应将内省应用于整体设计或部分组件中。当然,作为技术人员,我们也不应该回避将现有技术纳入设计。

还要注意的是,当人类进行相互的技能传授时(就像使用浓缩咖啡机制作卡布奇诺),老师并不会教我们如何移动手臂或拿起牛奶罐。人们通常假设,自己绝大多数实用的基础技能是天生便有的。在人工智能中,一些更为基础的技能可在内省的基础上通过算法加以实现,另一些则通过其他人工智能完成,还有一些采用硬编码即可。

10.3.5.2 投机逼近(Opportunistic Approximation)

当需要执行某种源自内省的机制时,我们通常没有足够的信息来确定该机制的运行。例如,人类在完成一项任务的过程中,可能会在某些时刻遗忘一些事情或忽略最佳选择。我们可以使用粗糙逼近值(crude approximation),如“50%”,随后,如果所得结果与观察到的内省或行为拟合较差,那么就对该参数进行修正。此外,我们有时也可以将“偶发”现象过程与代价高昂(指CPU时间)的计算过程进行匹配。12.3.5节进行了案例展示。这些仅是便宜之计,只要人工智能可以有效运行并产生可信行为,它们就是可行的。再次强调,我们并不是在做科学研究。

10.3.5.3 数字化不产生模拟

人们可能会提出一种异议:计算机中的0和1是无法捕捉人类主观思维的微妙(subtlety)和流变性(fluidity)的。这种观点与德雷弗斯的反对意见有些相似。人类本质上是可比拟物(analogue),而计算机本质上是数字的[①],因此两者不可同日而语。尽管存在这种可能性,但我们仍可将所模拟的现象逼近至任意精度,尤其是当前我们已经具备了无限的“云计算”能力。正如我们能够以浮点数(floating-point numbers)代替实数(real numbers),并通过添加位数(bits)来提高精度,又如我们可以通过模拟“空气单元(air cells)”中的物理条件来模拟地球大气层,进而预报天气,我们同样也可以逐渐逼近人类主观经验的流变性。

---

① 布莱恩·坎特威尔·史密斯(Brian Cantwell Smith)抗议认为,世界上所有的计算机受制于同样的物理条件,不过是“理想的”数字化而已。这个观点尽管有趣,但并不影响此处的论点。

10.3.5.4　模拟不等于非数字化

相反，人们可以推测，或许人类非理想、非正式的行为是由某种底层理想化机制产生的，可能类似于用计算机的确定性行为来模拟和预测看似无序的系统，比如天气。我的回答如下：

(1) 在人类与世界交互的非正式经验之下，不太可能存在案例推理（见11.2节）或英特尔处理器这样完美的秩序结构。大脑中似乎不存在任何以数字化运作的东西，或这种东西也不足以"模拟"人类非正式经验。

(2) 即便有可能存在这样一种底层秩序结构，但证明其存在的责任也必定落在认定其存在的人身上，否定其存在的人没有义务去证明其存在（通过奥卡姆剃刀原理或类似于罗素的茶壶[①]（Russell，1952））。

(3) 无论最终这种秩序是否存在于看似非正式的表象之下，我们都看不到任何从秩序中产生混乱的机制能够成为技术之基础。

10.3.6　多重迭代、多种机制

在将内省用作人工智能的基础时，我们可能仅仅只是做一些简单的不那么深入的内省，或停下来运行一下我们提出的模型，然后回头修正、完善正在进行的内省和模型，进而完善代码。在开始编码前，我们不需要（像德雷弗斯那样）创作一部完整的现象学巨著。

正如我们将在示例中所见，（人们可能会争辩说）模糊逻辑是以内省为基础的，即概念的边界是不明确的，因此是模糊的。扎德既没有深化也没有拓展这种内省。深化意味着进一步探索概念在我们主观经验中的行为方式，拓展则与相邻机制有关，如记忆或动作选择。

扎德对这一要素运用了内省，又回归到了逻辑、数学和专家体系的既定传统。如果我们想创建人择人工智能，很可能我们需要对多种机制进行内省，同时不摄取特定文化的人为产物，如数学或逻辑。我们很可能需要多种创新元素，带

---

① 罗素的茶壶（Russell's teapot），又称为宇宙中的茶壶（Cosmic Teapot），出自哲学家伯兰特·罗素于1952年创作的《神存在吗？》一文中。罗素这样描述道：假设地球和火星之间有个瓷制茶壶以椭圆形轨道绕太阳公转，由于茶壶太小，甚至小于望远镜的观测范围，因此没有人可以观测到这个茶壶。然而，茶壶的存在也未曾被否证。因此，只要没人能否证茶壶的存在，说茶壶存在便是对的。证明的义务就落在了反对者头上，也就是那些宣称茶壶并不存在的人。但是否没有被否证的事就是可以相信的？应该提出证明的人是谁？反茶壶论者还是茶壶论论者？抑或说怀疑论才是这场争论中唯一理性的立场？罗素借此指出，科学没有义务证明上帝不存在。如果茶壶论者认为，只要没有被推翻，就是可以相信的，那么就等于给各种偏执与疯狂的人打开了大门。——译者

着对内省观察的敬意加以融合,而不是受困于某种“有序的”结构(Minsky,1991)。我们可以逐步添加这些元素,并以实验点缀其中,以获取人工智能设计开发各个运行步骤的反馈信息,同时在每一个阶段做进一步内省,以此了解人类思维过程与模型之间的差异。

10.3.7 人事

硬科学(STEM)和人文科学对技能与思维模式进行了传统划分,从某种意义上说,本书与上述传统有些背道而驰,而且在寻求成为一门精确科学的过程中,与心理学的概念明显缺乏融合。但这不仅仅是一个理论上的观点:就人员而言,如果要应用内省来开发人择人工智能,或许STEM教育和编程技能并非我们所需的主要技能。如果内省确实很关键,那就需要擅长内省的人。我敢打赌,具有诗歌、戏剧、文学等素养的人很可能会成为人工智能研发团队中有所作为的一员。这样的项目更需要的是那些善于内心独白(soliloquy)的人,而非精通编译器(compiler)的人(Snow,1964)。基于数学和认知理论的人工智能久已成为我们的研究对象。是时候尝试一些标新立异的东西了,而不是“回归认知科学”(Langley,2006)。

这可能有点言过其实。在任何软件开发团队中,程序员都是关键。但是软件“架构师”必须通过内省而不是最新的软件开发潮流来获取信息。当然,由善于内省、熟知现有人工智能技术的优秀程序员来组建团队,这无疑是条妙计。尽管如此,任何团队都不太可能招到两个以上完全跨学科的成员。相反,内省人员只要具有模糊的编程思想便足矣,这样他们就可以生成与某种软件设计相类似的模型。从事设计的软件架构师至少应尊重内省过程,当然也需要对编程有极为专业的把握,如此才能深谙软件之需。再次强调,“主观性行为”与内省并非同一件事,需要有所选择,但却是一个持续不断的迭代过程。对此不可掉以轻心。

跨学科思维不仅仅是“与俄罗斯人竞争”的理想之道,正如斯诺(Snow,1964)所提出的那样。同时,跨学科工作也是人择人工智能开发的迫切需求。不同学科是可以安住于同一个人或一个通力协作的团队中的。

10.4 项目预期

模拟完整人类大脑中的每个细胞和互连,以此构建人工智能,这种想法目前是不切实际的，如蓝脑计划（Markram, 2006）。人工智能可以根据某种科学的大脑模型来进行构建，但其初始模型是不够准确的，既如此，那么，我们就不该期望从这样一个模拟“大脑”中产生的思维会拥有健全的心智和良好的智能，且乐于与人类沟通。可能的原因有很多：诸多参数不够准确，模拟的大脑可能很难完成常规的社会发展，诸如此类（Idan Segev，2011）。鉴于上述情况，如若我们能够在极少数实例中获得具备某种学习能力的大脑，那都是令人欣慰的。

同样地，尽管成功率相对较低，但我们仍可期待，在一个“低层级”的人工智能系统中，哪怕尚未低至细胞层级，也是可以与环境进行有意义的互动的。就人择人工智能而言，即亚文化人工智能（subcultural AI），我们正处于危险地带，可能面临着诸多困难。或许，我们需要两个截然不同的开发阶段：第一阶段是就模型本身开发人择模型，并“在实验室中”实现其功能；第二是“实施”阶段，只将优良的初始模型样本实际应用于实用性技术中。也只有在实施阶段，常规的技术评估才具有意义。

10.5　测试与评估

回想一下，内省的应用既是为了生成更为人性化的人工智能设计，也是为了拓展人工智能开发的基础。作为一种技术，人择人工智能最终必须满足目标需求、具有可操作性和市场销售潜力，如此才能通过检验。然而，在开发阶段，如果人们感兴趣于技术的人性化程度，以下几点或许更有助益。

研究非文化涵化的人择人工智能，其目的是创造可像人类一样灵活学习、无需预设特定做事方式的类人系统。因此，我们感兴趣的是，相比于其他系统，我们的人工智能系统与人类的相似程度究竟有多大。

一切设计的保守性评估都应该是经验性的。正如10.2节所述，所有评估都可以遵循客观或主观的量化路径。进一步大胆地来说，某些定性反馈也是具有实用价值的。

(1) 在客观路径中，人类和基于内省的系统都处于相似的环境中，可以通过各种参数进行测量。系统越接近人类，就越能更好地模拟人类。这与认知模拟在方法上具有相似性，但在意图上却有所不同——这又回到了科学与技术的差异。

(2) 评价一个内省系统的主观路径可能包括制作一段视频，记录各种算法的性能以及人类处理任务时的表现，然后要求一组公正客观的观察者描述每段视频给他们留下的印象,并就“像人还是像机器”做出判断。同时,像社会科学研究那样,采用标准的访谈数据处理方法对搜集到的数据进行处理。

(3) 定性反馈也很重要,将观察者的评论收集起来反馈给开发者。

评估方法的选择可能受到项目目标和环境的影响。

现在,让我们正式开启内省式人工智能的全景示例。

第11章 示 例

本章将从现有人工智能示例入手,渐入新的算法。第一例是模糊逻辑,这是人工智能中内省介入最低的案例。第二例是案例推理,相对更为成熟,展示了这一设计如何应用内省发展演化(尽管从历史角度来看,尚不清楚内省是否介入其中)。第三例是“AIF0”,这是作者开发内省式人工智能的首个实验,随后是AIF1(一次失败的尝试)和AIF2——一个成功而有趣的设计(将在下一章中介绍)。

在介绍上述示例过程中,须牢记:我们的关注点是技术,而非科学,因此,“是否起作用?”这样的问题要比“是否正确?”这一问题更切中要害。因此,有必要做几点说明:

(1) 随后的例子中提供的内省数据只是来自我个人的内省。作者只“如实”地呈现数据,并未试图进行论证,原因之一在于我们仍不清楚该怎样对内省数据进行论证。无论下列内省陈述的准确性或真实性如何,作者都主张将内省作为人工智能设计的基础方法。任何人都可利用该方法设计基于自我内省的人工智能(参见8.7节第7点)。

(2) 基于这一点,且因示例只是示例,是来自个人的内省,因此,我们并不认为其最终设计结果本身一定完美,也因此,作者不会提供比较性数据,去试图证明这些设计案例比客观标准下的现有设计更优秀。任何竞争性评估都不在本书讨论范围内。作者只是主张:在内省的基础上开发人择人工智能(第6章),采用这种设计方案所得之结果可能更为接近人类,这一观点是具有合理性的。本书旨在推介一种新的方法,有意识地将内省应用于人择人工智能开发,这将是一种与众不同的方式。在此,作者并不认为这里所展示的设计案例同样适用于其他特定目的,只是觉得它们可能更加类人,从而彰显该方法的创造潜力。

(3) 人工智能设计的重点是技术,技术成功的标准低于科学真理的标准(参见5.1.3节)。然而,一旦某种设计完成(无论其来源如何),便可在其基础上提炼出模型,并以此作为心理学的科学模型(理论),就像将某些简单的神经网络用作认知心理学理论一样(Altmann,Dienes,1999)。那些想从华生的敲打中复兴主观心理学的人或许对这样的理论满怀希望。在此,有必要对比一下惠勒(2005)之法:惠勒认为人工智能是“认知科学的思想核心”——他感兴趣的主要是科学,而在这里是技术至上。这改变了我们对模型所赋予的真理层级,也给予了我们自身更多的自由。我们不是在这里做科学研究,至少不是进行直接研究。

模糊逻辑与案例推理的示例只是一种“热身活动”,旨在阐释某些观点。内省在多大程度上进入了开发设计,相关历史证据并不完整,有时甚至互相矛盾。就这些历史观点而言,作者无甚忧虑,相反,会把相关证据呈现出来,假设两个案例的确有意地应用了内省,以此展示:①如何在最低限度上应用内省;②如何摆脱过度理性的布尔逻辑体系式人工智能。这些算法作为后文原创设计的“近邻”也是值得一提的。

除第一个示例(模糊逻辑)外,后续所有示例中的环境都是一种类似游戏的情境,人工智能可以在此环境下(从预定义集合中)选取行动,并以得分(score)形式进行反馈。

行动(Actions)来自机器可执行的所有行动范围。

机器运行的结果以输入的得分形式表示。得分可以衡量一个或多个目标的完成进度,以及/或一个或多个规则的遵守情况。得分可以来自环境,也可以是主观性来源,如人类观察者。

11.1 模糊逻辑

在一个孤立且明确的案例中,模糊逻辑表明了内省式人工智能工作的原理,以及最低限度内的工作模式。模糊概念来自罗特夫•扎德(1965)的自我观察,即在人类概念中,属于或不属于某个类别(或集合,或概念),其边界并不是一种方波(square wave)[①],也不是全有或全无(all-or-nothing)之物。

“模糊”是指事物不需要百分之百隶属于某个集合、类别或概念。图11.1表明,一个特定温度,比如10℃(图中所示垂直线),其寒冷的隶属度为90%,温暖的隶属度为10%。因此,温度“10℃”只是部分属于“寒冷”这个概念或集合,同样,也部分属于“温暖”的概念或集合。模糊概念的应用之一是为专家系统制定规则,为“一点(a little)”“稍微(somewhat)”“非常(very)”等这样的词语赋予数值

① 方波是一种非正弦曲线的波形,理想方波只有“高”和“低”两个值。——译者

意义,使专家系统规则能够产出“当锅炉稍微热一点时,进行(某种操作指令)”这样的话语。这是一种更接近(人类)专家语言的语言。最终的决策过程——去模糊化(de-fuzzyfying)因实施情况而异(McNeill,Freiberger,1994)。为明晰术语,模糊集合通常用于解析诸如“稍微温暖”之类的概念,而模糊逻辑则用于梳理类似于标准逻辑的“和”“或”等概念。

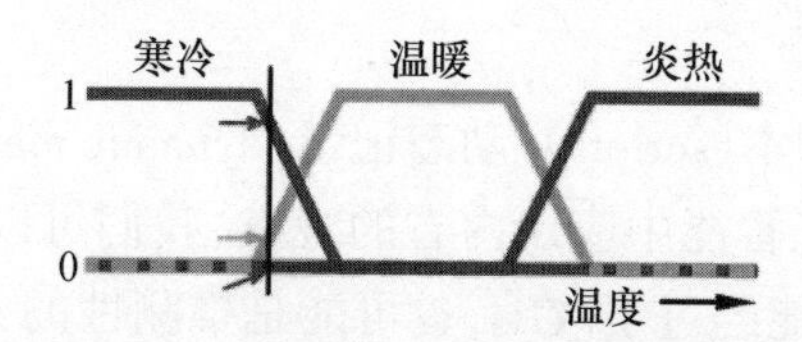

图11.1 模糊逻辑(来源:维基媒体)

为了阐明模糊逻辑是最低限度“基于内省的人工智能”,我们使用10.2节中的术语来回溯内省转化为人工智能设计的过程,相关术语在这里用粗体明示。依据推测,扎德的目的可能是(从现象学角度)展现自己实际的思考方式,而不是逻辑、数学或科学思维模式所要求的思考模式(这便是其进行内省的意图所在)。在内省视觉中,扎德选择专注于(或倾听)概念或“集合”的边界处,正如他在论文(1965)中所表述的那样。不管他的内省视觉多么复杂,他都选择将自己的观察模型表述为:每个对象在一定程度上都隶属于某个概念或集合。隶属程度可用百分数或0(不属于)至1(完全属于)之间的实数表示。

在随后的软件设计阶段,扎德选择使用简单的数学曲线来逼近概念的边界,如图11.1所示的直线状线性函数。为了编程,这种逼近的妥协方案是明确的——上图中的对角线毫无疑问是一个数学问题(这是一种投机逼近,参见10.3.5.2节),因此它并非精确的人为或内省结果,但相较于全有或全无(方波)式的种类隶属,这仍然能更好地表示人类的真实情况。

再次提醒,我们不应(与德雷弗斯一样)错误地过度笃信现象学或现象学文献。我们认为,内省是为了在有限的开发时间内创造出可用的设计,采用逼近策略无伤大雅。另一方面,扎德作为典范,表明了如何选取一个内省的点,然后将其嵌入数学框架(集合理论,逻辑等)。扎德并未进行完全的内省——可以这么说,他只是“犯了一个小小的内省错误”,随后便急忙回到数学正统观念的安全地带。所以,他确实以内省作为人工智能的基础,但极为保守而羞怯(见8.3节)。

有人可能会反对一切关于模糊逻辑的讨论,因为模糊逻辑已被证明是统计人工智能(statistical AI)的经典案例,因此再多的讨论也不会有更多的收益。这种想法事实上没有抓住重点——我们在此讨论的是发明的方法。模糊概念与大多数其他概念一样,是有限的,或许已经过时了。这里想要展现的是最低限度应用内省的情况,以及人们在应用内省时的羞怯。

11.2 案例推理

案例推理起源于脚本(scripts)、动态记忆(dynamic memory)及其他一些认知理论。为了阐明在人工智能中应用内省的观点,我们可以回顾一下案例推理的来源(这个起源故事可能经过了改编,也可能是推测性的)。正如我们在8.3.1节(与特克尔的访谈中)所看到的,罗杰•尚克明确承认使用了内省——然而,他在自己发表的人工智能论文中删除了一切有关内省的内容(Nilsson,2010;Schank,Abelson,1977;Schank,1982)。

这里对案例推理表示关注,是因为它展示了某些人工智能(相当糟糕)的内省应用,此外,也为我们后续更具趣味性的原创案例奠定了基石。

案例推理[①]试图通过浏览数据库中既有的问题和解决方案,从中选择可用的最优方案来解决计算实体可能遇到的每一个问题(或情况)。在某些情况下,所选方案在执行前会根据当前工况进行修订。案例推理包含四个“Re”:“检索(Retrieve)、复用(Reuse)、修正(Revise)、保存(Retain)”。这一设计已经取得了一些成功,产生了多种不同的类型。

有关案例推理的起源,一个改编过或推测性说法是:在扮演称职的管理员角色时(见9.3.1节),发明者曾自问这样几个问题:“我要做什么?”“我当如何解决问题?”他们从记忆中提取了自己先前遭遇时的解决方案,并重启复用相关方案。该设计并未具体说明原始数据库的来源,也未阐明如何就新的工况生成新的解决方案——再次提醒,这里的假设是:计算机像一个称职的管理员一样,已经“审阅过了”所有相关案例,并能够对其做出细微调整。因此,原始的案例推理不过是一个解决方案的指南而已。

请注意最近出现的术语“解决方案”,它意味着下列假设:

(1) 计算实体所处的世界是由不同“问题”构成的,这些问题会一个接一个

① 有些人认为案例推理是一种方法论而不是算法,因为它只是单纯地提出了四个“Re”,即“检索、复用、修正、保存”。至于如何完成上述步骤,相关细节并未做详细说明。然而,如果有人想故弄玄虚,那么,包括“a+1”这样的简单算法都是不够专业的,因为a溢出的确切行为并未明确标示。不过,在我们的案例中,这一点并没有那么重要。“方法”(“methodology”)这一术语在本书中指代的是人工智能新的开发设计方法,而术语“设计”(“design”)则指的是算法及其算法家族(I. Watson,1999)。

地出现。

(2) 上述问题都有解决方案,且这些解决方案明显不同于被标记为“错误(wrong)”和无用行为的“非解决方案(non-solutions)”。

(3) 数据库已经为每一个即将遭遇的工况存储了一个特定的解决方案,或一个可根据当前工况作任意调整的解决方案(“修正”阶段)。

因此,我们看到,案例推理是根据一个理想化的理性管理者形象而创建的。解决方案有别于“非解决方案”,不存在“好坏”程度;如果这一设计的所有假设都适用于人工智能运行的环境,那么这种设计就会根据已有信息生成理想化行为——有限理性(Simon,1955)。除了与我们设计人择人工智能的议题不甚相符外,上述一切都无可非议。

假设解决方案与非解决方案之间存在清晰的界限,可随时分离,这是不现实的。当我们像下面的示例那样,朝着更具内省性的设计不断前进时,这种界限便会隐没消逝。

11.3 AIF0[①]

该示例展示了人工智能从数学走向内省化的过程。这是技术创新的第一步,接下来还有两步。从术语来讲,作者将使用“选择(select)”一词来表示从更大集合中选择一个子集(类似于SQL中的SELECT语句),并使用“选定(choose)”一词表示特定阶段最终确定的算法。

下文将对内省的过程以及软件设计、运行并获得结果的过程进行描述,下划线表示内省的内容。随后对该示例的启示进行讨论。

11.3.1 内省

人们可以观察到,在日常生活中,作者经常使用次优解(suboptimal solutions)来解决问题,不是因为没有更优方案,也并非因为这个次优解已经“足够好”(西蒙的满意度法则),而仅仅是因为人类本性使然,作者没法总是做出完美的事情——要么因为无知和混乱(执行错误),要么是在玩乐或试探(记住,我们的目标不是要模拟出精锐的科学家或士兵)。因此,就内省而言,我做我认为(或希望,或相信)最好的事情,但我不一定会选定我所知的最优方案。有时,即使我

① 人工智能框架。

知道该怎么更好地应付情况，我也只是推测或做一些新的尝试。有时，我也会错误地实施我的想法。

下文的表述是对案例推理所做的创新，一个模型：

(1) 不是选定一个“解决方案”，而是选择好几个“解决方案”。

(2) 在随机因素条件下选定其中一个“解决方案”。

(3) “解决方案”这一概念消失(类似1-0解决方案-非解决方案)，取而代之的是“我们所知的几个最优方案”这样的想法。因此，认为每个预期问题都有一个正确解决方案，或一个“足够好”的解决方案，这一假设不成立，应该是“我们拥有的几个最优方案”。

(4) 在案例推理中，“这个”解决方案(或“最优”方案)是先被选定而后使用的，而在AIF0中却不同，它涉及以下几个步骤。首先，选择多个相似案例(可能达到某个相似性的阈值)，然后，将这些相似案例按预期结果进行排序。预期结果源自记忆库中相关事件的分值，少数情况下执行随机行动(random action)。

(5) 从环境中收集得分或反馈。

11.3.2 执行过程

在软件设计过程中，我们必须使用软件机制来逼近内省模型，因此，在这种情况下，可采用以下逼近方式来应对人类的易错性和玩乐性：只在一半的情况下使用最优“案例”解决方案，另1/4情况下使用次优“案例”，接下来的1/8、1/16情况以此类推。在最后1/16的情况中，我们可以让软件从全部备选方案列表中随机选定一个输出(这是一种机制“插入”，参见10.3.5.1节和10.3.5.2节)。这种机制有助于学习，因此，该设计可以在没有任何先验知识的情况下自行创立知识库。

伪代码如下：

(1)为每种工况：

√ 选择过去所有相似工况(相似性可暂且粗略地定义为相同)；

√ 在这些相似解决方案中，选择曾经使用过的(结果)最优的四个案例，并按得分进行排序；

√ 将第一个案例赋值给i；

√ 当i为有效案例时；

掷硬币(50%的机会)；

如果正面朝上

选定第i个案例(跳至“完成”)；

否则

将下一个案例赋值给i；

√ 当“while循环”结束时，选定一个随机动作；

√ 完成；

√ 在该“世界”(可能是一个模拟的微观世界)中执行选定的动作，收集得分，保存案例，然后从头开始重复下一个输入。

在原创内省中要做的是(案例推理中不包含这种内省)：

(1) 选择多个案例；

(2) 从这些案例中选定一个案例，但不要求确定性；

(3) 允许在部分案例中不间断的进行完全随机选择。

这是一块进阶之石，一个技术项目，因此一次添加三个属性是合理之举。

要注意的是，“相似性”问题在子程序中被巧妙地一笔带过了(就像在案例推理中一样)。下例将使用一致性(identity)作为相似性的一种粗略形式。

11.3.3 示例运行与统计数据

该算法的运行环境为一个游戏世界，每个输入值A、B、C或D分别对应输出值1、2、3或4。匹配成功得1分，匹配失败得0分。

向算法中输入A、B、C或D数值，以此开启单个“案例”。算法产生一个答案1、2、3或4。以下是示例运行的过程跟踪。

跟踪说明：以粗体突出显示的第45行为例。每个迭代次数(ITER)后都跟有输入值INP(“A”~“D”)，然后给出四个“最佳匹配”(即已选项，“Options to consider”)并分别标记其迭代次数，算法随后将从中选定一个。这4个“最佳匹配”分别标有“迭代次数”，因此，在突出显示的第45行中，输入值“C”与之前所有输入值“C”相似，且按照得分进行排序，最佳案例是18，然后是19、36和39(在上述所有案例中，程序得分均为1)。请注意，在前几行跟踪数值中，由于无先例可循，因此显示的指数为“-1”。接下来输出行是选定项(the chosen option)指数，以0~3表示四种可能性，如果选择随机动作，则标记为R。还请注意，当可选项数量极少时(靠近顶部位置)，随机动作选项便是常项。之后显示的是输出值和得分。

```
迭代次数  输入值              4个最佳匹配,已选项                分数
    0, in B: ops(  -1,    -1,    -1,    -1)-> R out 4, S= 0
    1, in C: ops(  -1,    -1,    -1,    -1)-> R out 1, S= 0
    2, in B: ops(   0,    -1,    -1,    -1)-> R out 3, S= 0
    3, in A: ops(  -1,    -1,    -1,    -1)-> R out 2, S= 0
```

```
迭代次数  输入值              4个最佳匹配,已选项                      分数
   4, in D: ops(  -1,   -1,   -1,   -1)-> R out 3, S= 0
   5, in A: ops(   3,   -1,   -1,   -1)-> R out 2, S= 0
   6, in C: ops(   1,   -1,   -1,   -1)-> R out 4, S= 0
   7, in B: ops(   0,    2,   -1,   -1)-> 1 out 3, S= 0
   8, in C: ops(   1,    6,   -1,   -1)-> 1 out 4, S= 0
   9, in D: ops(   4,   -1,   -1,   -1)-> R out 2, S= 0
  10, in A: ops(   3,    5,   -1,   -1)-> 0 out 2, S= 0
  11, in D: ops(   4,    9,   -1,   -1)-> R out 1, S= 0
  12, in A: ops(   3,    5,   10,   -1)-> R out 2, S= 0
  13, in B: ops(   0,    2,    7,   -1)-> 0 out 4, S= 0
  14, in B: ops(   0,    2,    7,   13)-> 0 out 4, S= 0
  15, in A: ops(   3,    5,   10,   12)-> 0 out 2, S= 0
  16, in B: ops(   0,    2,    7,   13)-> 1 out 3, S= 0
  17, in B: ops(   0,    2,    7,   13)-> 2 out 3, S= 0
  18, in C: ops(   1,    6,    8,   -1)-> R out 3, S= 1
  19, in C: ops(  18,    1,    6,    8)-> 0 out 3, S= 1
  20, in D: ops(   4,    9,   11,   -1)-> 2 out 1, S= 0
  ...
  35, in B: ops(   0,    2,    7,   13)-> 0 out 4, S= 0
  36, in C: ops(  18,   19,    1,    6)-> 0 out 3, S= 1
  37, in B: ops(   0,    2,    7,   13)-> 1 out 3, S= 0
  38, in A: ops(   3,    5,   10,   12)-> 1 out 2, S= 0
  39, in C: ops(  18,   19,   36,    1)-> 0 out 3, S= 1
  40, in D: ops(   4,    9,   11,   20)-> 1 out 2, S= 0
  41, in A: ops(   3,    5,   10,   12)-> 0 out 2, S= 0
  42, in C: ops(  18,   19,   36,   39)-> 1 out 3, S= 1
  43, in B: ops(   0,    2,    7,   13)-> 0 out 4, S= 0
  44, in C: ops(  18,   19,   36,   39)-> 0 out 3, S= 1
  45, in C: ops(  18,   19,   36,   39)-> 3 out 3, S= 1
  46, in A: ops(   3,    5,   10,   12)-> 0 out 2, S= 0
  47, in D: ops(   4,    9,   11,   20)-> 0 out 3, S= 0
  48, in C: ops(  18,   19,   36,   39)-> 0 out 3, S= 1
  49, in D: ops(   4,    9,   11,   20)-> 2 out 1, S= 0
  50, in A: ops(   3,    5,   10,   12)-> 0 out 2, S= 0
  51, in C: ops(  18,   19,   36,   39)-> 1 out 3, S= 1
  52, in A: ops(   3,    5,   10,   12)-> 0 out 2, S= 0
  53, in C: ops(  18,   19,   36,   39)-> 0 out 3, S= 1
  54, in A: ops(   3,    5,   10,   12)-> 0 out 2, S= 0
  55, in C: ops(  18,   19,   36,   39)-> R out 4, S= 0
  56, in B: ops(   0,    2,    7,   13)-> 3 out 4, S= 0
  57, in C: ops(  18,   19,   36,   39)-> 0 out 3, S= 1
  58, in A: ops(   3,    5,   10,   12)-> 0 out 2, S= 0
  59, in C: ops(  18,   19,   36,   39)-> 1 out 3, S= 1
  60, in C: ops(  18,   19,   36,   39)-> 0 out 3, S= 1
```

```
迭代次数   输入值              4个最佳匹配,已选项                  分数
   61, in A: ops(   3,    5,   10,   12)-> 2 out 2, S= 0
   62, in A: ops(   3,    5,   10,   12)-> 0 out 2, S= 0
   63, in C: ops(  18,   19,   36,   39)-> 2 out 3, S= 1
   64, in B: ops(   0,    2,    7,   13)-> R out 2, S= 1
   65, in A: ops(   3,    5,   10,   12)-> 2 out 2, S= 0
   66, in A: ops(   3,    5,   10,   12)-> 2 out 2, S= 0
   67, in A: ops(   3,    5,   10,   12)-> 2 out 2, S= 0
   68, in C: ops(  18,   19,   36,   39)-> 1 out 3, S= 1
   69, in D: ops(   4,    9,   11,   20)-> 0 out 3, S= 0
   70, in C: ops(  18,   19,   36,   39)-> 0 out 3, S= 1
   71, in D: ops(   4,    9,   11,   20)-> 0 out 3, S= 0
   72, in D: ops(   4,    9,   11,   20)-> 1 out 2, S= 0
   73, in C: ops(  18,   19,   36,   39)-> 0 out 3, S= 1
   74, in C: ops(  18,   19,   36,   39)-> 1 out 3, S= 1
   75, in C: ops(  18,   19,   36,   39)-> 2 out 3, S= 1
   76, in B: ops(  64,    0,    2,    7)-> 0 out 2, S= 1
   77, in C: ops(  18,   19,   36,   39)-> 0 out 3, S= 1
   78, in B: ops(  64,   76,    0,    2)-> 1 out 2, S= 1
   79, in A: ops(   3,    5,   10,   12)-> 0 out 2, S= 0
```

请注意,在跟踪结束(第80回合)时,机器已经学习了*B*和*C*的映射,但尚未学习*A*或*D*。稍后的运行中可能会对*A*或*D*,乃至整个映射进行学习。图11.2展现了一场2000回合游戏中10,000次运行的平均得分。

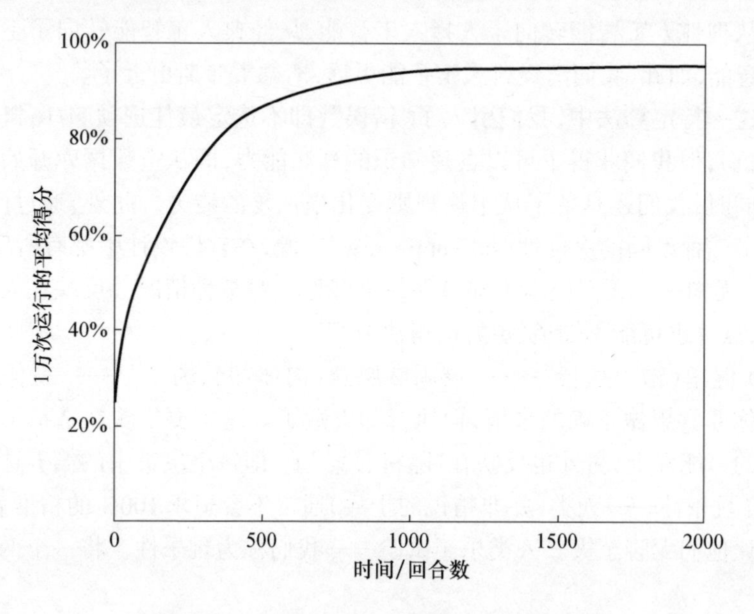

插图11.2 ABCD→1234问题中AIF0学习统计

注意,图11.2中接近的理论最大值计算方法如下:

只要程序运行时间足够长,使每个可能的输入值都有四个正确的响应样本,它通常就会根据积累的经验选择出正确答案。随机选择的概率为:$0.5^4 = 0.0625 = 6.25\%$。如果软件选择了一个随机动作,它仍有25%的概率随机选择出正确答案,因此最终的错误率应为4.68%,成功率为95.32%,正如图11.2所示。

可考虑做以下修正:

(1) 如果游戏规则(*ABCD*和1234之间的正确映射)在游戏中途发生变化,这将导致更多混乱局面。这时,只需作一个细微的改变,将"案例编号"作为输入的一部分,通过相似函数进行比较,便可使算法从规则变化中恢复过来,由于最新近的"案例"与当前案例更为相似,因此,算法会偏好于这些新近案例。

(2) 在得分中加入一个随机的小"噪音"并不会显著改变结果,尽管它会使"相似性"更逼近于真实世界的场景。

回顾一下,这个算法作为简单示例,旨在阐明该方法更为广泛的意义,后续章节将以此为基础展开讨论。

11.3.4 讨论

上述内省中的某些观察可通过其他更为客观的手段达成。只要内省能为设计提供新的见解,我们就应当认真考虑这些洞见。依循内省而非数学正确性后,我们便从理性人工智能转向了人择人工智能,从经典人工智能转向了主观认知型人工智能,如此,我们离经典人工智能更远,离德雷弗斯更近了。

在这一特定算法中,我们引入了"错误"(即不选定最佳选项,1/16概率下结果为随机),但我们获得了可以自建知识的算法能力,即从空数据库开始学习的能力。同时,我们还具备了从中途规则变化中恢复的能力。此外,通过内省,我们发现了三种不同的次优性(sub-optimality)来源,在软件设计中都有所反映:

(1) 无知——人们根本不知该如何更好地应对某种情况。反映在人工智能设计中,软件也可能不知道"更好的解决方案"。

(2) 混淆(错误执行)——"灵固然愿意,肉体却软弱了"[①]——就像跌倒一样——你非常想做正确的事情,但执行却失败了。这主要反映在选择第二至第四选项的可能性上,另外也反映在"随机答案"上,即每个决策中的第五选项。

(3) 玩乐性——人类(并非精锐的士兵)通常不会追求100%的精准表现,因为这会让他们无聊至极。人类乐于试验——我们称为玩乐性。将一个两岁的孩

① 马太福音26:41。

子与大学本科生和老年人进行对比:一个人年纪越大,就越倾向于克制自己的试探和玩乐行为,你就越能期望他们“行为合理”。这种探索性行动(玩乐性)随时间而减少的趋势也可逐步反映在算法中,即在上述设计运行期间,将每个已选案例的使用机会从50%提高至70%。其结果是,在游戏过程中,随机选择的概率逐渐从0.5^4(6.25%)下降到0.3^4(=0.81%)。这使得早期阶段可以进行更多试验,之后便取得更好结果——其代价便是牺牲了随后的学习能力。本设计可能进行的另一个改进便是在运行期间对“决策”参数进行修正(见13.2节)。玩乐性主要反映在随机行动中,也反映在选择第二至第四选项的可能性上。

11.3.4.1 细节与参数

代码并非每个方面都能直接反映内省,例如,“掷硬币”这种独特的方式只是在内省过程中逼近表面随机性(apparent randomness)的一种尝试。也需注意,代表决策性的参数“50%”(掷硬币),或“4”(尝试次数)都是任意的,可不断调整以获得不同行为。还需注意的是,这些细节都是粗略的数学估计,没有任何内省基础。这是经典人工智能与主观性之间的部分折中,与模糊逻辑的先例相一致。在模糊逻辑中,概念的模糊边缘被假定为线性函数,或可由其他简单函数进行描述。

这里可能会出现一个问题,即在人工智能不再以“内省”为基础之前,这些任意参数可在多大程度上偏离初始值(此处为50%和4)。鉴于我的兴趣点在技术上,因此,我认为这只是个学术问题——只要某项活动(如内省)产生了有价值的设计理念,它就值得追求,但目的不是为了实现“好的”或“纯净的”内省,而是推进类人人工智能技术的发展。因此,我们会使用内省这一思想来进行设计创造。此后,在符合目的的条件下,我们也可能使用某些违背内省情理、有损内省的参数。就让百花齐放吧!

11.3.4.2 为什么这种设计更具人择性

AIF0更具“类人性”或“人择性”,因为人类没有预存的案例数据库能够告诉他们情况*X*的解决方案*Y*是正确的、最优的,也没有某种既定的“解决方案”。人类只是在用已知信息(而非“最佳方案”!)尽力地应对各种情况。

人类拥有的最佳解决方案可能(在客观上)相当糟糕。此外,一旦人脑形成了应用不良方案的“坏习惯”,那些不良方案就可能被(主观地)视为“我拥有的最佳方案”,即便外部观察者可立刻判断出这是一种不良习惯。与一切理性系统一样,只是短暂地接触某种工况下的更优方案,并不会让更优方案立刻获得全盘接受。无论是因“运气不佳”,还是因“固执己见”,更优方案都可能与我们失之交臂(下文示例所示)。

错误在所难免。这是非理性、非理想化人工智能的特征。

11.3.4.3 相似性

在诸多人工智能算法中,相似度是一个重要问题,通常隐藏在相似函数(similarity function)中。只有当输入值为原始、理想离散数据时,才能较为顺利地判断两个输入值的相似度。当输入为数百万个多波段像素图像时,或更糟情况下,输入为视频或(现象学意义上的)“情境”时,相似问题就会爆发成一场无法预知的混乱。鉴于我们正致力于设计真实的人工智能,我们不能像德雷福斯那样举起绝望的双手,我们必须在每一次执行中提出某个相似函数,就像案例推理那样。随着示例复杂性的增加,情况变得愈发复杂,相似性问题没有得到妥善处理令人深感苦楚——但软件编写还要继续。相似函数在理论上涉及另一种完全不同于主流的人工智能算法,例如神经网络的众多衍生概念,向量空间(vector space)中由毕达哥拉斯定理得出的“最近邻算法(Nearest Neighbor)”,遗传进化的相似函数等。我们还可尝试不同方法,就像尝试不同技术一样。

我们须谨记,AIF0 只是内省式人工智能理念的一个简单示例,其最终设计不过是对类人思想的初步模仿,是我们项目的开端。我们的目标是现象学意义上的优化设计,见下文。

11.4 AIF1

本示例旨在阐明如何深化内省,并在软件中引入更多内省机制。

内省:我观察到,所有的想法(包括那些对可能动作的想法)都有一个时间维度,它们不是封闭的“案例”,而是随时间推移出现各种“情节(episodes)”。一旦我认定当前正在发生的事件与过去某个事件的片段或序列相似,我就会将过去整个事件的序列作为我要遵循的“案例”,这种方式类似于 AIF0。

尝试逼近:我试着采用一个宝贵的算法实例(AIF0)来确定序列的起点和终点,同时采用另一个(AIF0)实例来选择序列并产生行为。

尽管作者已经对该算法的某个版本进行了代码编写,但并未产生比噪声更好的行为(即不产生有用的学习行为)。本应找到事件序列有意义的起止点的算法也未进行任何有意义的训练,(回溯性分析发现)这很可能是因为,认定有明确的起止点,这一想法本身就是错误的。或许AIF0的成功把我引向了一条危险之路,让我开始奢望自己新的“宠物技术”成为未来人工智能的基石。期待所有智能出自同一思想,这种想法着实令人诱惑难当。一些人工智能方法对其偏爱之思想也抱有这种“帝国主义”般的想法:逻辑人工智能和神经网络此时跃然脑中。对过度乐观主义(over-optimism)的这种批判,或许也是一种狂妄自大吧(Dreyfus,2012)。

从积极方面来看,本示例展示的是一个迭代内省(iterative introspection)的例子。在AIF0斩获首功后,作者回过头对内省添加了一个时间维度,进一步完善了内省。

第12章 高阶示例

本示例旨在:

(1) 进一步深化内省。

(2) 演示如何使用代码逼近复杂内省,有时需采取投机逼近的方式。

(3) 阐明 AIF1 的失败并不意味着放弃,解决方案可能就在更具挑战性的内省中(不禁想起了德雷弗斯对更为"海德格尔式"人工智能的追求(Dreyfus, 2007))。

此外,该示例还对德雷弗斯及其有关技能的研究成果(1986)进行了回顾,通过多"案例"交叉验证,阐明了技能的熟练掌握过程;并进一步展示了威诺格拉德和弗洛雷斯所推崇的伽达默尔式人工智能实例。

12.1 内省

内省视觉渐趋清晰——首先,作者不赞成所谓的严谨"序列(sequences)"——那种序列似乎太过拘谨、起止分明。其次,作者在驾驶过程中注意到了自己如何同时跟随多个序列,但却难以用言语表述出来。这些序列似乎与车辆驾驶的方方面面及一切可能结果都有所关联,也关联着作者脑海中的思绪。然而,这一视觉出现之初并没有任何秩序性(orderliness),唯一能让作者留驻视觉的只有甲壳虫乐队的《穿越宇宙》(*"Across the universe"*):

言语流动(flowing)着

像无尽的雨滴落纸杯

划过时尽显飘逸

有如滑落(slip)天际

毋庸多言，就技术而言，这毫无意义。在接下来的几天中，这一意象有了更易理解的描述，“流动(flowing)”和“滑落(slipping)”的含义更显具体：

(1) (AIF1)序列也被称为“思路”(lines of thought)，并不像AIF1①中的序列那样起止分明，而是渐入渐出，没有清晰的开始，也没有结束。

(2) 这种可同时“跟随”的思路/序列有多条，但程度有所不同。

(3) 行动通常从这些序列中产生，同样的，其目标是最优的后续结果，但这通常难以达成。

随着时间的推移以及所处环境的不同，“情节(episode)”“序列”“思路/线索/思绪(line/thread/train of thought)”，或仅仅使用“思路(line)”一词，这些术语都是对等表述，表示过去事件序列，由于与当前事件有相似性，因此当前事件会“跟随”这些过去的事件。注意，当前事件序列缺乏显著性，因此只是扮演了“退隐心智(recesses of the mind)”的角色。

12.2　内省模型

“人的脑海中”无时无刻不上演着诸多不同的事情。这些“事情(things)”(以下称为“思绪”或就称为“思路”、序列等)并非静态的，而是记忆中一连串的事件，与当下正在发生的事件有些相似(或有所关联，见下文)。所谓的跟随某种“思路”，意味着：现实依时间而推进，序列“当前”的那一部分也随着时间的推移而向前推进，就像唱歌时我们不需要有意识地在歌词和乐曲中“推进”，只需依着之前听曲或唱曲的记忆附歌即可。记忆中第15秒处的歌词将会复现于第15秒处。

从思绪呈现的选项中选择某一行动，如下所示：如果某人在“a”思路中执行了A，在“b”思路中执行了B(且这些都是同现在“人脑中”的“思路”)，我们便可假定，此人要么会执行A，要么会执行B。

① 此处应为AIF0。依据第11章对AIF0的示例阐释，初级AIF0版本设定了明确的起止点。作者在阐述AIF1时明确表示：AIF0“并未产生比噪音更好的行为(即不产生有用的学习行为)。本应找到事件序列有意义的起止点的算法也未进行任何有意义的训练，(回溯性分析发现)这很可能是因为，认定有明确的起止点，这一想法本身就是错误的。”(参见11.4节)——译者

这里有一种倾向,即选择有所回报的行动,因此,每一个思路都被赋予了某种优先级,取决于近似时间下的预期回报(也可以是预期未来的预期回报,或是记忆中过去思路有待复现时刻的预期回报)。①

当然,这还仅仅是一个模型,复现原始内省的诸多细节仍有缺失,留待日后完成。我们是否能完全模拟出内省,这亦是个未知数。不过,我们也同样无法在计算机中完全模拟出实数——就技术而言,逼近足矣。

接下来是实现软件和数据中的形式化,使其逼近同现的“思路”或“思绪”。这些“思绪”在诸多想法中时隐时现,我们或许可称之为“意识”。

12.3 软件设计

设计细节将有序展开,首先是准备工作,接着是内省模型中可视之功能,之后是设计中内在的技术性细节。这些技术细节包括要面临的某些具体执行,比如确定整数的位数以及是否标记符号。此设计中还有诸多这样的细节。

12.3.1 准备工作:软件中的序列

回顾一下,内省所要求的是那种“渐入渐出、没有清晰开始和结束”的“思路”。这在计算机中并不常见。通常情况下,我们需要一个起点,以便①查找数据;②不先于数据,也没有其他溢出;③为某些循环或过程设定起点。同理,我们也需要一个终点:①不会溢出其他数据;②提供明确的终点以示工作完成。如果我们能够采用不同的手段在AIF2中实现类似功能,那么,我们就能生成一个“没有明确起止点”的合理设计。

在传统的编程中,人们假定序列是以形式数组(formal array)、连续存储单元组或链表(linked list)来表示。这意味着每一序列都有清晰的开始和结束,并且有相应的指标(pointer)或索引(index)指向“当前”位置。试想,要打印一个包含40字符的字符串:

假设“*a*”为一个字符数组,代表字符串,并且“*i*”为整数:

√ for $i = 0$ to 40

  - putchar(a [i])

或试想要打印内存中以空值终止的字节序列字符串,由“*p*”指向此字符串,

① 这让人想起胡塞尔的“延伸性”(protension)(Beyer,2015)。

"q"作为另一个指标(pointer):

√ $q = p$;

√ while(*q is not null)

- print *q

- q++

进一步试想字符链表:

√ z=head_of_list

√ while z is not null

- print z.data

- z=z.next

所有情况下,都有

(1) 标记起始位置的数据点:"a""p""head of list";

(2) 遍历数据的索引,"i""q""z";

(3) 标记结束位置的指示符(indicator),如"40",字符串末尾的空字符或链表末尾的空指标。

接下来我们将看到,在AIF2中,开始和结束都是被抽象出来的。其序列使用的是独立机制。我们所需的唯一机制在大部分情况下就是一个指向序列中"当前"时刻的指标。这与严格控制开始和结束的理性主义观点背道而驰,朝着主观性体验又迈进了一步,这种无时无刻不在的主观性体验就在当下,各种记忆、想法和曲调穿梭于脑海。

因此,AIF2中的序列每向前推进一个时间单位,存储体中的索引便会标记为"1"。与此同时,存储体每一次迭代也会相应增长一个单位,因此序列数据类型不存在"溢出"末端的风险。接下来,我们进入主体设计。

12.3.2　创新数据类型

在此,将介绍两种密切相关的创新数据类型:"序列"和"序列表(table of sequences)"。序列的每一次使用通常以组(group)为单位进行,这样的组被称为"表(table)"。这些序列以历史数据库为基础,并可回溯至历史数据库。历史数据库包含程序当前运行的所有历史记录。虽然这些历史数据库不是最新的,但却可以作为数组(array)存储下来。

人工智能系统所有的"个人历史记录"都会被保存下来,包括输入、输出以及(来自外部世界或微观世界的)得分。数组从0开始,结束于"现在(now)",在图12.1中被标记为"历史数据库"。

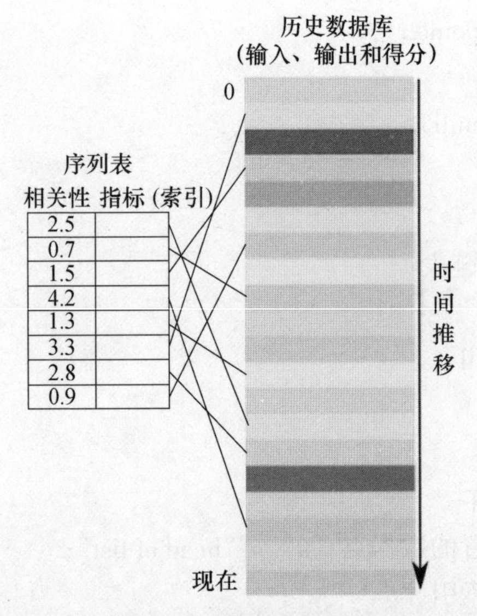

图 12.1　AIF2 数据类型

“序列”数据类型的设计旨在呈现单一的思绪或思路,抑或是过去发生的场景。每个“序列”由两个标量值组成:一个是指向历史数据库的索引或指标。该索引指向与当前时刻相似的过去某一时刻。相关性得分是一种相似度(折扣)累积得分(discounted accumulating score),指序列中事件与系统当前情境下实际发生的事件之间的相似性。每一个序列实体都代表(过去某个场景下)一系列续发事件,这些续发事件与当前情境相似,因此,从当前时间来看,它描述了后续可能出现的结果。图 12.1 中,相似性以灰度来表示,呈现所观察到的单个事件的特点。请注意,最后两个色块与前两个色块相似纯属偶然,因此,落后于“现在”序列两步之遥的序列相关性得分最高,为“4.3”[①]。第二相关序列位于历史数据库最开始处。尽管其相关性得分相对较低,仅为“3.3”,但仍属于高相关性。

所有场景存储于历史数据库中,包含了人工智能执行特定运行的历史经验记录,以此代表人工智能系统自己的“个人”经验。每一个序列代表一种行动选择(特定时刻的行动选择,或过去的下一个时刻);同时,这一序列还会呈现当前工况下相关行动可能产生的后续结果。假设事件以规则的间隔(比方说一秒)发生,那么“外部世界”每经过一秒,所有序列的索引组件就会增加,此外,每一个序列新的“现在”时刻,还要根据当前事件与历史数据库中下一事件的相似性来更新相关性得分。因此,数据库结构是非静态的,需要持续维护、实时更新。

一个典型的“表”包含 20~40 个序列。这种数据类型之所以新颖,是因为它

① 图 12.1 中实际标注的数值是“4.2”。——译者

旨在模仿多个想法在意识中渐入渐出的过程——因此,序列没有明确的(突然出现的)开始或结束(见12.3.1节)。从某种意义上说,完整的序列表代表“意识”,而相关性得分则表示系统对过去某一特定思绪或场景的“觉知程度”。

综上所述,序列表中的每一个序列都包含了相关性得分,以及指向过去特定时刻的索引,是事件序列的一部分,与当前事件具有相似性。这些指标在时间上与当前时间同步向前推进。每一个序列相对于当前事件的相对显著性用“相关性”得分来衡量(表中得分值位于指标旁)。这一相关性会根据当前事件与过去序列事件的相似性进行适时调整,因此这些序列会依据其对当前工况的适用性而渐入或渐出。

有时,当相关度最低的序列在相关性得分上低于某个阈值时,会从表中被去除。一旦表中序列减少(比如低于10个序列),新序列便会被添加进去(这一运算的计算量极大,见12.3.5节)。

回到图12.1,我们可在左侧表中看到8个序列,每一序列都包含一个相关性得分和一个指标或索引,指向所有事件(已经被大幅缩减的)历史数据库(以色块表示)。该数据库囊括了从运行开始至当前的所有事件。假设相关性得分受到最后两个事件的绝对影响,你便会看到,得分反映了序列中最后两组数据与最近两个事件之间的(非)相似程度。最近的两个事件位于历史数据库图表的底部。

12.3.3 决策过程

上文中提到的相关性和合意性(desirability),可表述为未来一段时间内表中特定事件序列的预期得分。

尽管这两个关键概念有相似性,但在某种意义上却又相互反映:

某个序列的“相关性”是由过去事件与当前事件的相似度决定的。在某种意义上,它不过是“相似性”概念随时间(有所损失的)延展。相似性通常在过去就已经确定了——由于我们无法预见未来,所以,不能把(现实中的)未来事件与序列中的“未来”进行对比。也因此,相关性是过去的,与相似性的作用一致,且由相似性构成。不同的是,相关性会随着时间的推移而延展。

另一方面,“合意性”是未来每一个“序列”所“承诺(promised)”的期望值。它是依据每个序列的“未来”“得分”事件计算出来的,并在每一次迭代中针对相关性最大的序列进行重新计算。合意性代表了同一重复场景的(理想)预期回报。通过选择过去相关场景中相同的行动,人工智能系统可以在当下重现特定场景。某种意义上,该设计的“智能”之处便体现在这里:复现过去成功的场景。尽管做了诸多改变,但这一点仍与案例推理相似。

决策过程如下。对所需的每一步行动/输出:

(1) 从表中选择相关性排名靠前(如前10)的序列。

(2) 根据合意性对这些序列进行分类,针对排名靠前(如前4)的序列,依据合意性做进一步的选择和分类。

(3) 以反复掷硬币选定特定的序列(或随机行动),类似于AIF0(参见11.3.2节)。选定随机行动的可能性较低。

(4) 复制所选定的过去序列中的行动(或随机行动)。

随机元素(类似于AIF0中的情况)可以在响应环境的常规过程中尝试新的行动。这与某些明确区分了"学习"和"执行"阶段的学习系统形成了鲜明对比。

未来可能出现的几种变体将在13.2节中进行讨论。

12.3.4 AIF2执行细节

如我们所见,上述讨论缺少了诸多细节。现在,让我们假设已经创建了一个序列(或序列表),我们所要做的是对其进行维护并做出决策。图12.1假设仅有两个事件(当前事件和前序事件)在序列"相关性"中占比最大。

每一个时刻瞬间是一个事件(如图12.1中的灰度色块所示)。事件既可以是来自传感器的输入,也可以是人工智能算法输出的某一行动,或得分事件。

相似函数分别采用两个事件作为参数,并回传一个介于0和1之间的值,该值表示它们的相似度,1表示相同,0表示完全不同。相似函数的精确计算并非AIF2的规范范畴。该函数可手动调整,或通过某种学习算法进行改进。

相关性的计算方法是:将之前的相关性数值乘以某个折扣系数,再加上当前的相似度数值减去0.5。注意,相关性数值没有范围限制。如果相关性低于某个阈值(设计的另一个参数),则从序列表中删除相应序列。如果表中的序列数量不足(序列减少到一定数量时),则会重新补充,参见下一章节。

12.3.5 序列表的动态性

为了填充序列表(初始填充或当序列数量低于阈值时),要对整个历史数据库进行扫描,并基于当前最近的N个事件(此处N即Look_Back参数),找到具有高相关性数值的连续事件。原则上,如果不考虑计算时间,这种扫描会经常进行,可能每一次输入都会进行一次扫描,如此这般,具有足够相关性数值的序列便会被填充入表中。然而,考虑到表中的序列只会使用一段时间,因此偶尔对相关的新序列进行扫描就可以了。这也反映了一种内省观察,即我们并非总是考虑所有过去的相关场景，我们总是会莫名其妙地忘记一些事情。将这种遗忘与重新填充序列表所要进行的高昂计算成本进行匹配，这是一种投机逼近——虽然没有充分理由认为能够进行这种匹配，但我们需要不断逼近才能进行编码（见10.3.5.2节）。

进行序列表填充需要对所有的内存进行扫描，鉴于其计算成本，我们可以维护一个比内省所需场景更大的序列表，比方说20~40个，每次进行行动选择时，仅选择与其“最相关”的前几个（比方说前10个）场景即可。为了从这10个最相关的场景中选择一个行动，我们按预期得分（“合意性”）对其进行排序，就像AIF0那样在50%的情况下选择最优行动，以此类推，直至完成四个场景的行动选择。当中可能出现随机行动（见11.3节中的AIF0部分）。

请注意，活动“场景”（active “scenarios”）会从排名“前10”的场景类别中进进出出，因为这些活动场景来自更大的序列表。此外，“场景”不预设开始点或结束点——当（当前）场景与序列表中包含的过去场景足够相似时，便会移至表中高相关性一端；反之，当该场景相关性降至足够低时，对其进行几次迭代，若不再纳入“前10”场景，便会最终舍弃。这赋予了该设计某种“柔性（softness）”——心理事件很少是突然出现的。[①]环境的突然改变会导致大多数（如果不是全部的话）序列迅速从表中消失，进而需要对序列表进行重新填充，以适用新的环境。当场景突然改变时，序列表与机器人周围的现实环境出现“不匹配”的情况，这很像人类面临困惑时的状态。

12.3.6　初始条件和决策

与AIF0类似，对于一个新的系统实体而言，只有积累足够丰富的可借鉴经验之后才能随意采取随机行动，因此设计的初始条件是次要的。我们可以假设至少有一个过去事件的最小数据库，包括输入、行动和得分事件等相关记录。通过大幅度波动运行一段时间，该设计会积累一定的初始经验。我们还可假设已经依据12.3.5节所述方式对序列表进行了填充。这里有必要回顾一下，像AIF2这样的复杂系统，可能会像“蓝脑”项目一样，经常产生非功能性智能，或对解决当前问题没有学习兴趣的智能（见10.4节和下述例子）。

12.3.7　其他参数

该人工智能算法中涉及诸多参数。以下是部分需要微调的问题和参数列

① 脑海中浮现出胡塞尔的“延展性（extension）”。

表,以显示其复杂性。截至目前的试运行中,诸多参数采用了任意数值,而另一部分(包括相似函数的权重)则使用遗传算法进行调整。

计算“合意性”中(见12.3.3节):

√回看(look_ahead)——计算合意性时用以确定需考虑的“未来”事件数。

在选定用于指导当前行动的序列过程中,截至目前,作者已经谈到了掷硬币的四次迭代,每次都有50%的机会。但每次运行的数字会有所不同:

√决策力(decisiveness)——随机决策因子,通常为0.5;

√最大案例数(Max_cases)——掷硬币的次数(以及依此而采取试探性行动的可能性),通常为4次。

运行期间,“决策力”参数遵循某些函数,可能会随时间的推移而改变,例如,可能变成线性高阶。

√决策力_变量(var_decisiveness)——(布尔体系)使用决策力变量(variable decisiveness);

√代数形式(algebraic_form)——决策力变量方程,通常为线性;

√决策力变量_参数_a(vd_parameter_a)——用于计算决策力变量的第一个参数;

√决策力变量_参数_b(vd_parameter_b)——用于计算决策力变量的第二个参数。

序列表管理还涉及以下参数:

√表_长度(table_length)——满表长度;

√考虑(think_about)——输入非空(和非满)表的最大事件数;

√初始_相关性(init_relevance)——表中事件的初始相关性;

√最大_相关性(max_relevance)——表中事件的最大相关性;

√最近_优先级(recent_prior)——(布尔体系)相似函数中最近发生事件具有优先级。

还有其他一些参数。重点在于,相比数学模型,内省算法生成的复杂性更大,但仍处于可控范围内。尽管开发类人人工智能困难重重,但我们不应停下探索的脚步。

12.4 AIF2示例运行

试运行情况记录在3个视频中,参见网址:http://tinyurl.com/hycenh9。

这3个视频展示了AIF2在汽车驾驶游戏中的表现,类似于图吉利斯(Togelius)等人的作品(2007)。这些示例旨在让人体验AIF2可实现的功能,更多的是体验一下一般的内省式人工智能。对这些结果本身进行控制性评估和讨论不属于本项目的研究范畴。注意,正如我们所预期的以及10.4节中所述,这些运行都没有经历过学习过程。选择下列示例进行展示是为了强调某些特定观点,而非典型观点,这二者是截然不同的。

示例中的游戏包含一辆“赛道”上的“赛车”,要求在给定时间内完成竞赛并累积尽可能长的距离。通常情况下(在此),汽车驾驶软件最初是完全没有经验的,之后便开始学习,在前行过程中右移记1分,越过预设的临近路标记10分。路标一共有8个,除了下一个要通过的路标会被标记为棕色外,其余均被标记为蓝色。赛车若与墙壁发生碰撞,则扣10分。

赛车装有6个方位传感器(车辆后方没有对角线传感器)。这些传感器可以提供最近障碍物的距离信息,并定向指示下一个路标的方位。

12.4.1　学习1

先来讨论一下视频“学习1.avi”中记录的实验(见12.4节给出的链接):在这一模拟中,物理引擎出现故障(导致出现未定义的状态),因此,可在不重置人工智能软件的情况下,偶尔将赛车游戏重置为初始状态。当问题反复出现,或需要反复重启时,如何学习最佳技能,这个问题仍然有待解决。

注意,赛车一开始四处乱转,之后有所改进,到了1分35秒才设法越过了右上方的“阻塞点”。到了2分30秒,赛车开始学习一些防撞技巧,但仍会经常发生撞车事故。3分30秒左右,塞车完全失控。4分30秒左右,赛车开始频繁撞墙。但到了5分00秒,赛车技术突然变得娴熟,该回合65%的赛程中无任何撞车事故发生;从糟糕的撞车事件中恢复至娴熟的驾驶技术之后,接下来的几轮比赛顺利完成且几乎无撞车事故发生。几轮比赛完成的时间分别为5分26秒、5分38秒、5分48秒和5分58秒。

一如预期,赛车在学习过程谨慎且充满试探性,这是合理的。该系统运行之初有一些难度,且发现右上角位置比较陡,比其他位置难度更大。每完成一轮,比赛技能就会有所积累,并辅助后续的全赛道比赛。算法的表现与预期一致。

12.4.2　学习2

接下来讨论视频“学习2.avi”中记录的实验:物理引擎已被修复,因此不需要“重置”。注意,由于赛道外侧多了一些障碍物,通过赛道的难度变大了。在最初的乱转之后(主要是后转),玩家于14秒时切入了一个奇怪的模式,将赛车反向撞到墙上。大约在1分钟时,它发现保持不动比反复受到惩罚要好。1分05秒左右,它开始疯狂地向路标飞奔。除了在1分45秒左右又经历了一系列撞墙之外,它学会了如何在不发生事故的情况下始终保持在赛道上行驶,直至视频结束。有趣的是,“学习1”实验中,赛车是非常谨慎地一步一步地学习,而“学习2”实验中,赛车花了很多时间却毫无成效,但在余下的时间里,其学习表现反而更加不计后果且“充满激情”。

重复行为是有趣的,并非因为其重复性(大多数软件都这样),而是因为可以不受干扰地摆脱重复行为。即使在创建了自己的行为模式后,算法也可以摆脱这些重复。这里,我们看到了“随机行动”的好处。程序一旦走出重复阶段,其学习似乎远没有“学习1”那么谨慎。

12.4.3　学习3

最后讨论视频“学习3.avi”中记录的实验:这次的轨道不同,但玩家一如既往地四处乱转。然而,在这种情况下,它掌握了一种奇怪的华尔兹式策略,即走反向弧线,但为了获得路标处的积分,偶尔才会前行。同时,在1分35秒时它发现(就像“学习2”在1分钟时的情形一样),虽然保持不动是一个比撞墙更好的选择,但相比获得更多路标积分,却不是满意的策略。这种“华尔兹”策略虽有效但并非最佳。就这一点而言,它像极了智能生物的许多习惯。

12.5　AIF2讨论

AIF2的每次运行都会形成**自己的运行方式**,像是一种“个性”。[①]这些特殊的发展模式在产生人择人工智能方面令人鼓舞,因为人类也是形形色色的非优生物。与人类的另一个相似之处在于:不存在有关得分范围的先验知识——AIF2的学习是一种“不求最好,但选更好”。

有人可能会提出人工智能“信用分配(credit assignment)”这个经典问题——这一设计如何将它从环境中获得的好/坏得分归因于特定的因素呢?这种情况

---

① 一个高度质性的观察发现,(对好几个观察者来说)这些视频中的玩家或“汽车”似乎相当“可爱”——管它什么意思。对这一问题的探究已超出本书研究范畴。

不会出现,因为不存在因果配对,哪怕是像马尔可夫链数据类型那样统计意义上的(见12.6.1节)。得分事件被简单地录入历史记录中,直到该部分历史数据库进入相关序列,此时,得分便成为合意性计算的一部分,并以此“激发”当时的积极或消极行动。

面对此前AIF1设计的失败,AIF2展示了一个更为复杂的设计并深化了内省。将内省作为人工智能的基础并不能确保奏效,但在本例情况下,它确实成功了。这一设计比文献中记载的其他设计更具内省性。此外,软件中实现的内省机制也呈现了一些出人意料的现实行为,这为人择路径提供了部分证据。依据定义,人择人工智能只是对基本智能进行预编程,不预设任何文化,而是让每一个程序实体学习或发展自己特有的“文化”。以上运行表明,游戏可以从一开始便展开学习,展现对相似环境做出的多样反应。这种多样性也彰显了这一模型的类人特点。

尽管本书中AIF2是最后一个算法,但它并不是探索的终点,而当成为进一步发展的基础,详见13.2节。

12.6 结果

12.6.1 AIF更像是案例推理而非强化学习

我们认为AIF2的设计类似于强化学习(Reinforcement Learning,RL),是因为它使用了封闭的行动列表来进行情境导航,并从环境中获取反馈。同时,它也类似于案例推理,因为它将已存储的情节看作是未来工况的“解决方案”。强化学习范式包括马尔科夫链以及(在理论上)可穷尽的封闭式状态全集。另一方面,案例推理之所以更开放、更温和,是因为其目的不在于得出一个整体解决方案(一个完全被理解的马尔可夫链),而在于得到“可拥有的最好解决方案”。从这个意义上说,它更接近内省式AIF家族,后者并不追求(哪怕是理论上的)绝对正确。此外,AIF家族设计将历史数据库作为其主要数据存储,这更像案例推理的“案例”存储,而并不像强化学习那样只是一些权重或概率的统计性数据。AIF0甚至将这种分隔保存为严谨的“案例”。

12.6.2 “序列”数据类型

AIF2最为有趣的技术贡献可能在于引入了“序列”数据类型作为人工智能

系统的构建组块(见12.3节),呈现了诸多不断消逝的思绪,而这些思绪源自对过往经历的记忆。

就算人工智能从业者无视本书的所有论点,也不会有意识地寻求内省的应用,但将具有主观性的设计引入话语领域,依旧可以拓宽"可被允许的"或"值得尊敬的"话题讨论范畴。考虑到哲学家之外的读者不大可能阅读哲学书籍,本书期望能够对技术论战和市场竞争产生些许影响,至少有短期内的影响。

12.6.3 动态符号

假设AIF2是一个大脑运转的模型。如果愿意,你还可以将AIF2看作是在过去与现在之间进行事件匹配,将过去作为理解当前情境的场景源,以过去"解释"现在。AIF2的每次运行都会创建自己的历史数据库,用以解释未来事件。

在经典人工智能设计中,用来构建世界的符号系统由程序员或知识工程师应用固定词汇表预先确定。经典人工智能系统不会自己"摸索"着寻找合适的词汇来阐释情境。神经网络(在学习阶段)的确会"四处摸索",并以不可预知的方式进行调试,但我们根本看不到(至少经常看不到)能指与所指[①]的关系。相反,在AIF2中,理解术语本身就是系统生命周期的产物。AIF2根据以前的记忆理解当前的情形。作为观察者的我们可以对那些经常使用的过往记忆进行阐释,将其作为一种符号或概念来"描述"或"解释"现在。

这就好像人类的经典人工智能版本被某类超自然的生物赋予了语言,设计的"心智"只能使用这种语言;而AIF2的"心智"则进化出了自己的概念,用以应对依某种规律出现的情境。这种心智的发展甚至可能发生在未来场景中的社交场合。那将是一种原始文化。

这些动态符号具有技术和哲学的双重意义。技术上:

(1) 因为存在符号关系,便有了"用Y理解X"。相比于神经网络,人们可以更为直观地调试这一系统,而无需恪守预置符号集的刚性。

(2) 一个同时具有可塑性和句类结构的系统能够适应每一次运行中特定环境下的文化因素,哪怕是一种暂时的适应。经典系统几乎不具可塑性,神经网络也没有类似句子或结构的东西可以适应不同习惯的文化传递。

(3) 未来基于此方法的系统更为复杂,同时该系统还可对自身实践进行反思:由人工智能而非开发者进行的内省(对比5.3.2节)。

哲学上,将过去的序列看作是各式表征,这一理念或许可以为表征之争添加

---

① 哲学术语,用以表示具体事物或抽象概念的语言符号称为能指,而把语言符号所表示的具体事物或抽象概念称为所指。——译者

些有趣的元素(Shanon,2008):在一种新的意义上,AIF2收获了自己的符号,它将过去事件变成了符号,将过去的事件序列变成了理解和推测未来的表征(另见13.4.4节)。

12.6.4 AIF2之伽达默尔特性

如上所述,AIF2反映了伽达默尔解释学中被威诺格拉德和弗洛雷斯(1986)视为有趣的特征(见2.4.2节和2.5节)。在人工智能文献中,这种研究路径似乎已被忽视殆尽。

AIF2不过是将先前情节的记忆与当前不断发展的情况进行匹配,除此以外,无甚作为。尽管如此,这仍可视为一种粗糙的解释类型,这有点像案例推理,基于过去某一相似度足够高的"案例"来解释当前情境。但AIF2走得更远,它允许当前情境与一个以上的序列进行匹配,从而结合多个先前经历的场景来作出解释和反应。

想想伽达默尔巨著的书名——《真理与方法》(*"Truth and Method"*)。真理代表文本(或"感官数据")中最纯粹的事实,而方法则是读者所具有的智慧、方法和经验。每一个人的"方法"都是自己生活经验、教育及其他记忆的结果,最终这些都存储在个人记忆中(暂且不论荣格式的"集体无意识")。因此,依据伽达默尔,所有的解释都是对个人过往记忆的利用。而AIF系列设计提供了这一系统的实现机制。同时回想一下,伽达默尔将行为或解释看作是"方法"或记忆的"视野融合(merger of horizons)":"真相"的"外在视野",以及感官数据与"内在视野"。伽达默尔还强调,"成见"的存在是不可避免的。甚至在AIF0中我们也看到:"思维习惯"一旦建立,便很难消除。

第13章
总结与结论

本章对本项目可能产生的影响进行总结与展望：

(1) 对于人工智能从业者，AIF算法家族未来可能的进一步扩展；

(2) 对认知科学家，本研究可能产生的影响；

(3) 对哲学家，本研究所构建的内省之法或可为某些思想提供“支撑”；

(4) 其他重要而未决的问题。

13.1 总结

本书提出，在技术人工智能领域，应用内省进行人择人工智能的开发。书中对现象学与人工智能，尤其是经典人工智能之间存在的概念空间进行了探索。

人工智能面临着双重危机：一方面缺乏新的概念框架，另一方面又偏爱于理性主义观点，忽视了人类思维中（主观性所揭示的）实际存在的复杂性和悖论。

本书从个人、政治和科学层面审视了人类智力的弱点。一些根植于人类文化中的不合理假设严重地影响了人们对人工智能的思考能力。本书列举了部分这类假设，并简要概述了其历史。

本书所阐述的项目旨在利用主观性来弥补过度理性主义的不足，在此支持德雷弗斯、威诺格拉德和弗洛雷斯，反对华生、西蒙及其追随者。在提出主观性转向的同时，我们仍然与主流人工智能界一道，反对德雷弗斯等人，并致力于设计出具体的工作软件。

本书所探讨的**类人**人工智能，不同于罗素和诺维格（2013）影响下的理想化/理性人工智能。对于应用程序而言，在非技术人员和机器人之间保持顺畅的交互是至关重要的，这就需要类人人工智能。就目前为止，无论是科研还是教育领域，类人人工智能受到的关注都远不及理想化/理性人工智能。技术人工智能不同于科学人工智能，本书所关注的焦点在于作为技术的类人人工智能。

在探究类人人工智能的背景下，人择人工智能可定义为对人类固有的基本智能进行模拟，从而使其具备可能的文化习得能力。这与“西方现代训练有素的成人式”智能形成了鲜明对比。后者在人工智能中倍受追捧，但这只是偶发事件，只适用于我们当前特定的文化。COG和CYC[①]可被视为构建基本智能的初步尝试，旨在通过学习获得必要的技能和/或知识。就人择人工智能而言，可用于技术实践的人类心智科学模型要么“过高”，如逻辑和认知仿真模型；要么“过低”，如神经网络模型。

本书以重塑人工智能中的内省为切入点，论证了主观性是人工智能研究的一个有效视角，并列举了认知科学中涉及主观性的一些实例。在主观性领域，本书还对德雷弗斯倡导的现象学批判进行了审视，认为其只是一种消极的批判，没有产生任何实际的软件设计。

本书所探讨的内省或许是所有方法中最具主观性的一种。除了华生所论述的原因，从理论上看，这一方法也引人质疑：即使在自然科学中也不可能做出完全中立的、无需解释的观察，所以我们没有理由期望这种情况在主观性领域会有所改观。

无论如何，认知科学将内省视为一种不合理的方法。然而，在发现（discovery）和证明（justification）这两种不同的话语背景下，科学中任何思想的来源都是合理的，因此内省又复而成为科学中发现及思想的合理源泉。此外，技术对真理层级的要求明显低于科学，因此，作为人工智能技术的内省已经完全摆脱了20世纪传统观点所认为的“错误的”“不被允许的”，以及因其他原因而被视为不合理的。令人颇感疑惑的是，人工智能研究人员已然使用了内省的方法，尤其是西蒙。然而，他们并没有充分地利用内省，往往倾向于从同行评议的出版物中删除一切关于内省的引用，并谨慎而小心翼翼地加以处理。雪莉·特克尔论述了人工智能领域对内省的理解，她的阐述最为接近上述分析，但仍是社会学和事实性的，而非分析性的。菲尔·阿格雷的描述与本书思想也极为接近，但他的描述也回避了内省本身，最终试图创造海德格尔式的人工智能，但“通过直证性表征，阿格雷使‘上手（ready-to-hand）’得以具体化”，然而却又错过了现象学的要义（Dreyfus，2007）。还没有研究者能像本书所提出的方案一样在人工智能中实践内省。

① 应是原作者了解的两个项目名称的缩写，具体项目内容不详。——译者

内省被证明是人工智能的一个积极合理的基础,因为其在教育中的使用是可靠的:在教授技能时,为了进行内容阐述,教师要么回忆多年前自己所接受的教导(这种可能性不大),要么通过自我观察进行描述。当被教授的是心理技能时,还要进行心理上的自我观察,即内省。一种文明能够成功地将心理技能世代相传,这一事实本身已经证明了内省所起的作用。也就是说,内省能够有效地将相关技能从一个人传给另一个人,因此,内省陈述所包含的信息是可以在软件中进行有效复制的。

本书展示了以内省为人工智能软件设计基础的实例,并指出,人工智能设计中内省的回归将为其发展提供新的可能性。最初,内省只是作为单一机制的基础用于人工智能设计,后来才被整合到该学科的主流数学框架中。这些事例表明,依据人类的内省陈述,多种机制都可以得到有效调整,以适应人工智能系统。有时,当一两种机制无法产生有用结果时,可以更多的采用内省,这将更有助于工作系统的创建。但如若人工智能研究领域视内省为某种不合理因素,进而减少内省的使用,上述工作系统的创建是不可能完成的。

书中描述的高阶示例提出了一种新颖的数据类型,该数据类型不仅代表了过去的事件,而且在某种意义上还可以重现于心智中,并与当前的体验相结合。无数这样的思绪时隐时现,有意或无意。研究人员使用“表征”这一认知科学的核心论点对此进行了分析,并观察到了“动态符号(dynamic symbols)”这一概念。这些符号所应用的系统主要通过一系列非预定义的词汇来理解世界。这非常符合伽达默尔的世界观,从而为威诺格拉德和弗洛雷斯之紧需提供了具体的表征。这可看作是向海德格尔式人工智能迈出的一步,因为海德格尔将伽达默尔的工作视为自己解释学事业的一部分。

13.2 未来的技术工作

除了第12章中介绍的AIF2之外,未来关切的重点还可能包括以下内容:

(1)算法的内部参数可能会随时间而变化。随机选择的权重已经实现了这一点。算法随着时间的推移会变得更加“果断”或“谨慎”(即有可能选择更好的回合场景)。这是基于内省观察得出的结论,技能越高,所需实验次数就越少,且外部观察表明,人类(以及其他哺乳动物)会随着年龄的增长而趋于谨慎。

(2)环境提供的行动集可能会随着时间或游戏/环境的变化而变化。这种设计考虑到,随着时间推移,一旦发现某些行动无法获得,或者在新选项上遇到障碍,就可以依据变化进行调适。这进一步背离了经典人工智能的马尔科夫假设,即可能的行动集通常是(一个很小的)有限集合。

(3)环境给出的评分目前只是一个简单的数字,表示对结果的整体评估,但也可以由几个独立的部分组成,例如,用评分表示在实现低级别和高级别目标,或短期和长期目标方面取得的进展。当需要在不同尺度上同时处理多个目标时,可以做这样的尝试。

(4)即使是在随机行动的情况下,与非预期结果相关的各种行动也可能被排除在选项范围之外(一种"恐慌模式(Panic mode)")。这一结论基于这样一种观察,即人类只会在特定范围内采取冒险行动,不仅追求回报,而且厌恶灾难。

(5)历史数据库可以是完全"真实的"(从当前运行中派生),也可以是"编纂历史",包括来自另一个运行的"移植经验"和/或手动编码历史,以便向算法提供经验的起始基线。这是考虑到预教导式机器人或乔姆斯基式(或柏拉图的美诺式)先验技能[①]。移植的历史也可以源自某些过程,比如两对"父母"之间的杂交,这为遗传思想提供了一种新的媒介。

一方面"确信"有很多条历史记录,另一方面又重新开始,这种想法让人联想到计算机系统从"休眠"而不是"暂停"状态中恢复运行的过程。

(6)修剪历史数据库既可以舍弃最旧数据(以适应快速变化的环境),也可基于其他标准(例如,舍弃导致中等合意结果的历史事件)。这些普通的历史事件对于复用或避免过去的错误都帮助甚微。所有这一切都是以内省或观察为基础的。

(7)联邦(Federating)算法。该算法可以在多种情况下使用,共享相同的时间轴和历史数据库。例如,对于控制不同的时间分辨率,或让某些"控制器"筛选出可随时执行不同技能/策略的机器,这都是有用的。这也是对同时处理多级别目标及其他可能的复杂性所作的一种尝试。

(8)相似函数的参数可以通过遗传算法进行调适。这是为了说明,对于众所周知的相似性定义问题,我们并没有提出什么特别的见解(内省或其他)。

(9)该算法的其他"技术"参数也可以通过遗传方式进行调适。例如表格大小、阈值和用于随机选择的参数。这不是由内省驱动的,而是旨在对内省逼近正式算法的过程中做出的多个任意决策进行调适。

(10)在某种意义上,使用实数作为时间指标,可以使时间参数更为连续,但这可能进一步偏离了案例推理,因为时间不再是原子时间。此外,它还需要相似

① 这让人想起了"年轻地球"论,试图将地质学中有关生命存在百万年的记录,与圣经故事中认为地球存在不足6千年的说法达成一致。

函数来比较有一定时长的“时刻”(“moments”)而不是原子事件(atomic events)。[①]

(11)到目前为止,序列是“实时”向前推进的,外部世界每过去一个时间单位,序列就会前进一个时间单位。允许一定的灵活性可以减慢或者加快内存的速度。这将允许人工智能以不同的速率尝试应用技能。

(12)从某种意义上说,在AIF2中,内存序列本身处于被体验的状态,因为它们与正在发生的(真实)事件同步“上演”并随时间移动。但从更严格的意义上说,这种跟随(following-along)只是解释的一部分,而不是被解释的体验的一部分,因为已经过去的序列永远不会进入“当前感测数据(current sense data)”中,后者会与内存中的先前序列进行比较。我们可以设想一个系统,在该系统中,我们明确地将过去序列的内容召回至“当前感测数据”中。这将是最具趣味性的研究领域之一,因为这为人工智能系统开启了一种新的可能性,人工智能系统开始回忆“自己曾有过这样一组想法”,诸如此类。这可能是自我反省的开始,或许是一种机器意识(Gamez,2008),甚至可能是人工智能的自省,请参阅5.3.2节。

13.3 对认知科学的可能影响

13.3.1 科学心理学模型

为了进一步展示潜在效用,有必要稍微放宽论证涉及的一个重要区分。引言中的部分内容对技术和科学做了明确的区分,第8章(尤其是8.2.4节)的部分内容阐述了科学中发现背景和证明背景之间的区别。本书之所以认为内省是一种合理的思想来源,是因为内省只在发现的背景下使用,而且,只用于技术。现在可以稍微放宽限制,讨论一下它们之间的相互作用。从某种意义上说,我们爬上梯子后“必须扔掉梯子”(Wittgenstein,2001b)。

回顾一下:

(1)一切思想在发现的背景下都是可被允许的,即便在科学中亦复如是——差别便起源于此。

(2)心理学已经使用了一些人工智能程序作为模型,或借以描述认知工作原理,就像西蒙的预测:“心理学理论将以计算机程序的形式呈现”(Simon,Newell,1958;Sun,2008)。

---

① 这再次让人想起了胡塞尔的延展性(malleability)和延伸性(protension)。

基于内省的人工智能设计可以用作心理学理论工具。通过内省，这些理论或许能（比神经网络）更好地将心理学的认知分支与个体-分析（personal-analytical）分支连接起来。

13.3.2 回应德雷弗斯对人工智能的批评

AIF2使用从输入流（input stream）中"挖掘"出来的动态符号表示/解释输入流中的其他事件。与西蒙的经典人工智能不同，它没有前缀符号（pre-fixed symbols），但是仍然存在一定的表征概念。

经典人工智能使用内省的方式既谨慎（一次只模拟一种心理机制）又理想化。然而，其确实产出了具体的工作系统。

德雷弗斯似乎被他的书名《计算机不能做什么》（1979年）冲昏了头脑。书名改为《形式化之不能》或许更有利于阐明其观点。但这种极不正式的系统，如全球天气，可以由计算机模拟至我们所选择的任意精度。他认为，在计算机中100%模拟人类思维是不可能的，但这不应阻止我们不断逼近的步伐。作者同意德雷弗斯的观点，如果有人想要登上月球，就应该停止眼下的爬树行动，进入温暖的房间，制定一个更深入的计划。然而，德雷弗斯的讨论并没有让我们更加靠近月球，即使经典人工智能之树也只是将我们向前推进了几米，却到达不了月球，因为他的方法根本没有产出可用的软件。德雷弗斯所做的一切只是阐明，为什么柏拉图主义/理智主义也无法让我们梦想成真。他就此打住，没有提出任何比那第一棵树更好的选择。

这也就是为什么本书会展示出相关的工作示例。作者并没有贬低德雷弗斯对人工智能哲学的开创性贡献，但是时候勇往直前了，以积极的贡献，彰显"我之所能"，而不仅仅是"我之不能"。

13.3.3 自然语言处理

AIF家族在自然语言处理中的应用值得探索。

AIF的更高级版本包含至少两类AIF2协作机制，可实现语言生成。其中一种机制遵循（包括句法在内的）某些结构，可生成（或多或少）合乎语法的句子，而另一实体则负责处理内容，构建相关的语义场。两种机制相互协作生成最终的句子。这些句子很可能只是大致符合语法规则且大致切题——与人类语言极为相似。

相反，在理解自然语言方面，AIF设计的高级版本还可用来同时理解不同内

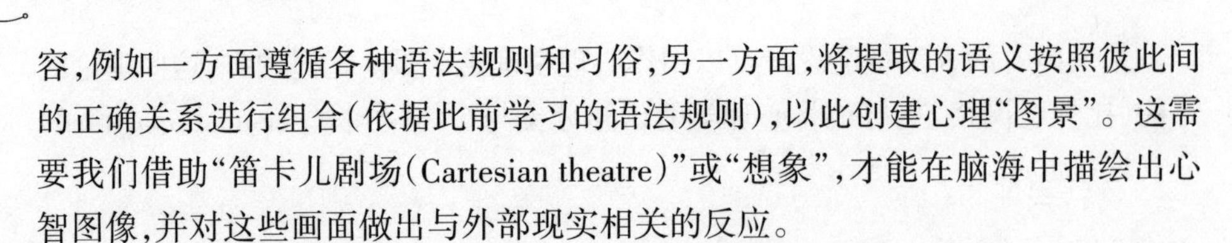

容,例如一方面遵循各种语法规则和习俗,另一方面,将提取的语义按照彼此间的正确关系进行组合(依据此前学习的语法规则),以此创建心理“图景”。这需要我们借助“笛卡儿剧场(Cartesian theatre)”或“想象”,才能在脑海中描绘出心智图像,并对这些画面做出与外部现实相关的反应。

13.3.4 认知模型

作为典型的内省式人工智能示例,AIF2与某些最为流行的认知科学观点不谋而合。“预测性大脑(predictive brain)”概念(Clark,2013)认为,大脑的主要(如果不是唯一)功能是预测环境,从而以最小化预测误差、最优化预测结果的方式来操控人的身体。

13.4 哲学的“支撑”模型

本节将阐明,AIF2“动态符号”(12.6.3节)也同样可成为各种认知和哲学思想的基础支撑。作者使用“支撑(underpinning)”一词是为了表达与“支持(support)”不同的含义。人们用不同的论据来支持不同的世界观,以此表明其接受或相信某种立场的原因。当使用“支撑(underpinning)”一词时,意思是人们可以构建一个软件模型,其运行方式与所研究的智能对象类似。从某种意义上说,哲学模型因此而在硅片上“获得了生命”。从另一种意义上说,“支撑”是一种基于软件的实验,有些类似思维实验。与思想实验设备相似,它可以为模型提供支持,但需要明确的论证。在此,作者认为,AIF2或该设计家族的后续成员可以有效支撑以下几个哲学概念:

(1) 维特根斯坦的“面向(aspect)”;
(2) 伽达默尔的“成见”或“方法”;
(3) 德雷弗斯对人工智能的诉求;
(4) 惠勒的“行动-导向表征”;
(5) 印度哲学的附托(adhyasa)。

下述章节内容表明,带着对未来研究的憧憬与想象,AIF2式心智可以有力地支撑上述哲学概念。再次说明,这并不是在宣扬AIF2及其衍生版本真实、正确,甚至优于以往或未来的一切其他设计。阐述的唯一目的在于:展现内省式设计在更加广泛的意义上将大有可为。

13.4.1 维特根斯坦的"看作(seeing as)"[①]

维特根斯坦(2001a)曾经阐述过一幅"鸭兔图"。当看到这幅图时,人们通常会坚定地认为这要么是一只鸭子,要么是一只兔子,或者认为这两种动物同现于图中。大部分人在讨论了该图的双重特性后,都会认识到其中的二元性。

诸多基于逻辑或统计的人工智能程序(比如专家系统)会通过某种函数为非此即彼的解释提供更高的或然率。以某种客观的标准来衡量,或许这幅画的确更像是一只鸭子,而不是一只兔子,但对于人类而言,情况并非如此。此外,AIF2可能曾经有过将该图看成兔子或鸭子的经历,于是便会重复这种习惯,可能(会像人类一样)直到出现第二种选择时,才会进行交替选择。AIF2的结构类似于维特根斯坦的"看作"——在特定的某种情境下依照过去某种相似的情境来行事。从这个意义来看,AIF2将当前情境"看作"是过去情境的对等物。

13.4.2 伽达默尔

伽达默尔的解释学观点认为:我们用过去的记忆解释当下。过去的记忆构建了我们的"成见(prejudices)"、"内视野(inner horizon)"或"方法(method)",当下便是所谓的"真相(truth)"或"外视野(outer horizon)"。我们对当下的解释,并不是像案例推理那样一次只使用一个记忆片段,而是结合了过去诸多相关记忆。据我所知,AIF2是将时间拼图融入人工智能决策的首次尝试。AIF2的伽达默尔特性,相关细节请参阅12.6.4节。

13.4.3 德雷弗斯对人工智能的诉求

如我们所见,德雷弗斯对人工智能的批判是广泛而无情的。德雷弗斯还引导我们认识到了"第一步谬论"的危险(2012),因此,作者不敢说AIF2或整个内省式方法迈出了让德雷弗斯称心如意的"第一步"。只能说,这仅仅是迈出的一步,或许是"爬树"的那一步,但仅就下述意义而言,这里所爬之树至少比现有人工智能之树略高一筹。

德雷弗斯描绘了更具人性化的行事方式,其中有一个独特之处,以技能习得为例:

---

① 依据维特根斯坦的视知觉认识论,"看作(seeing as)"不同于"看(see)",二者之间存在着概念的区别。同一事物在不同的"看作"知觉中会呈现出不同的"面相(aspect)",因此,尽管"看作"是知觉的一部分,但是其中包含着大量的经验、思想和文化等元素。——译者

> 假设，在随机处理事情的过程中，我碰巧接触到了某个东西，有助于问题的解决……我不断重复此前所做之事，但这一重复之举是为了再次“偶遇”那个有助于问题解决的东西……技能培养大体就是这样的一种方式。
>
> (Dreyfus,1979)

AIF2便是这样“随机行事”，然后，当再次“身陷旧况”时，便“回忆”过去所得之或好或坏的结果，从中选择有利行动以供未来“重复”之用。正如德雷弗斯描述的那样，“学习阶段”与应用已存储的正式知识，二者之间并无显著差异。因此，AIF2不仅可实现技能发现，还能以更具德雷弗斯特性的方式，而非(我所知的)旧有人工智能之方式，来学习技能的应用。

如果这就是德雷弗斯世界观之全部，或许有人会说这不过就是类似于强化学习，但在德雷弗斯的批判中，这只是广义海德格尔式世界观的一部分。本书中的观点颇具伽达默尔主义色彩。再次声明，伽达默尔的解释学只是海德格尔世界观的一部分。因此，我们或许可以将自己的每一个人工智能与现有系统进行比较，但AIF2的强大之处便在于融合，本书所倡导之整体方案，其优势也便在于展现内省在生成更多类人人工智能设计中的效用。

13.4.4 惠勒的行动-导向表征

惠勒(2005)回顾了正统表征理论对表征的界定(如经典人工智能所述)——表征本质上是对环境所做的“不依赖于语境的客观、中立、预存式描述”。他将其与布鲁克斯的“情境机器人(situated robots)”进行了对比，后者不具备此类表征特点(回想一下布鲁克斯那篇《无表征智能》(*“Intelligence without representation”*)的文章(1991))。

惠勒指出，克拉克(1998)提出的行动-导向表征介于映射世界与规约行动之间。然而，惠勒对这种“中庸之道”提出了批评：生命有机体无意于客观地呈现世界，而是更关注于(以自我为中心的)行动。行为和结果的表征确实反映了世界的某些方面，但生物体对“纯学术”的内容兴味索然——“其内在结构不过是在感知和活动之间进行适应性调节，以此为生存之道”(Wheeler,2005)。惠勒指出，这些结构表征的是“技能知识”，而非“事实知识”。还要注意的是，感知和活动之间的这种直接联系，虽无太多思想内容，但也是奥利根(O’Regan,2011)感觉运动理论(sensory-motor theories)的基础。

至少就技术人工智能而言，AIF2的“序列”和“动态符号”(12.6.3节)是惠勒行动-导向表征的不二之选,可依据系统自身过去的经历,对特定行动可能产生的结果进行预测。可以说,不仅仅是AIF家族具备这种能力,案例推理中也实现了这一点。与案例推理的不同点在于,AIF2中的表征/序列可以实现渐入渐出,并进行“协作”或“融合”——它们更具“包容性”,可兼容更为细腻的技能和技能组合。

13.4.5 附托(Adhyasa)/叠印(Superimposition)

附托是梵文[①]术语,意思是“叠印”,指人们在某种情境中所见之事物、区别或状况并非真实的输入。例如,我们在大学校园里偶遇一位年轻人,没有交谈,也不曾相识,从远处看去,他可能还背着一台电脑,便认为他是一名本科生。这种对“本科生”官僚式的定义是观察者附加的。此外,如果你刚刚生动地想象了我所描述的场景,你很可能想象其是一位年轻的女士或男士,以及他们所具有的其他典型特征,如头发、衣服等等。这些细节都未曾出现在我的描述中,不过是听者附加进去的,根据基本情况“叠印”其中,并不真实存在。与此类似,所有的社会建构,如民族属性等,都不是客观现实的一部分,而是基于我们的理解叠印进去的。

同样地,就像维特根斯坦的“看作”一样,附托的情况与AIF2也有些相似性。AIF2实体会依据其行为的预测结果做出反应,这种预测结果又是以过去的经验为基础,使其能够在结果显现之前就“看到”可能的结果。这些可能的结果或许永远也不会出现,因为当前的工况可能完全不同于AIF系统的记忆。再次声明,这里并没有宣扬AIF是唯一能够产生这类行为的人工智能概念。在附托过程中,机器学习中的“过度拟合(over-fitting)”现象也会浮现于人的脑海中。

13.5 开放性问题

本书是一次跨学科实践。作者在上文已经论及数个可做进一步研究的领域,其中大部分都可由相关特定领域的专家完成,但仍有一些观察和顾虑并非单一学科能够解决。

① 梵文之于印度就如同拉丁语和希腊语之于欧洲。

13.5.1 狄尔泰与伽达默尔之争

12.6.4节论述到，AIF2开启了人们对期待已久的伽达默尔式人工智能的探索。然而，本书并不赞成将现象学或解释学文本视为“福音真理”，而是主张人工智能开发者进行自我内省，以此探知人类思维的某些机制，进而在软件中对其进行模拟仿真。在某种意义上，本书倡导(遵循威诺格拉德和弗洛雷斯之道)以伽达默尔式方法探索人工智能软件的内容，但在获取软件设计的创意时则汲取狄尔泰之法。回顾2.5节所述，狄尔泰呼吁人们，在理解某些历史文本时，应当在“生活体验”和批判性思维之间保持平衡。对于狄尔泰而言，“生活体验”意味着人们当允许自己对特定情境下的卡里古拉(Caligula)[①]展开想象，并尝试像演员一样以自己的重构视角来理解情境的动态变化。随后，他又主张用批判性思维来限制这些天马行空式的幻想，确保其在特定历史情境及其他一切历史约束条件下都具有意义(Ramberg，Gjesdal，2014)。

本书力荐采用内省的方式创建软件模型中的人类思维模式。这并不仅限于使用“正确的”内省，前文论述也明确提出了要允许“糟粕的”推测式内省的存在(见7.3.5节)。我们可视其为狄尔泰“生活体验”的等价物。对历史批判性思维的限制，于我们而言就意味着，要以技术的视角来完成特定操作系统的开发、运行和评估。

13.5.2 未探之路

前文提及了认知科学中两个尚未开发的领域，亟待人们探索，对人择技术人工智能来说更是迫在眉睫。

(1) 首先，博登(2008)已经指出，人类学是认知科学中“缺失的学科”。作者所说的“人择人工智能”只是触其皮毛，因为作者的心之所向是人类本身，而非“西方现代训练有素的成人”。尽管如此，仍可能有一些认知人类学文献尚未被研读。那些非欧洲式现象学令人神往，这便引出了下文。

(2) 梵文及相关语言中有关心智结构的文献可谓汗牛充栋。但探究起来并非易事，因为大部分文献都没有翻译，而且那些印度传统对心理学、形而上学和宗教不做区分。此外，困难的事情并不意味着事情本身是错误的。就我们对特定人工智能和一般认知科学的兴趣而言，这一点尤为如此，因为佛教传统本身就

---

① 卡里古拉是日本FuRyu发行的一款校园式RPG游戏，该游戏以现代病理、心理创伤为焦点，展现了一种“越是看不见的东西就越想看见，越是不能得到的东西就越想得到”的“卡里古拉效应”。——译者

痴迷于探究各种心理机制的心智构成，如果“机制”一词在这里使用恰当的话。

13.6 结论

本书提出：“在人择人工智能开发中推崇内省”。这或许是科学放弃其对其他思想领域主宰权的开始，尤其是人们对人性的思考以及对技术的思考。

在认知科学中，我们（或许）应该“远离并消除主观经验”，如塞尔（1992）所述。我呼吁对这一观点进行适度修正。一般而言，作者并不会对认知科学提出一般性的直接建议——但在作为技术的类人人工智能领域，这种态度肯定已经没有任何价值了。相反，我们应回归古老的智慧：“探求一切事物性质本身所包含的精确性，这是一个受教育之人的标志”（Aristotle，2009）。无论如何，我们都应该将科学的东西归还科学（参见《马太福音》22：21），而只与技术同行，无需追寻科学的精确性。

如果人类智慧之光能够显现于人类情感与只言片语的泥潭之上，那么就没有理由认为，类人人工智能会诞生于他方。

闲话两句：

（1）如果您对本书有何评论，请发邮件至bookl@freed.net。

（2）您已阅读完此书，现在去欣赏一下罗杰·霍奇森（Roger Hodgson）的《逻辑之歌》（The Logical Song）吧（Superstramp，2009）。

参考文献

Agre, P. E. (1997). Toward a critical technical practice: Lessons learned in trying to reform AI. In G. Bowker, S. L. Star, L. Gasser, & W. Turner (Eds.), *Social Science, Technical Systems, and Cooperative Work: Beyond the Great Divide* (pp. 131–157). New York: Psychology Press.

Altmann, G. T. M., & Dienes, Z. (1999). Rule learning by seven-month-old infants and neural networks. *Science, 284*(5416), 875–875. doi:10.1126/science.284.5416.875a.

Amazon Prime Air. (2016). Retrieved September 24, 2015, from www.amazon.com/b?node=8037720011.

Ariely, D. (2009). *Predictably Irrational: The Hidden Forces That Shape Our Decisions*. London: Harper.

Aristotle. (2009). In W. D. Ross (Trans.), *Nicomachean Ethics*. Retrieved from http://classics.mit.edu/Aristotle/nicomachaen.1.i.html.

Augier, M., & March, J. G. (2001). Remembering Herbert A. Simon (1916–2001). *Public Administration Review, 61*(4), 396–402.

Austin, J. L., & Warnock, G. J. (1964). *Sense and Sensibilia*. Oxford, UK: Oxford University Press.

Baddeley, B., Graham, P., Husbands, P., & Philippides, A. (2012). A model of ant route navigation driven by scene familiarity. *PLoS Comput Biol, 8*(1), e1002336. doi:10.1371/journal.pcbi.1002336.

Bannister, R. C. (1991). *Sociology and Scientism: The American Quest for Objectivity, 1880–1940*. Chapel Hill: The University of North Carolina Press.

Bar-Hillel, Y. (2003). The present status of automatic translation of languages. In S. Nirenburg & H. L. Somers (Eds.), *Readings in Machine Translation* (pp. 45–77). Cambridge, MA: MIT Press.

Beyer, C. (2015). Edmund husserl. In E. N. Zalta (Ed.), *The Stanford Encyclopedia of Philosophy* (Summer 2015). Retrieved from http://plato.stanford.edu/archives/sum2015/entries/husserl/.

Bird, A., & Tobin, E. (2017). Natural kinds. In E. N. Zalta (Ed.), *The Stanford Encyclopedia of Philosophy* (Spring 2017). Stanford University: Metaphysics Research Lab. Retrieved from https://plato.stanford.edu/archives/spr2017/entries/natural-kinds/.

Bloch, M. L. B. (1953). *The Historian's Craft*. New York: Vintage Books. Retrieved from http://capitadiscovery.co.uk/sussex-ac/items/1081954.

Boden, M. A. (2008). *Mind as Machine: A History of Cognitive Science*. Oxford, UK: Oxford University Press.

Boden, M. A. (2016). *AI: Its Nature and Future*. Oxford, UK: Oxford University Press.

Bogen, J. (2014). Theory and observation in science. In E. N. Zalta (Ed.), *The Stanford Encyclopedia of Philosophy* (Summer 2014). Retrieved from http://plato.stanford.edu/archives/sum2014/entries/science-theory-observation/.

Bolter, J. D. (1984). *Turing's Man: Western Culture in the Computer Age*. London, UK: Duckworth.

Borges, J. L. (2001). The total library. In E. Allen & S. Levine (Trans.), *The Total Library: Non-Fiction 1922–1986* (New edition, pp. 214–216). London, UK: Penguin Classics.

Boring, E. G. (1929). *History of Experimental Psychology*. New York: Genesis Publishing Pvt Ltd.

Bostrom, N. (2016). *Superintelligence: Paths, Dangers, Strategies* (Reprint edition). Oxford, UK and New York: Oxford University Press.

Bourdeau, M. (2014). Auguste Comte. In E. N. Zalta (Ed.), *The Stanford Encyclopedia of Philosophy* (Winter 2014). Retrieved from http://plato.stanford.edu/archives/win2014/entries/comte/.

Bower, J. M., & Bolouri, H. (2001). *Computational Modeling of Genetic and Biochemical Networks*. Cambridge, MA: MIT Press.

Breuer, Y., & Shavit, E. (2014). *Hilarious Hebrew: The Fun and Fast Way to Learn the Language*. Brighton, UK: Pitango Publishing.

Bringsjord, S. (2008). The Logicist Manifesto. Retrieved from http://kryten.mm.rpi.edu/SB_LAI_Manifesto_091808.pdf.

Broekens, J., Heerink, M., & Rosendal, H. (2009). Assistive social robots in elderly care: a review. *Gerontechnology, 8*(2). doi:10.4017/gt.2009.08.02.002.00.

Brooks, R. A. (1991). Intelligence without representation. *Artificial Intelligence, 47*(1–3), 139–159. doi:10.1016/0004-3702(91)90053-M.

Brooks, R. A. (2017, October 6). Robotics Pioneer Rodney Brooks Debunks AI Hype Seven Ways. Retrieved December 8, 2017, from www.technologyreview.com/s/609048/the-seven-deadly-sins-of-ai-predictions/.

Brooks, R. A., Breazeal, C., Marjanović, M., Scassellati, B., & Williamson, M. M. (1999). The cog project: Building a humanoid robot. In C. L. Nehaniv (Ed.), *Computation for Metaphors, Analogy, and Agents* (pp. 52–87). Berlin and Heidelberg: Springer. doi:10.1007/3-540-48834-0_5.

Brown, A. (2010). *The Rise and Fall of Communism*. London, UK: Vintage.

Byers, E. S., Purdon, C., & Clark, D. A. (1998). Sexual intrusive thoughts of college students. Journal of Sex Research, 35(4), 359–369. doi:10.1080/00224499809551954.

Byrne, A. (2005). Introspection. *Philosophical Topics, 33*(1), 79–104.

Carr, J. E. (1985). Ethno-behaviorism and the culture-bound syndromes: The case of amok. In R. C. Simons & C. C. Hughes (Eds.), *The Culture-Bound Syndromes* (pp. 199–223). Netherlands: Springer. Retrieved from http://link.springer.com/chapter/10.1007/978-94-009-5251-5_20.

Chapman, A. (2013). *Slaying the Dragons: Destroying Myths in the History of Science and Faith*. Oxford, UK: Lion Books.

Chomsky, N. (1959). A review of BF Skinner's verbal behavior. *Language, 35*(1), 26–58.

Chomsky, N. (2017, August 15). Can We Save Our Democracy and History. Retrieved from www.youtube.com/watch?v=-aEFjtfFpLs&t=761s.

Chrisley, R. (2003). Embodied artificial intelligence. *Artificial Intelligence, 149*(1), 131–150. doi:10.1016/S0004-3702(03)00055-9.

Clark, A. (1998). *Being There: Putting Brain, Body, and World Together Again*. Cambridge: MIT Press.

Clark, A. (2013). Whatever next? Predictive brains, situated agents, and the future of cognitive science. *Behavioral and Brain Sciences, 36*(03), 181–204. doi:10.1017/S0140525X12000477.

Clark, A., & Chalmers, D. (1998). The extended mind. *Analysis, 58*(1), 7–19.

Collins, S. H., & Ruina, A. (2005). A bipedal walking robot with efficient and human-like gait. In *Proceedings of the 2005 IEEE International Conference on Robotics and Automation, 2005. ICRA 2005* (pp. 1983–1988). doi:10.1109/ROBOT.2005.1570404.

Costall, A. (2004). From Darwin to Watson (and cognitivism) and back again: The principle of animal-environment mutuality. *Behavior and Philosophy, 32*(1), 179–195.

Costall, A. (2006). 'Introspectionism' and the mythical origins of scientific psychology. *Consciousness and Cognition, 15*(4), 634–654. doi:10.1016/j.concog.2006.09.008.

Cowie, F. (2010). Innateness and language. In E. N. Zalta (Ed.), *The Stanford Encyclopedia of Philosophy* (Summer 2010). Retrieved from http://plato.stanford.edu/archives/sum2010/entries/innateness-language/.

Creath, R. (2014). Logical empiricism. In E. N. Zalta (Ed.), *The Stanford Encyclopedia of Philosophy* (Spring 2014). Retrieved from http://plato.stanford.edu/archives/spr2014/entries/logical-empiricism/.

Crosson, F. J. (1985). Psyche and the computer: Integrating the shadow. In S. Koch & D. E. Leary (Eds.), *A Century of Psychology as Science* (pp. 437–451). Washington, DC: American Psychological Association.

Daniel Dennet Discussion with Marvin Minsky: The New Humanists 2/2. (2012). Retrieved from www.youtube.com/watch?v=mbkvpJmHtDE&feature=youtube_gdata_player.

Dawkins, R. (2016). *The Selfish Gene: 40th Anniversary Edition* (4 edition). New York: Oxford University Press.

Dennett, D. (2003). Who's on first? Heterophenomenology explained. *Journal of Consciousness Studies, 10*(9–10), 19–30.

Dennett, D. C. (1989). *The Intentional Stance*. Cambridge: MIT Press.

Deryugina, O. V. (2010). Chatterbots. *Scientific and Technical Information Processing, 37*(2), 143–147. doi:10.3103/S0147688210020097.

Descartes. (1952). In J. Veitch (Trans.), *The Meditations and Selections from the Principles*. La Salle, IL: Open Court.

Diamond, J. (1998). *Guns, Germs and Steel: A Short History of Everybody for the Last 13,000 Years* (New edition). London, UK: Vintage.

Dowe, D. L. (2013). Introduction to Ray Solomonoff 85th memorial conference. In D. L. Dowe (Ed.), *Algorithmic Probability and Friends. Bayesian Prediction and Artificial Intelligence* (pp. 1–36). Berlin and Heidelberg: Springer. Retrieved from http://link.springer.com/chapter/10.1007/978-3-642-44958-1_1.

Dreyfus, H. L. (1965). *Alchemy and Artificial Intelligence*. Santa Monica, CA: Rand Corporation.

Dreyfus, H. L. (1979). *What Computers Can't Do / The Limits of Artificial Intelligence* (Revised). New York: Harper & Row.

Dreyfus, H. L. (1996). Response to my critics. *Artificial Intelligence, 80*(1), 171–191. doi:10.1016/0004-3702(95)00088-7.

Dreyfus, H. L. (2007). Why Heideggerian AI failed and how fixing it would require making it more Heideggerian. *Artificial Intelligence, 171*(18), 1137–1160. doi:10.1016/j.artint.2007.10.012.

Dreyfus, H. L. (2012). A history of first step fallacies. *Minds and Machines, 22*(2), 87–99.

Dreyfus, H. L., & Dreyfus, S. E. (1986). *Mind Over Machine: The Power of Human Intuition and Expertise in the Era of the Computer*. New York: Free Press.

Edwards, P. N. (1997). *The Closed World: Computers and the Politics of Discourse in Cold War America*. Cambridge: MIT Press.

Eksteins, M. (2000). *Rites of Spring: The Great War and the Birth of the Modern Age* (1st edition). Boston, MA: Mariner Books.

Ericsson, K. A., & Simon, H. A. (1981). Sources of evidence on cognition: An historical overview. In T. V. Merluzzi, C. R. Glass, & M. Genest (Eds.), *Cognitive Assessment*. Carnegie-Mellon University, Department of Psychology. Retrieved from http://octopus.library.cmu.edu/cgi-bin/tiff2pdf/simon/box00067/fld05162/bdl0001/doc0001/simon.pdf.

Ericsson, K. A., & Simon, H. A. (1993). *Protocol Analysis: Verbal Reports as Data* (2nd edition). Cambridge: MIT Press. Retrieved from http://capitadiscovery.co.uk/sussex-ac/items/543010.

Evangeliou, C. C. (2008). The place of Hellenic philosophy. *Proceedings of the Xxii World Congress of Philosophy, 2*, 61–99.

Fantl, J. (2014). Knowledge how. In E. N. Zalta (Ed.), *The Stanford Encyclopedia of Philosophy* (Fall 2014). Retrieved from http://plato.stanford.edu/archives/fall2014/entries/knowledge-how/.

Feigenbaum, E. A. (1989). What hath Simon wrought. In D. Klahr & K. Kotovsky (Eds.), *Complex Information Processing: The Impact of Herbert A. Simon* (pp. 165–182). Hillsdale, NJ: Lawrence Erlbaum Associates.

Feynman, R. (1988). Richard Feynman's Blackboard at Time of His Death | Caltech. Retrieved October 21, 2015, from http://caltech.discoverygarden.ca/islandora/object/ct1%3A483.

Franssen, M., Lokhorst, G.-J., & van de Poel, I. (2013). Philosophy of technology. In E. N. Zalta (Ed.), *The Stanford Encyclopedia of Philosophy* (Winter 2013). Retrieved from http://plato.stanford.edu/archives/win2013/entriesechnology/.

Freed, S. (2013). Practical introspection as inspiration for AI. In V. C. Müller (Ed.), *Philosophy and Theory of Artificial Intelligence* (pp. 167–177). Berlin and Heidelberg: Springer. Retrieved from http://link.springer.com/chapter/10.1007/978-3-642-31674-6_12.

Freed, S. (2017). *A Role for Introspection in AI research*. University of Sussex. Retrieved from http://sro.sussex.ac.uk/66141/.

Freed, S. (2018). Is programming done by projection and introspection? In V. C. Müller (Ed.), *Philosophy and Theory of Artificial Intelligence 2017* (pp. 187–189). Cham, Switzerland: Springer Nature.

Freedman, H., & Maurice, S. (1961). *Midrash Raba (Genesis)*. London, UK: Sonico Press. Retrieved from http://archive.org/details/RabbaGenesis.

Froese, T. (2011). Validating and calibrating first- and second-person methods in the science of consciousness. *Journal of Consciousness Studies, 18*(2), 38–64.

Fromm, E. (2011). *Escape from Freedom*. New York and Tokyo, Japan: Ishi Press.

Gadamer, H.-G. (1979). *Truth and Method* (2nd edition). London, UK: Sheed and Ward. Retrieved from http://capitadiscovery.co.uk/sussex-ac/items/40876.

Gadamer, H.-G. (2004). *Truth and Method* (2nd, revised edition). London, UK and New York: Continuum.

Gallagher, S., & Zahavi, D. (2012). *The Phenomenological Mind*. London, UK and New York: Routledge.

Gamez, D. (2008). Progress in machine consciousness. *Consciousness and Cognition, 17*(3), 887–910. doi:10.1016/j.concog.2007.04.005.

Gasset, J. O. Y. (1963). *Man and People* (Revised edition). New York: W. W. Norton & Company.

Goffman, E. (1971). *The Presentation of Self in Everyday Life*. Harmondsworth, UK: Penguin.

Goldie, P. (2012). *The Mess Inside: Narrative, Emotion, and the Mind*. Oxford, UK: Oxford University Press.

Gonzalez, H. B., & Kuenzi, J. J. (2012, August 1). Science, Technology, Engineering, and Mathematics (STEM) Education: A primer. Congressional Research Service. Retrieved from https://fas.org/sgp/crs/misc/R42642.pdf.

Gower, B. (1996). *Scientific Method: A Historical and Philosophical Introduction* (1st edition). London, UK and New York: Routledge.

Harari, Y. N. (2012). *From Animals into Gods: A Brief History of Humankind*. Charleston, NC: CreateSpace Independent Publishing Platform.

Harding, M. E. (2001). *Woman's Mysteries: Ancient & Modern* (Book Club). Boulder, CO: Shambhala.

Hasel, G. F. (1974). The polemic nature of the genesis cosmology. *The Evangelical Quarterly, 46*, 78–80.

Hassan, S. (1988). *Combatting Cult Mind Control*. Glasgow, Scotland: Aquarian press.

Hastings, M. (2014). *Catastrophe: Europe Goes to War 1914*. London, UK: William Collins.

Heidegger, M. (1962). *Being and Time*. (J. Macquarrie & E. Robinson, Trans.). Malden, MA and Oxford, UK: Blackwell.

Heidegger, M. (2009). The question concerning technology. In C. Hanks (Ed.), *Technology and Values: Essential Readings* (pp. 99–113). Oxford, UK: John Wiley & Sons.

Hernández-Orallo, J. (2017). *The Measure of All Minds: Evaluating Natural and Artificial Intelligence*. New York: Cambridge University Press.

Hesslow, G. (2012). The current status of the simulation theory of cognition. Brain Research, 1428, 71–79. doi:10.1016/j.brainres.2011.06.026.

Hockings, N., Iravani, P., & Bowen, C. R. (2014). Artificial ligamentous joints: Methods, materials and characteristics. In *Humanoids* (pp. 20–26). Retrieved from http://people.bath.ac.uk/nch28/pdfs/Artificial%20Ligamentous%20Joints%20-%20Methods%20Materials%20and%20Characteristics.pdf.

Hoefer, C. (2003). Causal Determinism. Retrieved from https://plato.stanford.edu/archives/win2017/entries/determinism-causal/.

Hurlburt, R. T. (2011). *Investigating Pristine Inner Experience: Moments of Truth*. New York: Cambridge University Press.

Hurlburt, R. T., Heavey, C. L., & Kelsey, J. M. (2013). Toward a phenomenology of inner speaking. Consciousness and Cognition, 22(4), 1477–1494. doi:10.1016/j.concog.2013.10.003.

Hyslop, A. (2014). Other minds. In E. N. Zalta (Ed.), *The Stanford Encyclopedia of Philosophy* (Spring 2014). Retrieved from http://plato.stanford.edu/archives/spr2014/entries/other-minds/.

IBM. (2014, March 20). IBM Collaboration Solutions Software - Lotus Software - United Kingdom [CT503]. Retrieved October 10, 2014, from www-01.ibm.com/software/uk/lotus/.

Irwin, R. (2010). *The Arabian Nights: Tales of 1,001 Nights: Volume 1.* (M. Lyons & U. Lyons, Trans.) (1st edition). London, UK, New York, USA, Toronto, Ontario, Canada, Dublin, Ireland, Victoria, Australia, New Delhi, India, North Shore, New Zealand, Johannesburg, South Africa: Penguin Classics.

Isensee, P. (2001). Genuine random number generation. *Game Programming Gems, 2*, 127.

Ismael, J. (2015). Quantum mechanics. In E. N. Zalta (Ed.), *The Stanford Encyclopedia of Philosophy* (Spring 2015). Retrieved from http://plato.stanford.edu/archives/spr2015/entries/qm/.

Jack, A., & Roepstorff, A. (Eds.). (2003). *Trusting the Subject: v. 1.* Exeter, UK: Imprint Academic.

Jack, A., & Roepstorff, A. (Eds.). (2004). *Trusting the Subject: v. 2.* Exeter, UK: Imprint Academic.

Johansson, P., Hall, L., Sikström, S., Tärning, B., & Lind, A. (2006). How something can be said about telling more than we can know: On choice blindness and introspection. *Consciousness and Cognition, 15*(4), 673–692.

Jung, C. G. (1984). *Dream Analysis: Notes of the Seminar Given in 1928–1930.* Princeton, NJ: Princeton University Press.

Klotzko, A. J. (2001). *The Cloning Sourcebook.* New York: Oxford University Press.

Knapp, S. (2008). Artificial Intelligence: Past, Present, and Future. Retrieved December 9, 2015, from www.dartmouth.edu/~vox/0607/0724/ai50.html.

Kremer-Marietti, A. (1993). Positivism. In *Encyclopedia of Religion* (Vol. 11). New York: Macmillan.

Kuhn, T. (2012). *The Structure of Scientific Revolutions* (50th anniversary edition). Chicago and London: University of Chicago Press.

Laird, J. E., & Rosenbloom, P. (1996). The evolution of the Soar cognitive architecture. In D. Steier & T. M. Mitchell (Eds.). *Mind Matters: A Tribute to Allen Newell* (pp. 1–50). Mahwah, NJ: Lawrence Erlbaum Associates.

Langley, P. (2006). *Intelligent Behavior in Humans and Machines.* Technical Report. Computational Learning Laboratory, CSLI, Stanford University. Retrieved from http://lyonesse.stanford.edu/~langley/papers/ai50.dart.pdf.

Lao-Tzu. (n.d.). Tao Te Ching (170+ translations of Chapter 1). Retrieved January 9, 2015, from www.bopsecrets.org/gateway/passages/tao-te-ching.htm.

Lenat, D. B., Prakash, M., & Shepherd, M. (1985). CYC: Using common sense knowledge to overcome brittleness and knowledge acquisition bottlenecks. *AI Magazine, 6*(4), 65.

LeVine, S., & Hinton, G. (2017, September 15). Artificial intelligence pioneer says we need to start over. Retrieved September 17, 2017, from www.axios.com/ai-pioneer-advocates-starting-over-2485537027.html.

Lucas, R. (2009, August 6). In defence of the dismal science. *The Economist.* Retrieved from www.economist.com/node/14165405.

Makari, G. (2016). *Soul Machine: The Invention of the Modern Mind.* New York: W. W. Norton & Company.

Malpas, J. (2013). Hans-Georg Gadamer. In E. N. Zalta (Ed.), *The Stanford Encyclopedia of Philosophy* (Summer 2013). Retrieved from http://plato.stanford.edu/archives/sum2013/entries/gadamer/.

Mandik, P. (2001). Mental representation and the subjectivity of consciousness. *Philosophical Psychology, 14*(2), 179–202. doi:10.1080/09515080120051553.

Markram, H. (2006). The blue brain project. *Nature Reviews Neuroscience, 7*(2), 153–160. doi:10.1038/nrn1848.

Markram, H. (2012). The human brain project. *Scientific American, 306*(6), 50–55. doi:10.1038/scientificamerican0612-50.

Matthews, M. R. (1994). *Science Teaching: The Role of History and Philosophy of Science.* New York and London,UK: Routledge.

McCorduck, P. (2004). *Machines who think: a personal inquiry into the history and prospects of artificial intelligence* (25th anniversary update). Natick, MA: A.K. Peters.

McCulloch, W. S., & Pitts, W. (1943). A logical calculus of the ideas immanent in nervous activity. *The Bulletin of Mathematical Biophysics, 5*(4), 115–133. doi:10.1007/BF02478259.

McHugh, J., & Minsky, M. (2003, August 1). Why A.I. is Brain-Dead. Retrieved January 8, 2016, from www.wired.com/2003/08/why-a-i-is-brain-dead/.

McKeon, R. (Ed.). (1941). *The Basic Works of Aristotle.* New York: Random House.

McLeod, P., Reed, N., & Dienes, Z. (2003). Psychophysics: How fielders arrive in time to catch the ball. *Nature, 426*(6964), 244–245.

McNeill, D., & Freiberger, P. (1994). *Fuzzy Logic: The Revolutionary Computer Technology that is Changing Our World* (1st edition). New York: Touchstone / Simon & Schuster.

Mhaskar, H., Liao, Q., & Poggio, T. (2016). Learning Functions: When is Deep Better Than Shallow. ArXiv:1603.00988 [Cs]. Retrieved from http://arxiv.org/abs/1603.00988.

Mill, J. S. (2013). *Auguste Comte and Positivism.* CreateSpace Independent Publishing Platform.

Miller, G. A. (1956). The magical number seven, plus or minus two: Some limits on our capacity for processing information. *Psychological Review, 63*(2), 81–97. doi:10.1037/h0043158.

Minsky, M. (1987). *The Society of Mind* (First Edition First Printing edition). New York: Simon & Schuster.

Minsky, M. (1991). Logical versus analogical or symbolic versus connectionist or neat versus scruffy. *AI Magazine, 12*(2), 34–51.

Mladenić, D., & Bradeško, L. (2012). A Survey of Chatbot Systems through a Loebner Prize Competition [Conference or Workshop Item]. Retrieved July 17, 2014, from http://eprints.pascal-network.org/archive/00009729/.

Mould, R. F. (1998). The discovery of radium in 1898 by Maria Sklodowska-Curie (1867–1934) and Pierre Curie (1859–1906) with commentary on their life and times. *The British Journal of Radiology, 71*(852), 1229–1254. doi:10.1259/bjr.71.852.10318996.

Müller, V. C. (2009). Pancomputationalism: Theory or metaphor? In R. Hagengruber (Ed.), *The Relevance of Philosophy for Information Science.* Berlin: Springer, Forthcoming. Retrieved from www.typos.de/pdf/2008_Paderborn_Pancomputationalism.pdf.

Murakami, M. (1995). The history of verb movement in English. *Studies in Modern English, 1995*(11), 17–45.

Nagel, T. (1974). What is it like to be a bat? *The Philosophical Review, 83*(4), 435–450. doi:10.2307/2183914.

Neisser, U. (1967). *Cognitive Psychology.* New York: Appleton-Century-Crofts. Retrieved from http://capitadiscovery.co.uk/sussex-ac/items/27273.

Newell, A., & Simon, H. A. (1956). The logic theory machine–A complex information processing system. *IRE Transactions on Information Theory, 2*(3), 61–79. doi:10.1109/TIT.1956.1056797.

Newell, A., & Simon, H. A. (1961a). Computer simulation of human thinking. *Science.* Retrieved from http://psycnet.apa.org/?fa=main.doiLanding&uid=1962-05907-001.

Newell, A., & Simon, H. A. (1961b). *GPS, a program that simulates human thought.* Defense Technical Information Center. Retrieved from http://octopus.library.cmu.edu/cgi-bin/tiff2pdf/simon/box00064/fld04907/bdl0001/doc0001/simon.pdf.

Newell, A., & Simon, H. A. (1976). Computer Science as Empirical Inquiry: Symbols and Search. *Communications of the ACM, 19*(3), 113–126. doi:10.1145/360018.360022.

Nietzsche. (1889). Full Text of "The Will to Power." Retrieved October 30, 2014, from https://archive.org/stream/TheWillToPower-Nietzsche/will_to_power-nietzsche_djvu.txt.

Nilsson, N. J. (2010). The Quest for Artificial Intelligence. Retrieved March 20, 2015, from www.cambridge.org/gb/academic/subjects/computer-science/artificial-intelligence-and-natural-language-processing/quest-artificial-intelligence.

Nisbett, R. E., & Wilson, T. D. (1977). Telling more than we can know: Verbal reports on mental processes. *Psychological Review, 84*(3), 231–259. doi:10.1037/0033-295X.84.3.231.

Nobelprize.org. (1978). The Prize in Economics 1978-Press Release. Retrieved from www.nobelprize.org/nobel_prizes/economic-sciences/laureates/1978/press.html.

O'Regan, J. K. (2011). *Why Red Doesn't Sound Like a Bell: Understanding the feel of consciousness.* New York: Oxford University Press.

Overgaard, M. (2006). Introspection in Science. *Consciousness and Cognition, 15*(4), 629–633. doi:10.1016/j.concog.2006.10.004.

Overgaard, M. (2008). Introspection. *Scholarpedia, 3*(5), 4953. doi:10.4249/scholarpedia.4953.

Partenie, C. (2014). Plato's myths. In E. N. Zalta (Ed.), *The Stanford Encyclopedia of Philosophy* (Summer 2014). Metaphysics Research Lab, Stanford University. Retrieved from https://plato.stanford.edu/archives/sum2014/entries/plato-myths/.

Payne, S. J., & Squibb, H. R. (1990). Algebra mal-rules and cognitive accounts of error. *Cognitive Science, 14*(3), 445–481. doi:10.1016/0364-0213(90)90019-S.

Pear, J. J. (2007). *A Historical and Contemporary Look at Psychological Systems* (1st edition). Mahwah, NJ: Psychology Press.

Piccinini, G. (2004). The first computational theory of mind and brain: A close look at Mcculloch and Pitts's "logical calculus of ideas immanent in nervous activity." *Synthese, 141*(2), 175–215. doi:10.1023/B:SYNT.0000043018.52445.3e.

Proops, I. (2017). Wittgenstein's logical atomism. In E. N. Zalta (Ed.), *The Stanford Encyclopedia of Philosophy* (Winter 2017). Metaphysics Research Lab, Stanford University. Retrieved from https://plato.stanford.edu/archives/win2017/entries/wittgenstein-atomism/.

Quine, W. v. O. (1976). Two dogmas of empiricism. In S. G. Harding (Ed.), *Can Theories be Refuted?* (pp. 41–64). Netherlands: Springer. Retrieved from http://link.springer.com/chapter/10.1007/978-94-010-1863-0_2.

Raatikainen, P. (2015). Gödel's incompleteness theorems. In E. N. Zalta (Ed.), *The Stanford Encyclopedia of Philosophy* (Spring 2015). Metaphysics Research Lab, Stanford University. Retrieved from https://plato.stanford.edu/archives/spr2015/entries/goedel-incompleteness/.

Rahula, W., & Demieville, P. (1997). *What the Buddha Taught* (New edition). Oxford: Oneworld Publications.

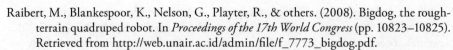

Raibert, M., Blankespoor, K., Nelson, G., Playter, R., & others. (2008). Bigdog, the rough-terrain quadruped robot. In *Proceedings of the 17th World Congress* (pp. 10823–10825). Retrieved from http://web.unair.ac.id/admin/file/f_7773_bigdog.pdf.

Ramberg, B., & Gjesdal, K. (2014). Hermeneutics. In E. N. Zalta (Ed.), *The Stanford Encyclopedia of Philosophy* (Winter 2014). Retrieved from http://plato.stanford.edu/archives/win2014/entries/hermeneutics/.

Ravenscroft, I. (2010). Folk psychology as a theory. In E. N. Zalta (Ed.), *The Stanford Encyclopedia of Philosophy* (Fall 2010). Retrieved from http://plato.stanford.edu/archives/fall2010/entries/folkpsych-theory/.

Rayner, K., White, S. J., Johnson, R. L., & Liversedge, S. P. (2006). Raeding wrods with jubmled Lettres there is a cost. *Psychological Science, 17*(3), 192–193. doi:10.1111/j.1467-9280.2006.01684.x.

Resnick, M. (1993). Behavior construction Kits. *Communications of the ACM, 36*(7), 64–71. doi:10.1145/159544.159593.

Reutlinger, A., Schurz, G., & Hüttemann, A. (2014). Ceteris paribus laws. In E. N. Zalta (Ed.), *The Stanford Encyclopedia of Philosophy* (Spring 2014). Retrieved from http://plato.stanford.edu/archives/spr2014/entries/ceteris-paribus/.

Richtel, M., & Dougherty, C. (2015, September 1). Google's driverless cars run into problem: Cars with drivers. *The New York Times*. Retrieved from www.nytimes.com/2015/09/02/technology/personaltech/google-says-its-not-the-driverless-cars-fault-its-other-drivers.html.

Robertson, J. (2007). Robo sapiens japanicus: Humanoid robots and the posthuman family. *Critical Asian Studies, 39*(3), 369–398. doi:10.1080/14672710701527378.

Romano, C. (2009, October 18). Heil Heidegger! *The Chronicle of Higher Education*. Retrieved from http://chronicle.com/article/Heil-Heidegger-/48806/.

Rothenberg, A. (1995). Creative cognitive processes in Kekulé's discovery of the structure of the benzene molecule. *The American Journal of Psychology, 108*(3), 419–438. doi:10.2307/1422898.

Russell, B. (1952). Is there a God? *Why I Am Not a Christian*.

Russell, S., & Norvig, P. (2013). *Artificial Intelligence: A Modern Approach* (3rd edition). Harlow, UK: Pearson.

Russell, S., & Norvig, P. (2016). 1293 Schools Worldwide That Have Adopted AIMA. Retrieved January 10, 2016, from http://aima.cs.berkeley.edu/adoptions.html.

Ryan, S. (2014). Wisdom. In E. N. Zalta (Ed.), *The Stanford Encyclopedia of Philosophy* (Winter 2014). Metaphysics Research Lab, Stanford University. Retrieved from https://plato.stanford.edu/archives/win2014/entries/wisdom/.

Safonov, Y. G., & Prokof'ev, V. Y. (2006). Gold-bearing reefs of the Witwatersrand Basin: A model of synsedimentation hydrothermal formation. *Geology of Ore Deposits, 48*(6), 415–447. doi:10.1134/S1075701506060018.

Schank, R. C., & Abelson, R. P. (1977). *Scripts, Plans, Goals, and Understanding: An Enquiry into Human Knowledge Structures*. Erlbaum. Retrieved from http://capitadiscovery.co.uk/sussex-ac/items/38886.

Schank, R. C. (1982). *Dynamic Memory: A Theory of Learning in Computers and People*. New York: Cambridge University Press.

Schickore, J. (2014). Scientific discovery. In E. N. Zalta (Ed.), *The Stanford Encyclopedia of Philosophy* (Spring 2014). Retrieved from http://plato.stanford.edu/archives/spr2014/entries/scientific-discovery/.

Schwitzgebel, E. (2004). Introspective training apprehensively defended: Reflections on Titchener's lab manual. *Journal of Consciousness Studies, 11*(7–8), 58–76.

Schwitzgebel, E. (2012). Introspection. In E. N. Zalta (Ed.), *The Stanford Encyclopedia of Philosophy* (Winter 2012). Retrieved from http://plato.stanford.edu/archives/win2012/entries/introspection/.

Schwitzgebel, E. (2014). Introspection. In E. N. Zalta (Ed.), *The Stanford Encyclopedia of Philosophy* (Summer 2014). Retrieved from http://plato.stanford.edu/archives/sum2014/entries/introspection/.

Searle, J. R. (1980). Minds, brains, and programs. *Behavioral and Brain Sciences, 3*(03), 417–424. doi:10.1017/S0140525X00005756.

Searle, J. R. (1992). *The Rediscovery of the Mind* (Massachusetts Institute of Technology edition). Cambridge, MA: A Bradford Book.

Seth, A. K. (2010). The grand challenge of consciousness. *Frontiers in Psychology, 1*. doi:10.3389/fpsyg.2010.00005.

Shakespeare, W. (n.d.). Macbeth. Retrieved July 26, 2018, from www.gutenberg.org/cache/epub/2264/pg2264-images.html.

Shamdasani, S. (1998). *Cult Fictions: C.G. Jung and the Founding of Analytical Psychology*. Psychology Press, London, UK.

Shanahan, M. (2016). The frame problem. In E. N. Zalta (Ed.), *The Stanford Encyclopedia of Philosophy* (Spring 2016). Metaphysics Research Lab, Stanford University. Retrieved from https://plato.stanford.edu/archives/spr2016/entries/frame-problem/.

Shanon, B. (2008). *Representational and the Presentational: An Essay on Cognition and the Study of Mind* (2nd edition). Exeter, UK and Charlottesville, VA: Imprint Academic.

Sharkey, A., & Sharkey, N. (2011). Children, the elderly, and interactive robots. *IEEE Robotics Automation Magazine, 18*(1), 32–38. doi:10.1109/MRA.2010.940151.

Shortliffe, E. H., Scott, A. C., Bischoff, M. B., Campbell, A. B., Van Melle, W., & Jacobs, C. D. (1984). An expert system for oncology protocol management. Rule-Based Expert Systems, BG Buchanan and EH Shortiffe, Editors, 653–665.

Simon, H. A. (1955). A behavioral model of rational choice. *The Quarterly Journal of Economics, 69*(1), 99–118. doi:10.2307/1884852.

Simon, H. A. (1976). *Administrative Behavior: A Study of Decision-Making Processes in Administrative Organization* (3rd edition). London, UK: Collier Macmillan. Retrieved from http://capitadiscovery.co.uk/sussex-ac/items/38710.

Simon, H. A. (1981). *The Sciences of the Artificial* (2nd edition). Cambridge, MA: MIT Press.

Simon, H. A. (1989). The scientist as problem solver. In D. Klahr & K. Kotovsky (Eds.). *Complex Information Processing: The Impact of Herbert A. Simon* (pp. 375–398). Hillsdale, NJ: Lawrence Erlbaum Associates.

Simon, H. A. (1996a). *Models of My Life*. Cambridge, MA: MIT Press. Retrieved from http://capitadiscovery.co.uk/sussex-ac/items/547214.

Simon, H. A. (1996b). *The Sciences of the Artificial* (3rd edition). Cambridge, MA: MIT Press. Retrieved from http://capitadiscovery.co.uk/sussex-ac/items/546838.

Simon, H. A., & Newell, A. (1958). Heuristic problem solving: The next advance in operations research. *Operations Research, 6*(1), 1–10.

Skinner, B. F. (1987). Whatever happened to psychology as the science of behavior? *American Psychologist, 42*(8), 780–786. doi:10.1037/0003-066X.42.8.780.

Smith, B. C. (2005, January 31). Digital Future: Meaning of Digital. Retrieved December 4, 2013, from http://c-spanvideo.org/program/FutureM.

Smith, D. W. (2013). Phenomenology. In E. N. Zalta (Ed.), *The Stanford Encyclopedia of Philosophy* (Winter 2013). Retrieved from http://plato.stanford.edu/archives/win2013/entries/phenomenology/.

Smullyan, R. M. (1993). *The Tao is Silent* (Reissue edition). San Francisco, CA: Harper.

Snow, C. P. (1964). *The Two Cultures: And a Second Look* (2nd edition). Cambridge, UK: Cambridge University Press.

Solomonoff, G. (2016). Ray Solomonoff and the Dartmouth Summer Research Project in Artificial Intelligence, 1956. Retrieved June 15, 2017, from http://raysolomonoff.com/dartmouth/dartray.pdf.

Solomonoff, R. J. (1968). The search for artificial intelligence. *Electronics and Power, 14*(1), 8. doi:10.1049/ep.1968.0004.

Sophocles. (2009). Antigone. Retrieved from http://classics.mit.edu/Sophocles/antigone.html.

Sponsel, A. (2002). Constructing a 'revolution in science': The campaign to promote a favourable reception for the 1919 solar eclipse experiments. The British Journal for the History of Science, 35(04), 439–467. doi:10.1017/S0007087402004818.

Sun, R. (2008). *The Cambridge Handbook of Computational Psychology* (1st edition). Cambridge and New York: Cambridge University Press.

Supertramp. (2009). Logical Song - Written and Composed by Roger Hodgson - Voice of Supertramp. Retrieved from www.youtube.com/watch?v=OQfjIw3mivc.

TheEconomist. (2013, May 14). Difference Engine: The caring robot. *The Economist*. Retrieved from www.economist.com/blogs/babbage/2013/05/automation-elderly.

Togelius, J., Lucas, S. M., & Nardi, R. D. (2007). Computational intelligence in racing games. In N. Baba, P. L. C. Jain, & H. Handa (Eds.), *Advanced Intelligent Paradigms in Computer Games* (pp. 39–69). Berlin and Heidelberg: Springer. doi:10.1007/978-3-540-72705-7_3.

Trump, D. J. (2015). TRUMP WORDS | User Clip | C-SPAN.org. Retrieved December 14, 2017, from www.c-span.org/video/?c4659877/trump-words.

Trump, D. J. (2017). FULL SPEECH: Donald Trump CIA Headquarters Statement FNN - YouTube. Retrieved December 14, 2017, from www.youtube.com/watch?v=GMBqDN7-QLg.

Tuchman, B. W. (1990). *The March of Folly: From Troy to Vietnam* (New edition). London, UK: Abacus.

Turing, A. M. (1953). Digital computers applied to games. In B. V. Bowden (Ed.), *Faster than Thought : A Symposium on Digital Computing Machines* (pp. 286–310). London: Pitman.

Turkle, S. (1984). *The Second Self: Computers and the Human Spirit*. London: Granada. Retrieved from http://capitadiscovery.co.uk/sussex-ac/items/1155840.

Turkle, S. (1991, March 17). Dangerous thoughts … and machines with big ideas. *The New York Times*. Retrieved from www.nytimes.com/1991/03/17/books/dangerous-thoughts-and-machines-with-big-ideas.html.

van der Zant, T., Kouw, M., & Schomaker, L. (2013). Generative artificial intelligence. In V. C. Müller (Ed.), *Philosophy and Theory of Artificial Intelligence* (pp. 107–120). Berlin and Heidelberg: Springer. Retrieved from http://link.springer.com/chapter/10.1007/978-3-642-31674-6_8.

Watson, I. (1999). Case-based reasoning is a methodology not a technology. *Knowledge-Based Systems, 12*(5–6), 303–308. doi:10.1016/S0950–7051(99)00020–9.

Watson, J. B. (1913). Psychology as the behaviorist views it. Psychological Review, 20(2), 158–177. doi:10.1037/h00744zzXxz28.

Watson, J. B. (1914). *Behavior: An Introduction to Comparative Psychology*. New York: H. Holt. Retrieved from http://archive.org/details/behaviorintroduc00watsuoft.

Watson, J. B. (1920). Is thinking merely action of language mechanismsl? (v.). *British Journal of Psychology. General Section, 11*(1), 87–104. doi:10.1111/j.2044-8295.1920.tb00010.x.

Watson, J. B. (1931). *Behaviorism* (Rev. edition). London: Kegan Paul. Retrieved from http://capitadiscovery.co.uk/sussex-ac/items/24582.

Watson, P. (2001). *Terrible Beauty: A Cultural History of the Twentieth Century: The People and Ideas that Shaped the Modern Mind: A History*. London, UK: Phoenix.

Watson, P. (2006). *Ideas: A History of Thought and Invention, from Fire to Freud*. New York: Harper Perennial.

Watts, A. (2009). *The Book: On the Taboo Against Knowing Who You Are*. London: Souvenir Press Ltd.

Weizenbaum, J. (1966). ELIZA - A computer program for the study of natural language communication between man and machine. *Commun. ACM, 9*(1), 36–45. doi:10.1145/365153.365168.

Wheeler, M. (2005). *Reconstructing the Cognitive World: The Next Step*. London: MIT. Retrieved from http://prism.talis.com/sussex-ac/items/911756.

Whitby, B. (2011). Do you want a robot lover? The ethics of caring technologies. In P. Lin, K. Abney, & G. Bekey (Eds.), *Robot Ethics: The Ethical and Social Implications of Robotics* (p. 233). Cambridge, MA: MIT Press.

Winograd, T. (1971). Procedures as a Representation for Data in a Computer Program for Understanding Natural Language.

Winograd, T. (1991). Thinking machines: Can there be? Are we? In J. J. Sheehan & M. Sosna (Eds.), *The Boundaries of Humanity: Humans, Animals, Machines*. Berkeley, CA: University of California Press.

Winograd, T., & Flores, F. (1986). *Understanding Computers and Cognition: A New Foundation for Design*. Norwood, NJ: Ablex. Retrieved from http://prism.talis.com/sussex-ac/items/272586.

Wittgenstein, L. (2001a). *Philosophical Investigations: The German Text with a Revised English Translation* (3rd edition). Malden, MA: Wiley-Blackwell.

Wittgenstein, L. (2001b). *Tractatus Logico-Philosophicus* (2nd edition). London and New York: Routledge.

Zadeh, L. A. (1965). Fuzzy sets. *Information and Control, 8*(3), 338–353. doi:10.1016/S0019-9958(65)90241-X.

Zimmer, H. R. (1951). *Philosophies of India*. (J. Campbell, Ed.). Princeton, NJ: Princeton University Press.

内容简介

本书的中心概念是内省和意识，包括如何看待意识，以及人类在进行经验反思时的意识。本书的基本观点是：基于内省和情感的人工智能可更好地产生类人智能。为了发现情感、内省和人工智能之间的联系，本书从哲学入手，重点考察了人工智能算法和代码如何捕捉人类的思维过程和情感，探讨了高层次的人性与人工智能的结合，最终回归技术领域的新算法。作者从哲学、历史和技术三者融合的视角，对人工智能的未来提出了问题，并给出了可能的答案，展现了极高的学术造诣和技术水平，为未来人工智能创造出更具人类思维与情感特性的类人智能提供了人文与技术的双重参考。

本书特色鲜明，是迄今为止第一部将人文与技术深度结合，并得出技术性应用算法的专著，对于未来人工智能的类人性技术开发，尤其是军事智能领域更具人类复杂思维结构技术的开发具有较强的参考价值。本书适合人工智能相关领域和对该领域感兴趣的读者阅读，也适合高校计算机专业的教师和学生参考。